经济统计类数学分析(下)

王伟刚　王海敏 主编

浙江工商大学出版社
ZHEJIANG GONGSHANG UNIVERSITY PRESS
·杭州·

图书在版编目（CIP）数据

经济统计类数学分析. 下 ／ 王伟刚，王海敏主编.
— 杭州：浙江工商大学出版社，2022.9
ISBN 978-7-5178-5051-9

Ⅰ．①经… Ⅱ．①王… ②王… Ⅲ．①数学分析 – 高
等学校 – 教材 Ⅳ．①O17

中国版本图书馆 CIP 数据核字（2022）第 139855 号

经济统计类数学分析（下）
JINGJI TONGJI LEI SHUXUE FENXI（XIA）
王伟刚　王海敏 主编

责任编辑	吴岳婷
责任校对	沈黎鹏
封面设计	朱嘉怡
责任印制	包建辉
出版发行	浙江工商大学出版社
	（杭州市教工路 198 号　邮政编码 310012）
	（E-mail：zjgsupress@163.com）
	（网址：http://www.zjgsupress.com）
	电话：0571-88904980，88831806（传真）
排　　版	杭州朝曦图文设计有限公司
印　　刷	杭州宏雅印刷有限公司
开　　本	787mm×960mm　1/16
印　　张	17.5
字　　数	355 千
版 印 次	2022 年 9 月第 1 版　2022 年 9 月第 1 次印刷
书　　号	ISBN 978-7-5178-5051-9
定　　价	49.00 元

目 录
Contents

第6章　向量代数与空间解析几何

第1节　空间直角坐标系与向量

一、空间直角坐标系

空间解析几何与平面解析几何一样,都是用代数方法来研究几何图形.把空间几何与代数沟通起来的是在空间引进坐标系,使空间的点与数组对应起来.这样就可以用方程来表示图形.

在空间取定一点 O 且三条两两垂直的直线,分别称它们为 x 轴、y 轴与 z 轴,统称**坐标轴**.先取定长度单位,在每一轴上都由 O 量起.轴的方向的选取原可任意,但按通常习惯,规定按右手规则,即当 x 轴正向按右手握拳方向 $\dfrac{\pi}{2}$ 的角度转向 y 轴的正向时,拇指的指向就是 z 轴的正向(图6-1).

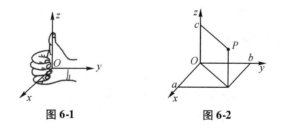

图6-1　　　　　图6-2

过空间任一点 P 作三个平面,分别垂直于 x 轴、y 轴与 z 轴.设三个垂足对应的实数分别是 $a,b,c.$ 于是 P 点对应于一个三元实数组 (a,b,c).反之,任给一个三元数组 (a,b,c),便可过 x,y,z 轴上的点 a,b,c 作三张平面分别垂直于 x,y,z 轴,这三张平面相交于空间一点 P.因此,三元实数组与空间的点一一对应.(a,b,c) 被称为点 P 的坐标(图6-2).这种坐标系叫作**空间直角坐标系**.

三条坐标轴中的任意两条可以确定一个平面,这样定出的三个平面统称为**坐标面**.x 轴及 y 轴所确定的坐标面叫作 xOy 面,另两个由 y 轴及 z 轴和由 z 轴及 x 轴所确定的坐标面,分别叫作 yOz 面和 zOx 面. 三个坐标面把空间分成八个部分,每一部分叫作一个**卦限**. 其中,在 xOy 面上方且 yOz 面前方、zOx 面右方的那个卦限叫作**第一卦限**,其他第二、第三、第四卦限,在 xOy 面的上方,按逆时针方向确定. 第五至第八卦限,在 xOy 面的下方,由第一卦限之下的第五卦限,按逆时针方向确定,这八个卦限分别用 I,II,III,IV,V,VI,VII,VIII表示(图6-3).

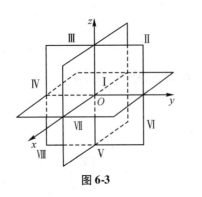

图 6-3

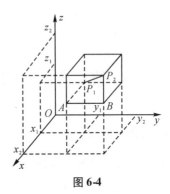

图 6-4

设 $P_1(x_1,y_1,z_1)$,$P_2(x_2,y_2,z_2)$ 是空间两点. 过 P_1,P_2 分别作平行于坐标面的平面,形成一个长方体,它的棱与坐标轴平行(图6-4). 由于

$$P_1A = x_2 - x_1, AB = y_2 - y_1, BP_2 = z_2 - z_1,$$

于是空间任两点的距离公式为

$$P_1P_2 = \sqrt{P_1B^2 + BP_2^2} = \sqrt{P_1A^2 + AB^2 + BP_2^2}$$
$$= \sqrt{(x_2 - x_1)^2 + (y_2 - y_1)^2 + (z_2 - z_1)^2}.$$

二、向量的加法与数乘

把代数运算引到几何中来的另一途径是向量代数. 向量是既有大小又有方向的量,可以用一个有方向的线段来表示. 线段的长度表示向量的大小,线段的方向表示向量的方向. 若线段的起点为 $P(x_0,y_0,z_0)$,终点为 $Q(x_0+a_1,y_0+a_2,z_0+a_3)$,则这个向量就完全确定了,记作 $\overrightarrow{PQ}$ (图6-5).

因为一切向量的共性是它们都有大小和方向,因此在数学上只研究与起点无关的向量,并称这种向量为**自由向量**,即只考虑向量的大小和方向,而不论它的起点在什么地方. 将 P 移到原点,则 Q 成为 $Q(a_1,a_2,a_3)$,于是可以用 $\boldsymbol{a} = (a_1,a_2,a_3)$ 来表示向量 $\overrightarrow{PQ}$.

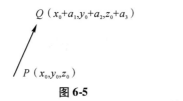

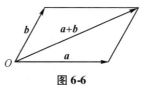

图 6-5　　　　　　　　　　　　图 6-6

显然,一个向量 $\boldsymbol{a} = (a_1, a_2, a_3)$ 的长度(称为向量的**模**)为

$$|\boldsymbol{a}| = \sqrt{a_1^2 + a_2^2 + a_3^2}.$$

方向由

$$\cos \alpha = \frac{a_1}{|\boldsymbol{a}|}, \quad \cos \beta = \frac{a_2}{|\boldsymbol{a}|}, \quad \cos \gamma = \frac{a_3}{|\boldsymbol{a}|}$$

决定. a_1, a_2, a_3 为向量在 x, y, z 轴上的投影, α, β, γ 是向量 $\boldsymbol{a}$ 与 x, y, z 轴的夹角,称为向量 $\boldsymbol{a}$ 的**方向角**. $\cos \alpha, \cos \beta, \cos \gamma$ 称为向量 $\boldsymbol{a}$ 的方向余弦,而

$$\cos^2\alpha + \cos^2\beta + \cos^2\gamma = 1.$$

实际问题中,向量早已遇到过,如位移、速度、加速度、力等都是不仅有大小而且有方向的量.

两个向量 $\boldsymbol{a} = (a_1, a_2, a_3), \boldsymbol{b} = (b_1, b_2, b_3)$ 的加法定义为

$$\boldsymbol{a} + \boldsymbol{b} = (a_1 + b_1, a_2 + b_2, a_3 + b_3).$$

把向量 $\boldsymbol{a}, \boldsymbol{b}$ 的起点都移到原点,以 $\boldsymbol{a}, \boldsymbol{b}$ 为边作平行四边形,则由原点作出的对角线就表示向量 $\boldsymbol{a} + \boldsymbol{b}$ (图 6-6).这种向量的加法也早已见过,如力的合成、速度的合成都是用的这种加法.

向量的加法满足下列运算规律:

(1)交换律　$\boldsymbol{a} + \boldsymbol{b} = \boldsymbol{b} + \boldsymbol{a}$;

(2)结合律　$(\boldsymbol{a} + \boldsymbol{b}) + \boldsymbol{c} = \boldsymbol{a} + (\boldsymbol{b} + \boldsymbol{c})$.

零向量定义为 $\boldsymbol{0}(0,0,0)$,也就是模为零的向量.零向量的起点和终点重合,它的方向可以看作是任意的.

向量 $\boldsymbol{a} = (a_1, a_2, a_3)$ 的**负向量**定义为

$$-\boldsymbol{a} = (-a_1, -a_2, -a_3).$$

负向量也是以前遇到过的,如作用力与反作用力是大小相等、方向相反的两个向量,作用力为 $\boldsymbol{a}$,则反作用力为 $-\boldsymbol{a}$.

由此,我们规定两个向量 $\boldsymbol{b}$ 与 $\boldsymbol{a}$ 的差

$$\boldsymbol{b} - \boldsymbol{a} = \boldsymbol{b} + (-\boldsymbol{a}).$$

即把向量 $-\boldsymbol{a}$ 加到向量 $\boldsymbol{b}$ 上,便得 $\boldsymbol{b}$ 与 $\boldsymbol{a}$ 的差 $\boldsymbol{b} - \boldsymbol{a}$ (图 6-7(a)).

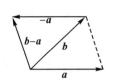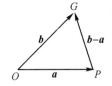

图 6-7

特别地,当 $b = a$ 时,有

$$a - a = a + (-a) = 0.$$

显然,任给向量 $\overrightarrow{PQ}$ 及点 O,有

$$\overrightarrow{PG} = \overrightarrow{PO} + \overrightarrow{OG} = \overrightarrow{OG} - \overrightarrow{OP},$$

因此,若把向量 a 与 b 移到同一起点 O,则从 a 的终点 P 向 b 的终点 G 所引向量 $\overrightarrow{PQ}$ 便是向量 b 与 a 的差 $b - a$(图 6-7(b))。

由三角形两边之和大于第三边,有

$$|a + b| \leq |a| + |b| \text{ 及 } |a - b| \leq |a| + |b|.$$

其中等号在 a 与 b 同向或反向时成立。

对向量 $a = (a_1, a_2, a_3)$ 和任意实数 λ,定义

$$\lambda a = (\lambda a_1, \lambda a_2, \lambda a_3),$$

称为向量的**数乘**。例如将力增大一倍,就是指力的方向不变,只是数值增大到原来的两倍。这就是一个向量的数乘。显然,当 $\lambda > 0$ 时,λa 与 a 同向;当 $\lambda < 0$ 时,λa 与 a 反向。

特别地,取 $\lambda = \dfrac{1}{\sqrt{a_1^2 + a_2^2 + a_3^2}}$,则

$$\lambda a = \left(\frac{a_1}{\sqrt{a_1^2 + a_2^2 + a_3^2}}, \frac{a_2}{\sqrt{a_1^2 + a_2^2 + a_3^2}}, \frac{a_3}{\sqrt{a_1^2 + a_2^2 + a_3^2}} \right).$$

显然,$a^0 = \lambda a$ 的模为 1(称为**单位向量**),$a^0 = \dfrac{1}{|a|} a$。

取 $i = (1,0,0), j = (0,1,0), k = (0,0,1)$,则 i, j, k 都是单位向量,且任意向量 $a = (a_1, a_2, a_3)$ 可分解为

$$a = a_1 i + a_2 j + a_3 k.$$

向量的数乘满足下列运算规律:

(1)结合律 $\lambda(\mu a) = \mu(\lambda a)$;

(2)分配律 $\lambda(a + b) = \lambda a + \lambda b.$

例 1 证明对角线互相平分的四边形是平行四边形。

证 如图 6-8 所示,由于已知 $\overrightarrow{AO} = \overrightarrow{OC}, \overrightarrow{BO} = \overrightarrow{OD}$,所以

$$\overrightarrow{AO} + \overrightarrow{OD} = \overrightarrow{BO} + \overrightarrow{OC},\ \text{即}\ \overrightarrow{AD} = \overrightarrow{BC}.$$

这就是 AD 与 BC 相等且平行. 因此, 四边形 $ABCD$ 是平行四边形.

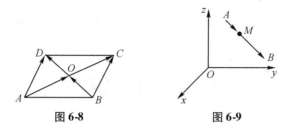

图 6-8　　　　　　图 6-9

例 2　已知两点 $A(x_1, y_1, z_1)$ 和 $B(x_2, y_2, z_2)$, 点 M 将线段 $\overrightarrow{AB}$ 分成定比为 $\lambda(\neq -1)$ 的两段, 求 M 点的坐标.

解　如图 6-9 所示. $\overrightarrow{AM} = \lambda \overrightarrow{MB}$ 即

$$\overrightarrow{OM} - \overrightarrow{OA} = \lambda(\overrightarrow{OB} - \overrightarrow{OM}),$$

亦即

$$\overrightarrow{OM} = \frac{1}{1 + \lambda}(\overrightarrow{OA} + \lambda \overrightarrow{OB}).$$

将 $\overrightarrow{OA}, \overrightarrow{OB}$ 的坐标(即点 A, B 的坐标)代入, 得

$$\overrightarrow{OM} = \left(\frac{x_1 + \lambda x_2}{1 + \lambda}, \frac{y_1 + \lambda y_2}{1 + \lambda}, \frac{z_1 + \lambda z_2}{1 + \lambda} \right),$$

这就是点 M 的坐标.

习题 6.1

1. 设 $u = a + b - 2c, v = -a - 3b + c$, 试用向量 a, b, c 表示向量 $2u - 3v$.

2. 用向量的方法证明:三角形两边中点的连线平行于第三边,且长度等于第三边长度的一半.

3. 求平行于向量 $a = (6, 7, -6)$ 的单位向量.

4. 空间直角坐标系中,指出 $A(1, -2, 3), B(2, 3, -4), C(2, -3, -4), D(-2, -3, 1)$ 各点分别在哪个卦限.

5. 求点 $M(4, -3, 5)$ 到各坐标轴的距离.

6. 设已知两点 $M_1(4, \sqrt{2}, 1), M_2(3, 0, 2)$, 计算向量 $\overrightarrow{M_1 M_2}$ 的模、方向余弦和方向角.

7. 已知三点 $A(1, -1, 3), B(-2, 0, 5), C(4, -2, 1)$, 问这三点是否在一直线上?

8. 从点 $A(2, -1, 7)$ 沿向量 $a = 8i + 9j - 12k$ 的方向取一线段 AB, 长为 34, 求 B 点的坐标.

9. 如果一向量与三个坐标轴正向的夹角都相等,那么该向量的三个方向角是否均为 $\frac{\pi}{3}$?

10. 若用 μ,v,ω 表示一向量分别与坐标面 xOy,yOz,zOx 的夹角,是否也有等式 $\cos^2\mu + \cos^2 v + \cos^2\omega = 1$?

第2节 向量的乘积

一、两个向量的数量积

两个向量 $\boldsymbol{a} = (a_1,a_2,a_3),\boldsymbol{b} = (b_1,b_2,b_3)$ 的**数量积**(也称**内积**)定义为

$$\boldsymbol{a} \cdot \boldsymbol{b} = a_1b_1 + a_2b_2 + a_3b_3.$$

若 $\boldsymbol{a},\boldsymbol{b},\boldsymbol{c}$ 为任意向量,λ 为任意实数,容易验证数量积满足下列运算规律:

(1)交换律 $\boldsymbol{a} \cdot \boldsymbol{b} = \boldsymbol{b} \cdot \boldsymbol{a}$.

(2)分配律 $\boldsymbol{a} \cdot (\boldsymbol{b} + \boldsymbol{c}) = \boldsymbol{a} \cdot \boldsymbol{b} + \boldsymbol{a} \cdot \boldsymbol{c}$.

(3)数乘分配律 $(\lambda\boldsymbol{a}) \cdot \boldsymbol{b} = \lambda(\boldsymbol{a} \cdot \boldsymbol{b})$.

设 θ 为 $\boldsymbol{a},\boldsymbol{b}$ 两向量的夹角,由余弦定理知道(图6-10):

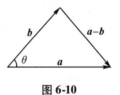

图 6-10

$$|\boldsymbol{a} - \boldsymbol{b}|^2 = |\boldsymbol{a}|^2 + |\boldsymbol{b}|^2 - 2|\boldsymbol{a}||\boldsymbol{b}|\cos\theta.$$

另一方面,

$$|\boldsymbol{a} - \boldsymbol{b}|^2 = (\boldsymbol{a} - \boldsymbol{b}) \cdot (\boldsymbol{a} - \boldsymbol{b}) = \boldsymbol{a} \cdot \boldsymbol{a} + \boldsymbol{b} \cdot \boldsymbol{b} - 2\boldsymbol{a} \cdot \boldsymbol{b} = |\boldsymbol{a}|^2 + |\boldsymbol{b}|^2 - 2\boldsymbol{a} \cdot \boldsymbol{b}.$$

所以

$$\boldsymbol{a} \cdot \boldsymbol{b} = |\boldsymbol{a}||\boldsymbol{b}|\cos\theta.$$

因此,数量积也可以看成向量 $\boldsymbol{a}$ 的模乘以向量 $\boldsymbol{b}$ 在 $\boldsymbol{a}$ 上的投影(图6-11). 如果用 $\mathrm{Prj}_{\boldsymbol{a}}\boldsymbol{b}$ 来表示这个投影,便有

$$\boldsymbol{a} \cdot \boldsymbol{b} = |\boldsymbol{a}|\,\mathrm{Prj}_{\boldsymbol{a}}\boldsymbol{b}.$$

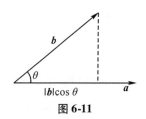

图 6-11

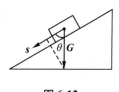

图 6-12

数量积是一个重要的概念. 例如,设一物体受重力 G (这是一个向量)作用,沿斜面下滑(图 6-12). 重力的方向是垂直向下的,而物体位移 s (这也是一个向量)的方向和斜面平行, G 和 s 正向间的夹角为 θ. 于是重力所做的功为

$$W = |G||s|\cos\theta = G \cdot s.$$

由数量积的定义,当向量 $a = (a_1, a_2, a_3)$ 和 $b = (b_1, b_2, b_3)$ 都不是零向量时,其夹角 θ 的余弦为

$$\cos\theta = \frac{a \cdot b}{|a||b|} = \frac{a_1 b_1 + a_2 b_2 + a_3 b_3}{\sqrt{a_1^2 + a_2^2 + a_3^2}\sqrt{b_1^2 + b_2^2 + b_3^2}}.$$

由此知,向量 a, b 互相垂直的充要条件为 $a \cdot b = 0$. 又显然

$$i \cdot i = j \cdot j = k \cdot k = 1, i \cdot j = j \cdot k = k \cdot i = 0.$$

例 1　已知三点 $M(1,1,1)$, $A(2,2,1)$ 和 $B(2,1,2)$, 求 $\angle AMB$.

解　作向量 $\overrightarrow{MA}$ 及 $\overrightarrow{MB}$, $\angle AMB$ 就是向量 $\overrightarrow{MA}$ 与 $\overrightarrow{MB}$ 的夹角. 这里, $\overrightarrow{MA} = (1,1,0)$, $\overrightarrow{MB} = (1,0,1)$, 从而

$$\overrightarrow{MA} \cdot \overrightarrow{MB} = 1 \times 1 + 1 \times 0 + 0 \times 1 = 1,$$

$$|\overrightarrow{MA}| = \sqrt{1^2 + 1^2 + 0^2} = \sqrt{2}, |\overrightarrow{MB}| = \sqrt{1^2 + 0^2 + 1^2} = \sqrt{2}.$$

代入两向量夹角的表达式,得

$$\cos\angle AMB = \frac{\overrightarrow{MA} \cdot \overrightarrow{MB}}{|\overrightarrow{MA}||\overrightarrow{MB}|} = \frac{1}{\sqrt{2} \times \sqrt{2}} = \frac{1}{2}.$$

由此得 $\angle AMB = \dfrac{\pi}{3}$.

二、两个向量的向量积

两个向量 $a = (a_1, a_2, a_3)$, $b = (b_1, b_2, b_3)$ 的**向量积**(也称**外积**)定义为

$$a \times b = (a_2 b_3 - a_3 b_2, a_3 b_1 - a_1 b_3, a_1 b_2 - a_2 b_1),$$

或写成

$$a \times b = \begin{vmatrix} i & j & k \\ a_1 & a_2 & a_3 \\ b_1 & b_2 & b_3 \end{vmatrix}.$$

若 a, b, c 为任意向量，λ 为任意实数，容易验证向量积满足下列运算规律：

(1) $a \times b = -b \times a$.

(2) 分配律 $(a + b) \times c = a \times c + b \times c$.

(3) 数乘结合律 $(\lambda a) \times b = a \times (\lambda b) = \lambda (a \times b)$.

特别有，$a \times a = -a \times a$，所以 $a \times a = 0$. 反之，如果 $a \times b = 0$，则 $b = \lambda a$，即 a，b 共线(平行).

向量积的几何意义从以下三点可以看出：

1. $a \times b$ 垂直于 a 与 b，即垂直于 a, b 所成的平面.

这是因为

$$a \cdot (a \times b) = a_1(a_2 b_3 - a_3 b_2) + a_2(a_3 b_1 - a_1 b_3) + a_3(a_1 b_2 - a_2 b_1) = \begin{vmatrix} a_1 & a_2 & a_3 \\ a_1 & a_2 & a_3 \\ b_1 & b_2 & b_3 \end{vmatrix} = 0.$$

同样 $b \cdot (a \times b) = 0$.

2. $a \times b$ 的模等于以 a, b 为边的平行四边形的面积.

这是因为

$$\begin{aligned} |a \times b|^2 &= (a \times b) \cdot (a \times b) \\ &= (a_2 b_3 - a_3 b_2)^2 + (a_3 b_1 - a_1 b_3)^2 + (a_1 b_2 - a_2 b_1)^2 \\ &= (a_1^2 + a_2^2 + a_3^2)(b_1^2 + b_2^2 + b_3^2) - (a_1 b_1 + a_2 b_2 + a_3 b_3)^2 \\ &= |a|^2 |b|^2 - (a \cdot b)^2 = |a|^2 |b|^2 - (|a||b|\cos\theta)^2 \\ &= |a|^2 |b|^2 \sin^2\theta, \end{aligned}$$

即 $|a \times b| = |a||b|\sin\theta$.

3. a, b 与 $a \times b$ 组成一个右手系，即 a 以右手握拳方向转向 b 时，拇指所指为 $a \times b$ 的方向(图 6-13).

为了说明这一点，取 a 为 x 轴，a 的方向就取为 x 轴的正向，并取 a, b 所在的平面为 xOy 平面.

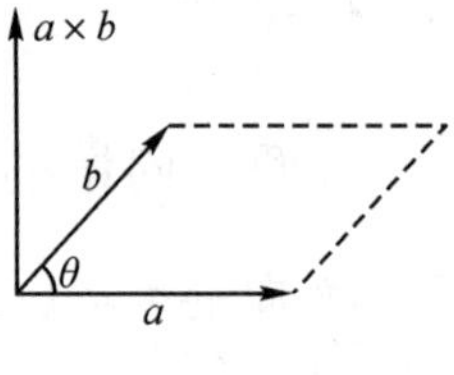

假设由 a 到 b 的角度为 $\theta(|\theta| \leqslant \pi)$，则

$$a = |a|(1, 0, 0),$$
$$b = |b|(\cos\theta, \sin\theta, 0).$$

因此

图 6-13

$$c = a \times b = \begin{vmatrix} i & j & k \\ |a| & 0 & 0 \\ |b|\cos\theta & |b|\sin\theta & 0 \end{vmatrix} = |a||b|\sin\theta k = |a||b|(0,0,\sin\theta),$$

即 c 与 z 轴相同,但方向视 θ 的正负而定,如果 $\theta > 0$,则 c 的指向与 z 轴正向相同,不然与 z 轴负向相同,所以成右手系.

特别地,有

$$i \times i = 0,\quad j \times j = 0,\quad k \times k = 0,$$
$$i \times j = k,\quad j \times k = i,\quad k \times i = j.$$

与数量积一样,向量积也是一个重要的概念. 例如物理学中力矩的表达:设 O 为一根杠杆 L 的支点. 有一个力 F 作用于这杠杆上 P 点处. F 与 $\overrightarrow{OP}$ 的夹角为 θ (图6-14). 由力学规定,力 F 对支点 O 的力矩是一向量 M, 它的模

$$|M| = |OQ||F| = |\overrightarrow{OP}||F|\sin\theta,$$

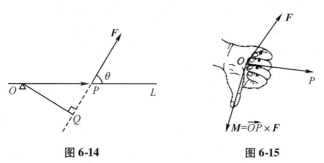

图 6-14　　　　　　　图 6-15

而 M 的方向垂直于 $\overrightarrow{OP}$ 与 F 所决定的平面, M 指向按右手规则,即当右手的四个手指从 $\overrightarrow{OP}$ 以不超过 π 的角转向 F 握拳时,大拇指的指向就是 M 的指向(图6-15). 也就是力矩 M 等于 $\overrightarrow{OP}$ 与 F 的向量积,即

$$M = \overrightarrow{OP} \times F.$$

例2　设 $a = (2,1,-1), b = (1,-1,2)$,计算 $a \times b$.

解　$a \times b = \begin{vmatrix} i & j & k \\ 2 & 1 & -1 \\ 1 & -1 & 2 \end{vmatrix} = i - 5j - 3k.$

例3　已知三角形 ABC 的顶点分别是 $A(1,2,3), B(3,4,5)$ 和 $C(-1,-2,7)$,求三角形 ABC 的面积.

解　根据向量积的定义,可知三角形 ABC 的面积

$$S_{\triangle ABC} = \frac{1}{2}|\overrightarrow{AB}||\overrightarrow{AC}|\sin\angle A = \frac{1}{2}|\overrightarrow{AB} \times \overrightarrow{AC}|.$$

由于 $\overrightarrow{AB} = (2,2,2), \overrightarrow{AC} = (-2,-4,4)$，因此

$$| \overrightarrow{AB} \times \overrightarrow{AC} | = \begin{vmatrix} \boldsymbol{i} & \boldsymbol{j} & \boldsymbol{k} \\ 2 & 2 & 2 \\ -2 & -4 & 4 \end{vmatrix} = 16\boldsymbol{i} - 12\boldsymbol{j} - 4\boldsymbol{k},$$

于是

$$S_{\triangle ABC} = \frac{1}{2} | 16\boldsymbol{i} - 12\boldsymbol{j} - 4\boldsymbol{k} | = \frac{1}{2} \sqrt{16^2 + (-12)^2 + (-4)^2} = 2\sqrt{26}.$$

三、向量的混合积

设已知三个向量 $\boldsymbol{a}$、$\boldsymbol{b}$ 和 $\boldsymbol{c}$. 先作两个向量 $\boldsymbol{a}$ 和 $\boldsymbol{b}$ 的向量积 $\boldsymbol{a} \times \boldsymbol{b}$，把所得到的向量与第三个向量 $\boldsymbol{c}$ 再作数量积 $(\boldsymbol{a} \times \boldsymbol{b}) \cdot \boldsymbol{c}$，这样得到的数量称为三向量 $\boldsymbol{a}, \boldsymbol{b}, \boldsymbol{c}$ 的**混合积**，记作 $[\boldsymbol{abc}]$.

设 $\boldsymbol{a} = (a_x, a_y, a_z), \boldsymbol{b} = (b_x, b_y, b_z), \boldsymbol{c} = (c_x, c_y, c_z)$，由于

$$\boldsymbol{a} \times \boldsymbol{b} = \begin{vmatrix} \boldsymbol{i} & \boldsymbol{j} & \boldsymbol{k} \\ a_x & a_y & a_z \\ b_x & b_y & b_z \end{vmatrix} = \begin{vmatrix} a_y & a_z \\ b_y & b_z \end{vmatrix} \boldsymbol{i} - \begin{vmatrix} a_x & a_z \\ b_x & b_z \end{vmatrix} \boldsymbol{j} + \begin{vmatrix} a_x & a_y \\ b_x & b_y \end{vmatrix} \boldsymbol{k},$$

所以

$$(\boldsymbol{a} \times \boldsymbol{b}) \cdot \boldsymbol{c} = c_x \begin{vmatrix} a_y & a_z \\ b_y & b_z \end{vmatrix} - c_y \begin{vmatrix} a_x & a_z \\ b_x & b_z \end{vmatrix} + c_z \begin{vmatrix} a_x & a_y \\ b_x & b_y \end{vmatrix} = \begin{vmatrix} a_x & a_y & a_z \\ b_x & b_y & b_z \\ c_x & c_y & c_z \end{vmatrix}.$$

我们再来看一下混合积的几何意义. 从图 6-16 可知：

$$(\boldsymbol{a} \times \boldsymbol{b}) \cdot \boldsymbol{c} = | \boldsymbol{a} \times \boldsymbol{b} | | \boldsymbol{c} | \cos \varphi = \pm | \boldsymbol{a} \times \boldsymbol{b} | h = \pm V,$$

其中 V 是以 $\boldsymbol{a}$、$\boldsymbol{b}$、$\boldsymbol{c}$ 为棱的平行六面体的体积.

当 $\boldsymbol{a}$、$\boldsymbol{b}$、$\boldsymbol{c}$ 组成右手系时，$\boldsymbol{a} \times \boldsymbol{b}$ 与 $\boldsymbol{c}$ 在同侧，φ 为锐角取正号，否则取负号.

所以混合积 $(\boldsymbol{a} \times \boldsymbol{b}) \cdot \boldsymbol{c}$ 的绝对值就是以 $\boldsymbol{a}, \boldsymbol{b}, \boldsymbol{c}$ 为棱的平行六面体的体积. 当三向量共面时，所成的平行六面体体积为零，即

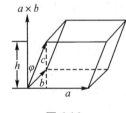

图 6-16

$$(\boldsymbol{a} \times \boldsymbol{b}) \cdot \boldsymbol{c} = 0 \quad \text{或} \quad \begin{vmatrix} a_x & a_y & a_z \\ b_x & b_y & b_z \\ c_x & c_y & c_z \end{vmatrix} = 0.$$

例 4 已知不在一平面上的四点 $A(1,1,1), B(3,4,4), C(3,5,5), D(2,4,7)$，求四

面体 $ABCD$ 的体积.

解 由立体几何知道,四面体的体积 V 等于以 $\overrightarrow{AB},\overrightarrow{AC}$ 和 $\overrightarrow{AD}$ 为棱的平行六面体的体积的六分之一.因而

$$V = \frac{1}{6} \left| \left[\overrightarrow{AB}\, \overrightarrow{AC}\, \overrightarrow{AD} \right] \right|.$$

因为

$$\overrightarrow{AB} = (2,3,3),\overrightarrow{AC} = (2,4,4),\overrightarrow{AD} = (1,3,6),$$

$$\left[\overrightarrow{AB}\, \overrightarrow{AC}\, \overrightarrow{AD} \right] = \begin{vmatrix} 2 & 3 & 3 \\ 2 & 4 & 4 \\ 1 & 3 & 6 \end{vmatrix} = 6.$$

所以

$$V = \frac{1}{6} \times 6 = 1.$$

习题 6.2

1.设 $a = 3i - j - 2k,b = i + 2j - k$,求:

(1) $a \cdot b$ 及 $a \times b$;

(2) $(-2a) \cdot 3b$ 及 $a \times 2b$;

(3) a,b 的夹角的余弦.

2.设 a,b,c 为单位向量,且 $a + b + c = 0$,求 $a \cdot b + b \cdot c + c \cdot a$.

3.求向量 $a = (4,-3,4)$ 在向量 $b = (2,2,1)$ 上的投影.

4.设 $a = (3,5,-2),b = (2,1,4)$,问 λ 与 μ 有怎样的关系,能使得 $\lambda a + \mu b$ 与 z 轴垂直?

5.已知 $|a| = 2,|b| = \sqrt{2}$,且 $a \cdot b = 2$,求 $|a \times b|$.

6.已知向量 $a = 2i - 3j + k,b = i - j + k$ 和 $c = i - 2j$,计算:

(1) $(a \cdot b)c - (a \cdot c)b$;(2) $(a + b) \times (b + c)$;(3) $(a \times b) \cdot c$.

7.已知点 $A(1,-1,2),B(5,-6,2),C(1,3,-1)$,求:

(1)同时与 $\overrightarrow{AB}$ 及 $\overrightarrow{AC}$ 垂直的单位向量;

(2) $\triangle ABC$ 的面积.

8.已知 $A(1,2,0),B(2,3,1),C(4,2,2),M(x,y,z)$ 四点共面,求点 M 的坐标 x,y,z 所满足的关系式.

9.证明不等式:$(a_1 b_1 + a_2 b_2 + a_3 b_3)^2 \leqslant (a_1^2 + a_2^2 + a_3^2)(b_1^2 + b_2^2 + b_3^2)$.

10.已知 $a = (a_x,a_y,a_z),b = (b_x,b_y,b_z),c = (c_x,c_y,c_z)$,试利用行列式的性质证

明: $(a \times b) \cdot c = (b \times c) \cdot a = (c \times a) \cdot b.$

第3节　平面与直线

在这节里,我们用向量来写平面与直线的方程.

一、平面

1. 平面的方程

如果一非零向量垂直于一平面,这向量就叫作该**平面的法向量**. 容易知道,平面上的任一向量均与该平面的法向量垂直.

因为过空间一点可以作而且只能作一平面垂直于一已知直线,所以当平面 Π 上一点 $M_0(x_0, y_0, z_0)$ 和它的一个法向量 $n = (A, B, C)$ 为已知时,平面 Π 的位置就完全确定了.

设 $M(x, y, z)$ 是平面 Π 上的任一点(图 6-17),则向量 $\overrightarrow{M_0M}$ 必与平面 Π 的法向量 n 垂直,即

$$n \cdot \overrightarrow{M_0M} = 0.$$

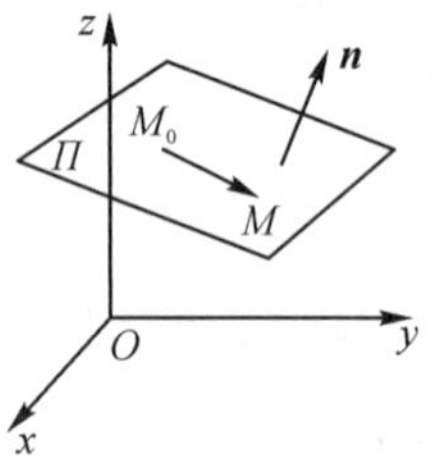

图 6-17

因为 $n = (A, B, C)$, $\overrightarrow{M_0M} = (x - x_0, y - y_0, z - z_0)$, 所以有

$$A(x - x_0) + B(y - y_0) + C(z - z_0) = 0. \tag{1}$$

这就是平面 Π 上任一点 M 的坐标 x, y, z 所满足的方程.

反过来,如果 $M(x, y, z)$ 不在平面 Π 上,那么向量 $\overrightarrow{M_0M}$ 与法向量 n 不垂直,从而 $n \cdot \overrightarrow{M_0M} \neq 0$, 即不在平面 Π 上的任一点的坐标 x, y, z 不满足方程(1).

由此可知,平面 Π 上的任一点的坐标 x, y, z 都满足方程(1);不在平面 Π 上的点的坐标都不满足方程(1). 这样,方程(1)就是平面 Π 的方程,而平面 Π 就是方程(1)的图形. 因为方程(1)是由平面 Π 上一点 $M_0(x_0, y_0, z_0)$ 及它的一个法向量 $n = (A, B, C)$ 确定,所以方程(1)叫作**平面的点法式方程**.

方程(1)也可写成

$$Ax + By + Cz + D = 0, \tag{2}$$

其中 $D = -Ax_0 - By_0 - Cz_0$.

由此可知,任一三元一次方程(2)的图形总是一个平面. 方程(2)叫作**平面的一般方程**.

例 1 求通过点 $M_1 = (8, -3, 1)$ 和 $M_2 = (4, 7, 2)$,且垂直于平面 $\Pi : 3x + 5y - 7z + 21 = 0$ 的平面方程.

解 所求平面的法向量 $\boldsymbol{n}$ 应同时垂直于 $\overrightarrow{M_1M_2}$ 和平面 Π 的法向量 $\boldsymbol{n}_1 = (3, 5, -7)$,因此取

$$\boldsymbol{n} = \boldsymbol{n}_1 \times \overrightarrow{M_1M_2} = \begin{vmatrix} \boldsymbol{i} & \boldsymbol{j} & \boldsymbol{k} \\ 3 & 5 & -7 \\ -4 & 10 & 1 \end{vmatrix} = 25(3\boldsymbol{i} + \boldsymbol{j} + 2\boldsymbol{k}).$$

由方程(1)得所求平面的方程为

$$3(x - 8) + (y + 3) + 2(z - 1) = 0,$$

即

$$3x + y + 2z - 23 = 0.$$

例 2 求通过 x 轴和点 $(4, -3, -1)$ 的平面方程.

解 设所求平面方程为 $Ax + By + Cz + D = 0$. 由于平面通过 x 轴,从而它的法向量垂直于 x 轴,于是法向量在 x 轴上的投影为零,即 $A = 0$;又由平面通过 x 轴,它必通过原点,于是 $D = 0$. 因此所求的平面方程成为

$$By + Cz = 0.$$

又因这平面通过点 $(4, -3, -1)$,所以有

$$-3B - C = 0 \ \text{或} \ C = -3B.$$

以此代入方程并除以 B ($B \neq 0$),便得所求的平面方程为

$$y - 3z = 0.$$

例 3 已知平面上三个不共线的点 $M_1(x_1, y_1, z_1), M_2(x_2, y_2, z_2), M_3(x_3, y_3, z_3)$,求这平面的方程.

解 设 $M(x, y, z)$ 为平面上任一点,则向量 $\overrightarrow{M_1M}, \overrightarrow{M_1M_2}, \overrightarrow{M_1M_3}$ 共面,即

$$\overrightarrow{MM_1} \cdot (\overrightarrow{M_1M_2} \times \overrightarrow{M_1M_3}) = 0.$$

由此便得所求平面方程为

$$\begin{vmatrix} x - x_1 & y - y_1 & z - z_1 \\ x_2 - x_1 & y_2 - y_1 & z_2 - z_1 \\ x_3 - x_1 & y_3 - y_1 & z_3 - z_1 \end{vmatrix} = 0. \tag{3}$$

方程(3)叫作**平面的三点式方程**.

特别当这三点是 $(a,0,0),(0,b,0),(0,0,c)$ 时,方程(3)成为

$$\begin{vmatrix} x-a & y & z \\ -a & b & 0 \\ -a & 0 & c \end{vmatrix} = 0.$$

这可化为

$$\frac{x}{a} + \frac{y}{b} + \frac{z}{c} = 1. \tag{4}$$

方程(4)叫作**平面的截距式方程**,而 a,b 和 c 依次叫作平面在 x,y 和 z 轴上的截距.

2. 两平面的夹角

如果两个平面相交,它们之间有两个互补的两面角,我们称其中的锐角或直角为**两平面的夹角**.

设平面 Π_1 和 Π_2 的法向量依次为 $\boldsymbol{n}_1 = (A_1, B_1, C_1)$ 和 $\boldsymbol{n}_2 = (A_2, B_2, C_2)$,则平面 Π_1 和 Π_2 的夹角 θ(图6-18)应是两平面的法向量 $\boldsymbol{n}_1$ 和 $\boldsymbol{n}_2$ 的夹角. 因此,按两向量夹角余弦

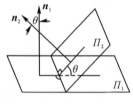

图6-18

的表达式,平面 Π_1 和 Π_2 的夹角 θ 可由

$$\cos\theta = \frac{|A_1A_2 + B_1B_2 + C_1C_2|}{\sqrt{A_1^2 + B_1^2 + C_1^2}\sqrt{A_2^2 + B_2^2 + C_2^2}} \tag{5}$$

来确定.

从两个向量垂直、平行的充分必要条件立即推得以下结论:

平面 Π_1 和 Π_2 互相垂直相当于 $A_1A_2 + B_1B_2 + C_1C_2 = 0$;

平面 Π_1 和 Π_2 互相平行相当于 $\dfrac{A_1}{A_2} = \dfrac{B_1}{B_2} = \dfrac{C_1}{C_2}$.

例4 求两平面 $x - y + 2z - 6 = 0$ 和 $2x + y + z - 5 = 0$ 的夹角.

解 由公式(5)有

$$\cos\theta = \frac{|1 \times 2 + (-1) \times 1 + 2 \times 1|}{\sqrt{1^2 + (-1)^2 + 2^2}\sqrt{2^2 + 1^2 + 1^2}} = \frac{1}{2},$$

因此,所求夹角 $\theta = \dfrac{\pi}{3}$.

例5　求平行于平面 $2x + y + 2z + 5 = 0$ 而与三个坐标平面构成四面体体积为 1 的平面方程.

解　因为所求平面与平面 $2x + y + 2z + 5 = 0$ 平行,所以可设所求平面方程为

$$2x + y + 2z + D = 0, \quad 即 \quad \frac{x}{\frac{D}{2}} + \frac{y}{D} + \frac{z}{\frac{D}{2}} = 1.$$

由四面体的体积

$$V = \frac{1}{6}\left| \frac{D}{2} \cdot D \cdot \frac{D}{2} \right| = \frac{|D|^3}{24} = 1$$

得 $D = \pm\sqrt[3]{24}$.

因此所求平面方程为

$$2x + y + 2z \pm \sqrt[3]{24} = 0.$$

3. 点到平面的距离

设 $P_0(x_0, y_0, z_0)$ 是平面 $Ax + By + Cz + D = 0$ 外一点,求点 P_0 到平面的距离 d.

在平面上任取一点 $P_1(x_1, y_1, z_1)$ 并作一法向量 $\boldsymbol{n}$(图 6-19).考虑到 $\overrightarrow{P_1P_0}$ 与 $\boldsymbol{n}$ 的夹

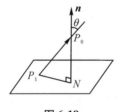

图 6-19

角 θ 也可能是钝角,得所求的距离

$$d = |\overrightarrow{P_1P_0}||\cos\theta| = \frac{|\overrightarrow{P_1P_0} \cdot \boldsymbol{n}|}{|\boldsymbol{n}|}.$$

而 $\boldsymbol{n} = (A, B, C)$,$\overrightarrow{P_1P_0} = (x_0 - x_1, y_0 - y_1, z_0 - z_1)$,于是

$$\frac{\overrightarrow{P_1P_0} \cdot \boldsymbol{n}}{|\boldsymbol{n}|} = \frac{A(x_0 - x_1) + B(y_0 - y_1) + C(z_0 - z_1)}{\sqrt{A^2 + B^2 + C^2}}$$

$$= \frac{Ax_0 + By_0 + Cz_0 - (Ax_1 + By_1 + Cz_1)}{\sqrt{A^2 + B^2 + C^2}}.$$

再由 $P_1(x_1, y_1, z_1)$ 在平面上,故 $Ax_1 + By_1 + Cz_1 + D = 0$. 代入上式

$$\frac{\overrightarrow{P_1P_0} \cdot \boldsymbol{n}}{|\boldsymbol{n}|} = \frac{Ax_0 + By_0 + Cz_0 + D}{\sqrt{A^2 + B^2 + C^2}}.$$

由此得点 $P_0(x_0,y_0,z_0)$ 到平面 $Ax + By + Cz + D = 0$ 的距离公式

$$d = \frac{|Ax_0 + By_0 + Cz_0 + D|}{\sqrt{A^2 + B^2 + C^2}}. \tag{6}$$

例 6 求平分两平面 $x + 2y - z - 1 = 0$ 和 $x + 2y + z + 1 = 0$ 的夹角的平面方程.

解 设 $M(x,y,z)$ 为所求平面上的点,则该点到两个已知平面的距离均相等,故有

$$\frac{|x + 2y - z - 1|}{\sqrt{1^2 + 2^2 + (-1)^2}} = \frac{|x + 2y + z + 1|}{\sqrt{1^2 + 2^2 + 1^2}},$$

即

$$x + 2y - z - 1 = \pm(x + 2y + z + 1), \text{ 或 } x + 2y = 0 \text{ 和 } z + 1 = 0.$$

因此,所求平面方程是 $x + 2y = 0$ 和 $z + 1 = 0$.

4. 平面束

设有两个不平行的平面 Π_1 和 Π_2,它们的方程分别为

$$A_1 x + B_1 y + C_1 z + D_1 = 0 \text{ 和 } A_2 x + B_2 y + C_2 z + D_2 = 0.$$

我们作三元一次方程

$$A_1 x + B_1 y + C_1 z + D_1 + \lambda(A_2 x + B_2 y + C_2 z + D_2) = 0. \tag{7}$$

方程(7)可以写成

$$(A_1 + \lambda A_2)x + (B_1 + \lambda B_2)y + (C_1 + \lambda C_2)z + (D_1 + \lambda D_2) = 0.$$

它的系数不全为零. 因为,如若不然,A_1, B_1, C_1 就会与 A_2, B_2, C_2 成比例,则平面 Π_1 和 Π_2 就会互相平行,这与平面 Π_1 和 Π_2 不平行的假设矛盾,从而方程(7)表示一张平面. 当 λ 取不同值时所得到的平面的全体叫作由不平行平面 Π_1 和 Π_2 所决定的**平面束**.

容易知道:

(1)由平面 Π_1 和 Π_2 所决定的平面束中任意一个平面都通过平面 Π_1 和 Π_2 的交线 L.

若一点在交线 L 上,则点的坐标必同时满足平面 Π_1 和 Π_2 的方程,因而也满足方程(7).

(2)通过平面 Π_1 和 Π_2 的交线 L 的任何平面(除平面 Π_2 外)必为由平面 Π_1 和 Π_2 所决定的平面束中的一个平面.

假设平面 Π 是过交线 L 的任一平面,在平面 Π 上任取不在 L 上的一点 $M_0(x_0,y_0,z_0)$,要使点 M_0 的坐标满足(7),也就是使等式

$$A_1 x_0 + B_1 y_0 + C_1 z_0 + D_1 + \lambda(A_2 x_0 + B_2 y_0 + C_2 z_0 + D_2) = 0$$

成立,只要取

$$\lambda = -\frac{A_1 x_0 + B_1 y_0 + C_1 z_0 + D_1}{A_2 x_0 + B_2 y_0 + C_2 z_0 + D_2}$$

就可以了.

例7 已知平面 Π_1 和 Π_2 的方程分别是 $x + y - z = 0$ 和 $x - y + z - 1 = 0$. 求过平面 Π_1 和 Π_2 交线且过点 $(2, 3, -4)$ 的平面方程.

解 过平面 Π_1 和 Π_2 交线的平面束方程为

$$(x + y - z) + \lambda(x - y + z - 1) = 0.$$

将点 $(2, 3, -4)$ 坐标代入, 得 $\lambda = \dfrac{3}{2}$. 故所求平面方程为

$$(x + y - z) + \frac{3}{2}(x - y + z - 1) = 0, \text{即} 5x - y + z - 3 = 0.$$

二、直线

1. 直线的方程

一个点和一个方向决定一条直线. 一个方向可以用一个非零向量来确定, 因此我们常常用一个点和一个非零向量来决定一条直线.

当直线 L 上一点 $M_0(x_0, y_0, z_0)$ 和它的一个方向 $s = (m, n, p)$ 为已知时, 直线 L 的位置就完全确定了. 下面我们来建立这直线的方程.

设点 $M(x, y, z)$ 是直线 L 上的任一点, 则向量 $\overrightarrow{M_0M}$ 与 L 的方向 s 平行(图 6-20).

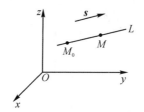

图 6-20

因此 $\overrightarrow{M_0M} = ts$, 即

$$(x - x_0, y - y_0, z - z_0) = t(m, n, p).$$

所以

$$\begin{cases} x = x_0 + mt, \\ y = y_0 + nt, \\ z = z_0 + pt. \end{cases} \tag{8}$$

方程(8)叫作**直线的参数方程**,

消去参数 t, 方程(8)可以写成

$$\frac{x - x_0}{m} = \frac{y - y_0}{n} = \frac{z - z_0}{p}. \tag{9}$$

方程(9)叫作**直线的点向式方程或对称式方程**.

向量 s 叫作直线的**方向向量**, s 的坐标 m,n,p 叫作直线的**方向数**. 显然,两条直线平行的条件是它们的方向数成比例.

直线又可以看作为两个平面的交线,所以任意直线可以表成两个一次方程的联立方程组

$$\begin{cases} A_1 x + B_1 y + C_1 z + D_1 = 0, \\ A_2 x + B_2 y + C_2 z + D_2 = 0. \end{cases} \tag{10}$$

方程(10)叫作**直线的一般方程**.

通过一条直线可作无限多个平面,因此可以有不同的方程组表示同一条直线.

例 8   用点向式方程及参数方程表示直线 $\begin{cases} 2x - 3y + z - 5 = 0, \\ 3x + y - 2z - 2 = 0. \end{cases}$

解   先找出这直线上的一点. 例如,可以取 $z = 0$, 代入方程组得

$$\begin{cases} 2x - 3y = 5, \\ 3x + y = 2. \end{cases}$$

解得 $x = 1, y = -1$, 即 $(1, -1, 0)$ 是直线上的一点.

下面再找出这直线的方向向量 s. 因为两平面的交线与这两平面的法向量 $n_1 = (2, -3, 1), n_2 = (3, 1, -2)$ 都垂直,所以可取

$$s = n_1 \times n_2 = \begin{vmatrix} i & j & k \\ 2 & -3 & 1 \\ 3 & 1 & -2 \end{vmatrix} = 5i + 7j + 11k.$$

因此,所给直线的点向式方程为

$$\frac{x-1}{5} = \frac{y+1}{7} = \frac{z}{11}.$$

令 $\dfrac{x-1}{5} = \dfrac{y+1}{7} = \dfrac{z}{11} = t$, 得所给直线的参数方程为

$$\begin{cases} x = 1 + 5t, \\ y = -1 + 7t, \\ z = 11t. \end{cases}$$

例 9   求过 $M_1(x_1, y_1, z_1), M_2(x_2, y_2, z_2)$ 两点的直线方程.

解   通常我们是用两个点来决定直线. 但是,两点 M_1 和 M_2 就相当于一个点 M_1 和一个向量 $\overrightarrow{M_1 M_2}$, 而 $\overrightarrow{M_1 M_2} = (x_2 - x_1, y_2 - y_1, z_2 - z_1)$, 于是由直线的点向式方程,所求直线方程为

$$\frac{x - x_1}{x_2 - x_1} = \frac{y - y_1}{y_2 - y_1} = \frac{z - z_1}{z_2 - z_1}.$$

这组方程又叫作**直线的两点式方程**.

2. 两直线的夹角

两直线的方向向量的夹角(通常指锐角或直角)叫作**两直线的夹角**.

设直线 L_1 和 L_2 的方向向量依次为 $\boldsymbol{s}_1 = (m_1, n_1, p_1)$ 和 $\boldsymbol{s}_2 = (m_2, n_2, p_2)$，则按两向量的夹角的余弦公式，直线 L_1 和 L_2 的夹角 φ 可由

$$\cos\varphi = \frac{\mid m_1 m_2 + n_1 n_2 + p_1 p_2 \mid}{\sqrt{m_1^2 + n_1^2 + p_1^2}\sqrt{m_2^2 + n_2^2 + p_2^2}} \tag{11}$$

来确定.

从两向量垂直、平行的充分必要条件立即推得下列结论：

两直线 L_1 和 L_2 互相垂直相当于 $m_1 m_2 + n_1 n_2 + p_1 p_2 = 0$；

两直线 L_1 和 L_2 互相平行或重合相当于 $\dfrac{m_1}{m_2} = \dfrac{n_1}{n_2} = \dfrac{p_1}{p_2}$.

例 10　求直线 $L_1 : \dfrac{x-1}{1} = \dfrac{y}{-4} = \dfrac{z+3}{1}$ 和 $L_2 : \dfrac{x}{2} = \dfrac{y+2}{-2} = \dfrac{z}{-1}$ 的夹角.

解　直线 L_1 的方向向量为 $\boldsymbol{s}_1 = (1, -4, 1)$，直线 L_2 的方向向量为 $\boldsymbol{s}_2 = (2, -2, -1)$. 设直线 L_1 和 L_2 的夹角为 φ，则由公式(11)有

$$\cos\varphi = \frac{\mid 1 \times 2 + (-4) \times (-2) + 1 \times (-1) \mid}{\sqrt{1^2 + (-4)^2 + 1^2}\sqrt{2^2 + (-2)^2 + (-1)^2}} = \frac{1}{\sqrt{2}},$$

所以 $\varphi = \dfrac{\pi}{4}$.

3. 直线与平面的夹角

当直线与平面不垂直时，直线和它在平面上的投影直线的夹角有两个，其中的锐角 φ 称为直线与平面的**夹角**(图 6-21)，当直线与平面垂直时，规定直线与平面的夹角为 $\dfrac{\pi}{2}$.

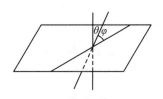

图 6-21

设直线的方向向量为 $\boldsymbol{s} = (m, n, p)$，平面的法向量为 $\boldsymbol{n} = (A, B, C)$，直线与平面的夹角为 φ，直线与平面的法向量的夹角为 θ，那么恒有

$$\sin\varphi = \mid \cos\theta \mid.$$

按两向量夹角余弦的坐标表示式，有

$$\sin \varphi = \frac{|Am + Bn + Cp|}{\sqrt{A^2 + B^2 + C^2}\sqrt{m^2 + n^2 + p^2}}. \tag{12}$$

因为直线与平面垂直相当于直线的方向向量与平面的法向量平行,所以直线与平面垂直相当于 $\dfrac{A}{m} = \dfrac{B}{n} = \dfrac{C}{p}$.

因为直线与平面平行或直线在平面上相当于直线的方向向量与平面的法向量垂直,所以直线与平面平行或直线在平面上相当于 $Am + Bn + Cp = 0$.

例 11 求过点 $(1, -2, 4)$ 且与平面 $2x - 3y + z - 4 = 0$ 垂直的直线方程.

解 由于所求直线垂直于已知平面,所以可取已知平面的法向量 $(2, -3, 1)$ 为所求直线的方向向量. 由此得所求直线的方程为

$$\frac{x - 1}{2} = \frac{y + 2}{-3} = \frac{z - 4}{1}.$$

4. 点到直线的距离

设 M_0 是直线 L 外一点,M 是直线 L 上的一点,且直线的方向向量为 s,我们求点 M_0 到直线 L 的距离.

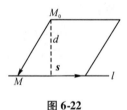

图 6-22

如图 6-22,设点 M_0 到直线 L 的距离为 d. 由向量积的几何意义知,$|s \times \overrightarrow{M_0M}|$ 表示以 $s, \overrightarrow{M_0M}$ 为邻边的平行四边形的面积. 而 $\dfrac{|s \times \overrightarrow{M_0M}|}{|s|}$ 表示以 $|s|$ 为边长的该平行四边形的高,即为点 M_0 到直线 L 的距离. 于是

$$d = \frac{|s \times \overrightarrow{M_0M}|}{|s|}. \tag{13}$$

习题 6.3

1. 求过三点 $M_1(2, -1, 4)$、$M_2(-1, 3, -2)$ 和 $M_3(0, 2, 3)$ 的平面方程.

2. 一平面通过两点 $M_1(1, 1, 1)$ 和 $M_2(0, 1, -1)$ 且垂直于平面 $x + y + z = 0$,求它的方程.

3. 求过点 $(3, 0, -1)$ 且与平面 $3x - 7y + 5z - 12 = 0$ 平行的平面方程.

4. 求过点 $M_0(2,9,-6)$ 且与连接坐标原点及点 M_0 的线段 OM_0 垂直的平面方程.

5. 求平面 $2x-2y+z+5=0$ 与各坐标面的夹角的余弦.

6. 求三平面 $x+3y+z=1,2x-y-z=0,-x+2y+2z=3$ 的交点.

7. 求满足下列条件的平面方程:

(1) 过点 $(-3,1,-2)$ 和 z 轴;

(2) 过点 $(4,0,-2)$ 及 $(5,1,7)$ 且平行于 x 轴;

(3) 过点 $(2,-5,3)$ 且平行于 zOx 面;

(4) 过点 $(1,0,-1)$ 且同时平行于向量 $\boldsymbol{a}=2\boldsymbol{i}+\boldsymbol{j}+\boldsymbol{k}$ 和 $\boldsymbol{b}=\boldsymbol{i}-\boldsymbol{j}$.

8. 求点 $(1,2,1)$ 到平面 $x+2y+2z-10=0$ 的距离.

9. 用对称式方程及参数方程表示直线 $\begin{cases} x-y+z=1, \\ 2x+y+z=4. \end{cases}$

10. 求过点 $(1,2,1)$ 且与两直线 $\begin{cases} x+2y-z+1=0, \\ x-y+z-1=0 \end{cases}$ 和 $\begin{cases} 2x-y+z=0, \\ x-y+z=0 \end{cases}$ 平行的平面方程.

11. 求过点 $(0,2,4)$ 且与两平面 $x+2z=1$ 和 $y-3z=2$ 平行的直线方程.

12. 求过点 $M_0(3,1,-2)$ 且通过直线 $\dfrac{x-4}{5}=\dfrac{y+3}{2}=\dfrac{z}{1}$ 的平面方程.

13. 试确定下列各组中的直线和平面间的关系:

(1) $\dfrac{x+3}{-2}=\dfrac{y+4}{-7}=\dfrac{z}{3}$ 和 $4x-2y-2z=3$;

(2) $\dfrac{x}{3}=\dfrac{y}{-2}=\dfrac{z}{7}$ 和 $3x-2y+7z=0$;

(3) $\dfrac{x-2}{3}=\dfrac{y+2}{1}=\dfrac{z-3}{-4}$ 和 $x+y+z=3$.

14. 求点 $(-1,2,0)$ 在平面 $x+2y-z+1=0$ 上的投影.

15. 求点 $P(3,-1,2)$ 到直线 $\begin{cases} x+y-z+1=0, \\ 2x-y+z-4=0 \end{cases}$ 的距离.

16. 求直线 $\begin{cases} 2x-4y+z=0, \\ 3x-y-2z-9=0 \end{cases}$ 在平面 $4x-y+z=1$ 上的投影直线的方程.

第4节　空间曲面与曲线

一、曲面及其方程

像在平面解析几何中把平面曲线当作动点的轨迹一样,在空间解析几何中,任何曲面也当作是一个动点按一定条件或规律运动而产生的轨迹. 这样, 曲面上的任意一点 M 必须满足这个条件或规律. 如果 M 点的坐标为 (x,y,z), 那么从这个条件或规律就能导出一个含有变量 x,y,z 的方程 $F(x,y,z) = 0$. 如果这个方程被曲面上任意点的坐标, 而不被曲面外任意点的坐标所满足, 那么曲面的几何性质自必一一在这个方程中反映出来. 因此, 我们就可以用这个方程来表示这个曲面. 也就是说, 曲面是这个方程的图形, 这个方程叫作曲面的一般方程.

在平面解析几何中, 用二次方程表示抛物线、双曲线与椭圆. 在空间解析几何中, 二次方程表示的曲面要复杂些, 这种曲面都叫作**二次曲面**. 下面介绍一些特殊的二次曲面.

1. 柱面

直线 L 沿定曲线 C 平行移动时所生成的曲面叫作柱面(图6-23), 定曲线 C 叫作**柱面的准线**, 动直线 L 叫作**柱面的母线**.

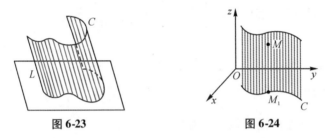

图 6-23　　　　　　　　图 6-24

显然, 柱面被它的准线和母线完全确定. 但是, 对于一个柱面, 它的准线并不唯一. 这里我们只讨论一种母线平行于坐标轴的柱面方程.

设柱面的母线平行于 z 轴, 且准线是 xOy 平面的一条曲线 C, 其方程为 $f(x,y) = 0$ (图6-24). 对于柱面上的任意点 $M(x,y,z)$, 它在 xOy 平面上的垂足 $M_1(x,y,0)$ 就在曲线 C 上, 即满足 $f(x,y) = 0$. 反过来, 任一满足 $f(x,y) = 0$ 的点 $M(x,y,z)$ 一定在过 $M_1(x,y,0)$ 的母线上, 即在柱面上. 所以准线是 C 且母线平行于 z 轴的柱面方程是 $f(x,y) = 0$.

同样的理由, 方程 $g(y,z) = 0$ 表示母线平行于 x 轴的柱面; 方程 $h(z,x) = 0$ 表示母线平行于 y 轴的柱面.

还要注意的是, 方程 $f(x,y) = 0$ 表示在空间表示柱面, 而此柱面在 xOy 平面上的准线 C 用 $\begin{cases} f(x,y) = 0, \\ z = 0 \end{cases}$ 表示.

下面给出母线平行于 z 轴的几个柱面方程, 它们都是二次曲面.

椭圆柱面方程: $\dfrac{x^2}{a^2} + \dfrac{y^2}{b^2} = 1$ (图6-25);

双曲柱面方程: $\dfrac{x^2}{a^2} - \dfrac{y^2}{b^2} = 1$ (图6-26);

抛物柱面方程：$y^2 = 2px$（图 6-27）.

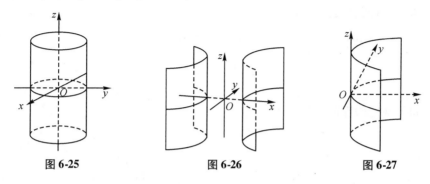

图 6-25　　　　　　　　图 6-26　　　　　　　　图 6-27

2. 旋转曲面

以一条平面曲线绕其平面上的一定直线旋转一周所成的曲面叫作**旋转曲面**，旋转曲线叫作旋转曲面的**母线**，定直线叫作旋转曲面的**轴**.

设 C 为 yOz 面上的一已知曲线，其方程为 $f(y,z) = 0$，C 绕 z 轴旋转一周得一曲面（图 6-28）. 在此旋转曲面上任取一点 $P_0(x_0,y_0,z_0)$，并过点 P_0 作平面 $z = z_0$，它和旋转曲面的交线为一圆周，圆周的半径 $R = \sqrt{x_0^2 + y_0^2}$.

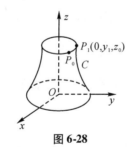

图 6-28

因为 P_0 是由曲线 C 上的点 $P_1(0,y_1,z_0)$ 旋转而得，故 $|y_1| = R$，即

$$y_1 = \pm R = \pm \sqrt{x_0^2 + y_0^2}.$$

又因为 $P_1(0,y_1,z_0)$ 满足 C 的方程 $f(y,z) = 0$，即 $f(y_1,z_0) = 0$，因此得

$$f(\pm \sqrt{x_0^2 + y_0^2},z_0) = 0.$$

由于 P_0 是旋转曲面上任意一点，故此旋转曲面的方程为

$$f(\pm \sqrt{x^2 + y^2},z) = 0.$$

同理，将曲线 C 绕 y 轴旋转所成的旋转曲面方程为

$$f(y, \pm \sqrt{x^2 + z^2}) = 0.$$

当曲线是二次曲线时，所得的旋转曲面是二次曲面，例如

（1）yOz 面上抛物线 $y^2 = 2pz$ 绕 z 轴旋转所成的曲面方程为

$$x^2 + y^2 = 2pz,$$

这种曲面叫作**旋转抛物面**(图 6-29).

(2) yOz 面上椭圆 $\dfrac{y^2}{a^2} + \dfrac{z^2}{b^2} = 1$ 绕 z 轴旋转所成的曲面方程为

$$\frac{x^2 + y^2}{a^2} + \frac{z^2}{b^2} = 1,$$

这种曲面叫作**旋转椭圆面**(图 6-30).

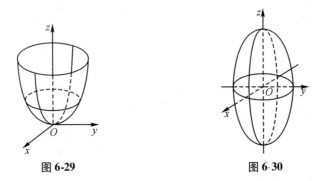

图 6-29　　　　　　　　　　图 6·30

(3) xOz 面上双曲线 $\dfrac{x^2}{a^2} - \dfrac{z^2}{b^2} = 1$ 绕 z 轴和 x 轴旋转所成的曲面方程分别为

$$\frac{x^2 + y^2}{a^2} - \frac{z^2}{b^2} = 1 \text{ 和 } \frac{x^2}{a^2} - \frac{y^2 + z^2}{b^2} = 1,$$

分别叫作**旋转单叶双曲面**(图 6-31)和**旋转双叶双曲面**(图 6-32).

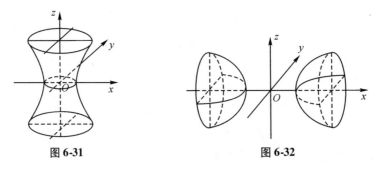

图 6-31　　　　　　　　　　图 6-32

3. 锥面

移动直线 L,使它始终通过定点 Q 且始终与定曲线 C 相交,这样由 L 所生成的曲面叫作**锥面**.直线 L 叫作锥面的母线;定点 Q 叫作锥面的顶点;定曲线 C 叫作锥面的**准线**(图 6-33).显然,锥面的特征是:顶点与曲面上任意其他点的连线都在曲面上.如果顶点在原点,那么顶点与锥面上一点 (x, y, z) 的连线上的点就是 (tx, ty, tz)(t 可为任意实数).因此对于顶点在原点的锥面,方程的特征是:如果 (x,y,z) 满足方程,那么对于任意实数 t, (tx,ty,tz) 也满足方程.例如方程

$$\frac{x^2}{a^2} + \frac{y^2}{b^2} - \frac{z^2}{c^2} = 0$$

所表示的曲面就是一个顶点在原点的锥面.要确定这个锥面,只要给出一条准线就行了. 用平面 $z = c$ 去截它,就得到一条准线

$$\begin{cases} \dfrac{x^2}{a^2} + \dfrac{y^2}{b^2} - 1 = 0, \\ \\ z = c. \end{cases}$$

显然这是一个椭圆,但锥面与平面 $x = a$ 和 $y = b$ 的截痕都是双曲线(图6-34).

图6-33

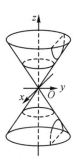
图6-34

4.椭球面

椭球面的标准方程为

$$\frac{x^2}{a^2} + \frac{y^2}{b^2} + \frac{z^2}{c^2} = 1 \ (a,b,c > 0).$$

现在来讨论它的图形:

(1)在方程中,以 $-x$ 代替 x 方程不变,这意味着如果点 (x,y,z) 在曲面上,则它的关于坐标面 yOz 的对称点 $(-x,y,z)$ 也在曲面上,也就是说曲面关于 yOz 面对称.同样,因为在方程中以 $-y$ 代替 y 方程不变,或以 $-z$ 代替 z 方程不变,所以曲面关于坐标面 xOy 和 zOx 都对称.所以曲面关于三个坐标面都是对称的.

(2)从方程本身可知

$$\frac{x^2}{a^2} \leq 1, \frac{y^2}{b^2} \leq 1, \frac{z^2}{c^2} \leq 1,$$

即

$$|x| \leq a, |y| \leq b, |z| \leq c.$$

这说明椭球面上的点都在以 $x = \pm a, y = \pm b, z = \pm c$ 这六个平面所构成的长方体内.

通过上面对椭球面的对称性和范围的讨论,我们的问题大大简化.但是,要画出椭球面的大体图形仍然是困难的,这是因为在讨论平面曲线时通用的描述法对空间情形不能适用了.为了能够看出椭球面的大体形状,我们考虑用平行于坐标面的一组平面去截割,对所得截痕进行分析就可以看出椭球面的大体形状.

用平行于 xOy 面的平面 $z = h$ 去截椭球面,截线方程为

$$\begin{cases} \dfrac{x^2}{a^2} + \dfrac{y^2}{b^2} = 1 - \dfrac{h^2}{c^2}, \\ z = h. \end{cases}$$

当 $0 < |h| < c$ 时,截痕是椭圆(图 6-35),而且由 xOy 面上的最大椭圆

$$\begin{cases} \dfrac{x^2}{a^2} + \dfrac{y^2}{b^2} = 1, \\ z = 0 \end{cases}$$

开始.随着 $|h|$ 增大向 z 轴的两个方向逐渐缩小.当 $|h| = c$ 时,上述椭圆就缩成两点 $(0, 0, \pm c)$.

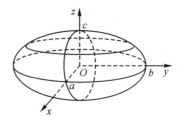

图 6-35

同样,用平行于 yOz 面或 zOx 面的平面去截割,也得类似的结果.

在椭球面方程中,a, b, c 若有两个相等,如 $a = b$,它就表示由 yOz 面上的椭圆 $\dfrac{y^2}{a^2} + \dfrac{z^2}{c^2} = 1$ 绕 z 轴旋转而成的旋转椭球面;若 $a = b = c$,就得到球面方程 $x^2 + y^2 + z^2 = a^2$.

5. 双曲抛物面

双曲抛物面的标准方程是 $\dfrac{x^2}{a^2} - \dfrac{y^2}{b^2} = 2z$.

先用平面 $z = h$ 去截此曲面,所得截痕为

$$\begin{cases} \dfrac{x^2}{a^2} - \dfrac{y^2}{b^2} = 2h, \\ z = h. \end{cases}$$

当 $h > 0$ 时,这是双曲线,实轴平行于 x 轴,虚轴平行于 y 轴;

当 $h = 0$ 时,这是 xOy 面上的两条相交于原点的直线;

当 $h < 0$ 时,这也是双曲线,但实轴平行于 y 轴,虚轴平行于 x 轴.

其次用平面 $x = h$ 去截此曲面,所得截痕为

$$\begin{cases} \dfrac{y^2}{b^2} = \dfrac{h^2}{a^2} - 2z, \\ x = h. \end{cases}$$

当 $h = 0$ 时,这是 yOz 面上顶点为原点的抛物线且开口向下;

当 $|h| > 0$ 时,这也都是开口向下的抛物线,且随着 $|h|$ 的增大,抛物线的顶点随之提高.

最后用平面 $y = h$ 去截此曲面,所得截痕全都是开口向上的抛物线:

$$\begin{cases} \dfrac{x^2}{a^2} = 2z + \dfrac{h^2}{b^2}, \\ y = h. \end{cases}$$

综合上述分析可知双曲抛物面的大体形状如图 6-36 所示. 又因其形状似马鞍,也称**马鞍面**.

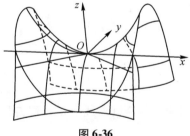

图 6-36

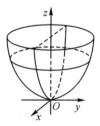

图 6-37

同样的方法讨论,可以得出下列方程所表示的曲面的形状.

6. 椭圆抛物面

椭圆抛物面的标准方程为 $\dfrac{x^2}{a^2} + \dfrac{y^2}{b^2} = 2z$ (图 6-37).

7. 单叶双曲面

单叶双曲面的标准方程为 $\dfrac{x^2}{a^2} + \dfrac{y^2}{b^2} - \dfrac{z^2}{c^2} = 1$（图 6-38）.

8. 双叶双曲面

双叶双曲面的标准方程为 $\dfrac{x^2}{a^2} + \dfrac{y^2}{b^2} - \dfrac{z^2}{c^2} = -1$（图 6-39）.

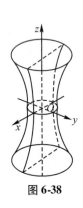

图 6-38

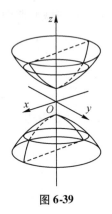

图 6-39

二、空间曲线及其方程

1. 空间曲线的一般方程

空间曲线可以看作两个曲面的交线. 设

$$F(x,y,z) = 0 \text{ 和 } G(x,y,z) = 0$$

是两个曲面的方程,则方程组

$$\begin{cases} F(x,y,z) = 0, \\ G(x,y,z) = 0 \end{cases}$$

就是这两个曲面的交线 C 的方程. 这方程组也叫作**空间曲线 C 的一般方程**.

例 1　方程组 $\begin{cases} x^2 + y^2 = 1, \\ 2x + 3z = 6 \end{cases}$ 表示怎样的曲线?

解　方程组中第一个方程 $x^2 + y^2 = 1$ 表示母线平行于 z 轴的圆柱面,其准线是 xOy 面上的圆,圆心在原点 O,半径为 1. 方程组中第二个方程 $2x + 3z = 6$ 表示一个平行于 y 轴的平面. 方程组就表示上述平面与圆柱面的交线,如图 6-40 所示.

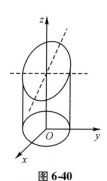

图 6-40

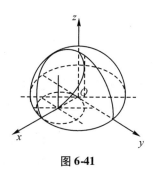

图 6-41

例 2　方程组 $\begin{cases} z = \sqrt{a^2 - x^2 - y^2}, \\ \left(x - \dfrac{a}{2}\right)^2 + y^2 = \left(\dfrac{a}{2}\right)^2 \end{cases}$ 表示怎样的曲线?

解　方程组中第一个方程 $z = \sqrt{a^2 - x^2 - y^2}$ 表示球心在坐标原点 O,半径为 a 的上半球面.第二个方程 $\left(x - \dfrac{a}{2}\right)^2 + y^2 = \left(\dfrac{a}{2}\right)^2$ 表示母线平行于 z 轴的圆柱面,它的准线是 xOy 面上的圆,这圆的圆心在点 $\left(\dfrac{a}{2}, 0\right)$,半径为 $\dfrac{a}{2}$.方程组就表示上述半球面与圆柱面的交线,如图 6-41 所示.

2. 空间曲线的参数方程

空间曲线也可以用参数形式表示,只要将直角坐标系中 C 上动点的坐标 x, y 和 z 表示为参数 t 的函数:

$$\begin{cases} x = x(t), \\ y = y(t), \\ z = z(t). \end{cases}$$

当给定 $t = t_1$ 时,就得到 C 上的一个点 (x_1, y_1, z_1);随着 t 的变动便可得曲线 C 上的全部点.这个方程组就叫作**空间曲线的参数方程**.

例 3　当螺旋旋转时,螺旋上的动点 M,一方面绕螺旋的轴作圆周运动,另一方面又沿轴线的方向前进.动点 M 的轨迹(图 6-42)就是所谓**螺旋线**.现在我们来建立螺旋线的参数方程.

取时间 t 为参数.设当 $t = 0$ 时,动点由 $M_0(a, 0, 0)$ 开始运动,一方面以角速度 ω 绕 z 轴旋转,同时又以速度 v 沿 z 轴方向运动(ω, v 都是常数).于是,对曲线上任意一点 $M(x, y, z)$ 就有

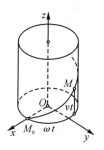

图 6-42

$$\begin{cases} x = a\cos \omega t, \\ y = a\sin \omega t, \\ z = vt, \end{cases}$$

这就是螺旋线的参数方程.

如果消去参数 t 也可以得到螺旋线的一般形式的方程:

$$\begin{cases} x^2 + y^2 = a^2, \\ y = a\sin\left(\dfrac{\omega}{v}z\right). \end{cases}$$

一般方程中的第一个方程的图形是圆柱面,但第二个方程的图形就比较复杂. 而参数方程不仅明确表示出明确的运动意义,并且也比较容易想象它的图形. 在有些问题中,参数方程显示了它的优越性.

3. 空间曲线在坐标面上的投影

以空间曲线 C 为准线,母线平行于 xOy 面的柱面叫作 C 对 xOy 面的**投影柱面**. 投影柱面与 xOy 面的交线叫作 C 在 xOy 面上的**投影曲线**(图 6-43).

设空间曲线 C 的一般方程为

$$\begin{cases} F(x,y,z) = 0, \\ G(x,y,z) = 0. \end{cases}$$

从中消去变量 z 后所得的方程为

$$H(x,y) = 0.$$

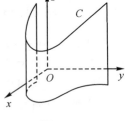

图 6-43

显然空间曲线 C 上的点都满足 $H(x,y) = 0$. 又由第一目知,方程 $H(x,y) = 0$ 表示一个母线平行于 z 轴的柱面,这柱面必定通过曲线 C. 这样,柱面 $H(x,y) = 0$ 与 xOy 面的交线

$$\begin{cases} H(x,y) = 0, \\ z = 0 \end{cases}$$

必然包含了空间曲线 C 在 xOy 面上的投影曲线.

同样,消去空间曲线 C 的方程组中的变量 x 或变量 y 得 $R(y,z) = 0$ 或 $T(x,z) = 0$,再分别与 $x = 0$ 或 $y = 0$ 联立,就得到包含 C 在 yOz 面或 zOx 面上的投影曲线的方程:

$$\begin{cases} R(y,z) = 0, \\ x = 0 \end{cases} \quad 或 \quad \begin{cases} T(x,z) = 0, \\ y = 0. \end{cases}$$

例 4 求曲线 $\begin{cases} x^2 + y^2 + z^2 = 1, \\ x^2 + (y-1)^2 + (z-1)^2 = 1 \end{cases}$ 在 xOy 面上的投影曲线的方程.

解 先由所给方程组中消去 z. 为此将两式相减,得 $z = 1 - y$. 再将它代入两个方程中的任一个,就得交线关于 xOy 面的投影柱面方程为

$$x^2 + 2y^2 - 2y = 0.$$

于是所给在 xOy 面上的投影方程就是

$$\begin{cases} x^2 + 2y^2 - 2y = 0, \\ z = 0. \end{cases}$$

在重积分的计算中,往往需要确定一个立体或曲面在坐标面上的投影,这时要利用投影柱面和投影曲线.

例 5 一个立体由上半球面 $z = \sqrt{4 - x^2 - y^2}$ 和锥面 $z = \sqrt{3(x^2 + y^2)}$ 所围成(图 6-44),求它在 xOy 面上的投影区域.

解 半球面和锥面的交线 C 为

$$\begin{cases} z = \sqrt{4 - x^2 - y^2}, \\ z = \sqrt{3(x^2 + y^2)}. \end{cases}$$

由上列方程组中消去 z,得到 $x^2 + y^2 = 1$. 这就是交线 C 关于 xOy 面的投影柱面,因此交线 C 在 xOy 面上的投影曲线为

$$\begin{cases} x^2 + y^2 = 1, \\ z = 0. \end{cases}$$

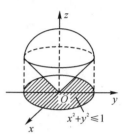

图 6-44

这是 xOy 面上的一个圆,于是所求立体在 xOy 面上的投影就是该圆在 xOy 面上所围的部分

$$x^2 + y^2 \leqslant 1.$$

习题 6.4

1. 求过点 $(-1, -2, -5)$ 且和三个坐标平面都相切的球面方程.

2. 将 xOz 坐标面上的抛物线 $z^2 = 5x$ 绕 x 轴旋转一周,求所生成的旋转曲面的方程.

3. 将 xOz 坐标面上的圆 $x^2 + z^2 = 9$ 绕 z 轴旋转一周,求所生成的旋转曲面的方程.

4. 将 xOy 坐标面上的双曲线 $4x^2 - 9y^2 = 36$ 绕 y 轴旋转一周,求所生成的旋转曲面的方程.

5. 设空间曲线 Γ 的方程为 $\begin{cases} x = 1 + t, \\ y = 1 - t, \\ z = t^2, \end{cases}$ Γ 绕 z 轴旋转一周得一旋转曲面,求此旋转曲面的方程.

6. 指出下列方程在平面解析几何中和在空间解析几何中分别表示什么图形:

(1) $x = 2$; (2) $y = x + 1$; (3) $x^2 + y^2 = 4$; (4) $x^2 - y^2 = 1$.

7. 说明下列旋转曲面是怎样形成的:

(1) $\dfrac{x^2}{4} + \dfrac{y^2}{9} + \dfrac{z^2}{9} = 1$; (2) $x^2 - \dfrac{y^2}{4} + z^2 = 1$.

(3) $x^2 - y^2 - z^2 = 1$;　　　　　　　　(4) $(z - a)^2 = x^2 + y^2$.

8. 画出下列方程所表示的曲面:

(1) $\left(x - \dfrac{a}{2}\right)^2 + y^2 = \left(\dfrac{a}{2}\right)^2$;　　　　(2) $-\dfrac{x^2}{4} + \dfrac{y^2}{9} = 1$;

(3) $\dfrac{x^2}{9} + \dfrac{z^2}{4} = 1$;　　　　　　　　(4) $y^2 - z = 0$;

(5) $z = 2 - x^2$.

9. 画出下列曲线在第一卦限内的图形:

(1) $\begin{cases} x = 1, \\ y = 2; \end{cases}$　　(2) $\begin{cases} z = \sqrt{4 - x^2 - y^2}, \\ x - y = 0; \end{cases}$　　(3) $\begin{cases} x^2 + y^2 = a^2, \\ x^2 + z^2 = a^2. \end{cases}$

10. 指出下列方程组在平面解析几何中与在空间解析几何中分别表示什么图形:

(1) $\begin{cases} y = 5x + 1, \\ y = 2x - 3; \end{cases}$　　　　(2) $\begin{cases} \dfrac{x^2}{4} + \dfrac{y^2}{9} = 1, \\ y = 3. \end{cases}$

11. 把曲线方程 $\begin{cases} 2y^2 + z^2 + 4x - 4z = 0, \\ y^2 + 3z^2 - 8x - 12z = 0 \end{cases}$ 化为母线分别平行于 x 轴与 z 轴的柱面的

交线方程.

12. 求球面 $x^2 + y^2 + z^2 = 9$ 与平面 $x + z = 1$ 的交线在 xOy 面上的投影的方程.

13. 将下列曲线的一般方程化为参数方程:

(1) $\begin{cases} x^2 + y^2 + z^2 = 9, \\ y = x; \end{cases}$　　　　(2) $\begin{cases} (x - 1)^2 + y^2 + (z + 1)^2 = 4, \\ z = 0. \end{cases}$

14. 求上半球 $0 \leqslant z \leqslant \sqrt{a^2 - x^2 - y^2}$ 与圆柱体 $x^2 + y^2 \leqslant ax$（$a > 0$）的公共部分在 xOy 面和 xOz 面上的投影.

15. 求旋转抛物面 $z = x^2 + y^2$（$0 \leqslant z \leqslant 4$）在三坐标面上的投影.

复习题六

一、单项选择题

1. 设有直线 $l_1: \dfrac{x - 1}{1} = \dfrac{y - 5}{-2} = \dfrac{z + 8}{1}$ 与 $l_2: \begin{cases} x - y = 6, \\ 2y + z = 3, \end{cases}$ 则 l_1 与 l_2 的夹角为(　　　).

(A) $\dfrac{\pi}{6}$　　　　(B) $\dfrac{\pi}{4}$　　　　(C) $\dfrac{\pi}{3}$　　　　(D) $\dfrac{\pi}{2}$

2. 设有直线 L: $\begin{cases} x + 3y + 2z + 1 = 0, \\ 2x - y - 10z + 3 = 0 \end{cases}$ 及平面 π: $4x - 2y + z - 2 = 0$，则直线 L

（ ）.

（A）平行于 π （B）在 π 上   （C）垂直于 π （D）与 π 斜交

3. 设矩阵 $\begin{pmatrix} a_1 & b_1 & c_1 \\ a_2 & b_2 & c_2 \\ a_3 & b_3 & c_3 \end{pmatrix}$ 是满秩的，则直线 $\dfrac{x - a_3}{a_1 - a_2} = \dfrac{y - b_3}{b_1 - b_2} = \dfrac{z - c_3}{c_1 - c_2}$ 与直线 $\dfrac{x - a_1}{a_2 - a_3} =$

$\dfrac{y - b_1}{b_2 - b_3} = \dfrac{z - c_1}{c_2 - c_3}$ （ ）.

（A）相交于一点   （B）重合   （C）平行但不重合   （D）异面

4. 下列结论中，错误的是（ ）.

（A）$z + 2x^2 + y^2 = 0$ 表示椭圆抛物面

（B）$x^2 + 2y^2 = 1 + 3z^2$ 表示双叶双曲面

（C）$x^2 + y^2 - (z - 1)^2 = 0$ 表示圆锥面

（D）$y^2 = 5x$ 表示抛物柱面

二、填空题

1. 向量 $a = -2i + 3j + nk$ 和 $b = mi - 6j + 2k$ 平行，则 $m = $ _____ , $n = $ _____ .

2. 设 $|a + b| = |a - b|$，$a = (3, -5, 8)$，$b = (-1, 1, z)$，则 $z = $ _____ .

3. 已知向量 a 与各坐标轴成相等的锐角，如果 $|a| = 2\sqrt{3}$，则 a 的坐标为 _____ .

4. 已知 $a \cdot b = 3$，且 $a \times b = (1, 1, 1)$，则 a 与 b 的夹角 $\theta = $ _____ .

5. 设 $(a \times b) \cdot c = 2$，则 $[(a + b) \times (b + c)] \cdot (c + a) = $ _____ .

6. 设数 $\lambda_1, \lambda_2, \lambda_3$ 不全为 0，使 $\lambda_1 a + \lambda_2 b + \lambda_3 c = 0$，则 a, b, c 三个向量是 _____ 的.

7. 设 $a = (2, 1, 2)$，$b = (4, -1, 10)$，$c = b - \lambda a$，且 $a \perp c$，则 $\lambda = $ _____ .

8. 设 $|a| = 3$，$|b| = 4$，$|c| = 5$，且满足 $a + b + c = 0$，则 $|a \times b + b \times c + c \times a| = $ _____ .

9. y 轴上与点 $A(1, -3, 7)$ 和点 $B(5, 7, -5)$ 等距离的点是 _____ .

10. 已知三角形 ABC 的顶点为 $A(3, 2, -1)$，$B(5, -4, 7)$，$C(-1, 1, 2)$，则从顶点 C 所引中线的长度为 _____ .

11. 设一平面经过原点及点 $(6, -3, 2)$，且与平面 $4x - y + 2z = 8$ 垂直，则此平面方程为 _____ .

12. 过点 $M(1, 2, -1)$ 且与直线 $\begin{cases} x = -t + 2, \\ y = 3t - 4, \\ z = t - 1 \end{cases}$ 垂直的平面方程是 _____ .

13. 与两直线 $\begin{cases} x = 1, \\ y = -1 + t, \\ z = 2 + t, \end{cases}$ 及 $\dfrac{x+1}{1} = \dfrac{y+2}{2} = \dfrac{z-1}{1}$ 都平行,且过原点的平面方程为

_____.

14. 已知两条直线的方程是 $l_1 : \dfrac{x-1}{1} = \dfrac{y-2}{0} = \dfrac{z-3}{-1}, l_2 : \dfrac{x+2}{2} = \dfrac{y-1}{1} = \dfrac{z}{1}$. 则过 l_1 且平行于 l_2 的平面方程是 _____.

15. 过点 $(-1,2,3)$,垂直于直线 $\dfrac{x}{4} = \dfrac{y}{5} = \dfrac{z}{6}$ 且平行于平面 $7x + 8y + 9z + 10 = 0$ 的直线方程为 _____.

三、解答题

1. 设 $|\boldsymbol{a}| = \sqrt{3}, |\boldsymbol{b}| = 1, \boldsymbol{a}$ 与 $\boldsymbol{b}$ 的夹角为 $\dfrac{\pi}{6}$,求向量 $\boldsymbol{a} + \boldsymbol{b}$ 与 $\boldsymbol{a} - \boldsymbol{b}$ 的夹角 θ.

2. 设 $\boldsymbol{a} + 3\boldsymbol{b} \perp 7\boldsymbol{a} - 5\boldsymbol{b}, \boldsymbol{a} - 4\boldsymbol{b} \perp 7\boldsymbol{a} - 2\boldsymbol{b}$,求向量 $\boldsymbol{a}$ 与 $\boldsymbol{b}$ 的夹角 θ.

3. 设 $\boldsymbol{a} = (2,-3,1), \boldsymbol{b} = (1,-2,3), \boldsymbol{c} = (2,1,2)$,向量 $\boldsymbol{r}$ 满足 $\boldsymbol{r} \perp \boldsymbol{a}, \boldsymbol{r} \perp \boldsymbol{b}, \text{Prj}_{\boldsymbol{c}}\boldsymbol{r} = 14$,求 $\boldsymbol{r}$.

4. 设 $\boldsymbol{a} = (-1,3,2), \boldsymbol{b} = (2,-3,-4), \boldsymbol{c} = (-3,12,6)$,证明三向量 $\boldsymbol{a}, \boldsymbol{b}, \boldsymbol{c}$ 共面,并用 $\boldsymbol{a}$ 和 $\boldsymbol{b}$ 表示 $\boldsymbol{c}$.

5. 求通过点 $A(3,0,0)$ 和 $B(0,0,1)$ 且与 xOy 面成 $\dfrac{\pi}{3}$ 角的平面的方程.

6. 已知点 $A(1,0,0)$ 及点 $B(0,2,1)$,试在 z 轴上求一点 C,使 $\triangle ABC$ 的面积最小.

7. 设一平面垂直于平面 $z = 0$,并通过从点 $(1,-1,1)$ 到直线 $\begin{cases} y - z + 1 = 0 \\ x = 0 \end{cases}$ 的垂线,求此平面的方程.

8. 求直线 $\dfrac{x-2}{1} = \dfrac{y-3}{1} = \dfrac{z-4}{2}$ 与平面 $2x + y + z - 6 = 0$ 的交点与夹角.

9. 求过点 $(2,1,3)$ 且与直线 $\dfrac{x+1}{3} = \dfrac{y-1}{2} = \dfrac{z}{-1}$ 垂直相交的直线的方程.

10. 求过直线 $l_1 : \dfrac{x-1}{2} = \dfrac{y+2}{3} = \dfrac{z+3}{4}$ 且平行于直线 $l_2 : x = y = \dfrac{z}{2}$ 的平面方程.

11. 设空间直角坐标系有一点 $A(-1,0,4)$,有一平面 $\Pi : 3x - 4y + z + 10 = 0$,有一直线 $L : \dfrac{x+1}{1} = \dfrac{y-3}{1} = \dfrac{z}{2}$. 求一条过 A 点且与平面 Π 平行又与直线 L 相交的直线方程.

12. 求直线 $l_1 : \dfrac{x+1}{1} = \dfrac{y}{1} = \dfrac{z-1}{2}$ 与直线 $l_2 : \dfrac{x}{1} = \dfrac{y+1}{3} = \dfrac{z-2}{4}$ 之间的距离.

13. 求直线 $L: \dfrac{x-1}{0} = \dfrac{y}{1} = \dfrac{z}{1}$ 绕 z 轴一周所生成的旋转曲面方程.

14. 求直线 $l: \dfrac{x-1}{1} = \dfrac{y}{1} = \dfrac{z-1}{-1}$ 在平面 $\pi: x-y+2z-1=0$ 上的投影直线 l_0 的方程, 并求 l_0 绕 y 轴旋转一周所成曲面的方程.

15. 求曲线 $\begin{cases} z = 2 - x^2 - y^2, \\ z = (x-1)^2 + (y-1)^2 \end{cases}$ 在三个坐标面上的投影曲线的方程.

16. 求锥面 $z = \sqrt{x^2+y^2}$ 与柱面 $z^2 = 2x$ 所围立体在三个坐标面上的投影.

17. 画出下列各曲面所围立体的图形:

(1) 抛物柱面 $2y^2 = x$, 平面 $z = 0$ 及 $\dfrac{x}{4} + \dfrac{y}{2} + \dfrac{z}{2} = 1$;

(2) 抛物柱面 $x^2 = 1 - z$, 平面 $y = 0, z = 0$ 及 $x + y = 1$;

(3) 圆锥面 $z = \sqrt{x^2+y^2}$ 及旋转抛物面 $z = 2 - x^2 - y^2$.

第7章 多元函数微分法及其应用

前面章节中,我们讨论的函数都只有一个自变量,这种函数称为一元函数.但在许多实际问题中,一个变量往往依赖于多个变量,这在数学上可以归结为多元函数.本章将在一元函数微积分学的基础上讨论多元函数的微分及其应用.

作为一元函数的推广,多元函数与一元函数在许多概念、理论和方法之间有着密切的联系和相似之处.尽管如此,它们之间还是存在着一些质的不同.然而二元与二元以上的多元函数之间却无本质上的差别,所以本章中我们以讨论二元函数为主,所得结果可以类推到二元以上的多元函数.

第1节 多元函数的概念、极限与连续

一、多元函数的概念

与实数轴上邻域与区域的概念类似,首先引入平面上邻域与区域的概念.

1. 平面点集

考虑平面上的点,如果引入直角坐标系,则平面上的点 P 就与有序二元实数组 (x,y) 之间建立了一一对应,即平面上的点 P 可以用有序实数组 (x,y) 表示.我们把坐标平面上具有某种性质的点的全体称为**平面点集**,记作

$$E = \{(x,y) \mid (x,y) \text{ 具有的性质}\}.$$

例如,平面上的所有点组成的点集记为

$$\mathbf{R}^2 = \{(x,y) \mid -\infty < x < +\infty, -\infty < y < +\infty\}.$$

定义1 设 $P_0(x_0,y_0)$ 为平面上一点,δ 为某一正数,与点 P_0 的距离小于 δ 的所有点的全体,称为点 P_0 的 δ **邻域**,记作 $U(P_0,\delta)$,也即

$$U(P_0,\delta) = \{(x,y) \mid \sqrt{(x-x_0)^2 + (y-y_0)^2} < \delta\}.$$

在几何上,$U(P_0,\delta)$ 就是平面上以 P_0 为中心,δ 为半径的圆的内部所有点的集合(图7-1).有时不需要强调邻域的半径是多少,也将邻域简记为 $U(P_0)$.点 P_0 的 δ 去心邻域记为 $\mathring{U}(P_0,\delta)$ 或 $\mathring{U}(P_0)$,即

$$\mathring{U}(P_0,\delta) = \left\{(x,y) \mid 0 < \sqrt{(x-x_0)^2 + (y-y_0)^2} < \delta\right\}.$$

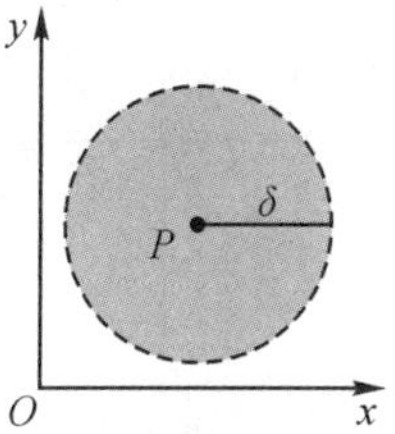

图 7-1 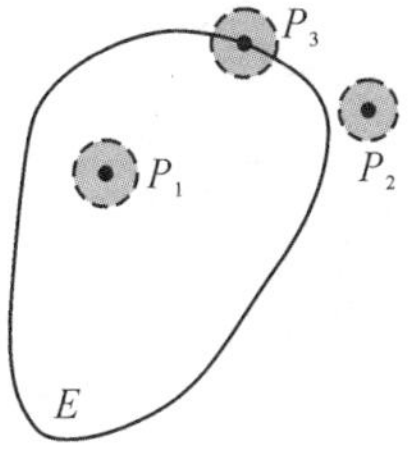   图 7-2

利用邻域可以描述点与点集之间的关系,并定义平面上的一些重要的点集.

记 E 为平面上的一个点集,P 是平面上一点,则 P 和 E 之间必存在以下三种关系中的一种:

(1)内点. 如果存在点 P 的某个邻域 $U(P)$,使得 $U(P) \subset E$,则称 P 为 E 的**内点**(图 7-2 中的点 P_1);

(2)外点. 如果存在点 P 的某个邻域 $U(P)$,使得 $U(P) \cap E = \varnothing$,则称 P 是 E 的**外点**(图 7-2 中的点 P_2);

(3)边界点. 如果点 P 的任一邻域内既含有属于 E 的点,又含有不属于 E 的点,则称 P 为 E 的**边界点**(图 7-2 中的点 P_3). E 的边界点的全体称为它的**边界**,记作 ∂E.

如果点集 E 的点都是它的内点,则称 E 为**开集**,如果 E 的边界 $\partial E \subset E$,则称 E 为**闭集**.

设 E 为一平面点集,如果对于 E 内的任意两点,都可用折线连接起来,且该折线上的点都属于 E,则称点集 E 是**连通的**(图 7-3).

连通的开集称为**开区域**,简称为**区域**. 区域连同它的边界一起构成了**闭区域**. 对于区域 E,如果能找到一个中心在原点 O,半径 r 适当大的一个有限圆,将 E 覆盖住($E \subset U(O,r)$),则称 E 是**有界的**,否则称为**无界的**.

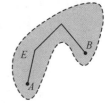

图 7-3

例如集合 $\{(x,y) \mid 1 \leqslant x^2 + y^2 \leqslant 4\}$ 是有界闭区域(图 7-4);而集合 $\{(x,y) \mid x + y > 0\}$ 是无界开区域(图 7-5).

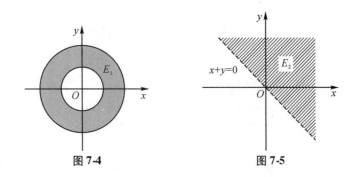

图 7-4   图 7-5

2. 多元函数的概念

许多实际应用问题中,常会遇到一个变量与多个变量之间的关系. 如圆柱体的体积 V 和它的底半径 r、高 h 之间具有关系 $V = \pi r^2 h$, 这里, 当 r, h 在集合 $\{(r,h) \mid r > 0, h > 0\}$ 内取一对值 (r, h) 时, V 的对应值就随之确定. 这种关系所表达的就是二元函数.

定义 2 设 D 是平面上的一个点集, 如果对于每一个点 $(x,y) \in D$, 按照某确定的规则 f, 变量 z 总有唯一值与之对应, 则称变量 z 是变量 x 和 y 的**二元函数**, 记为
$$z = f(x,y), \quad (x,y) \in D.$$
其中 x, y 称为**自变量**, z 称为**因变量**, 平面点集 D 称为该函数的**定义域**, 数集 $\{z \mid z = f(x, y), (x,y) \in D\}$ 称为该函数的**值域**.

类似地, 可定义三元及三元以上的函数. 一般地, 设 D 是 n 维空间 $\mathbf{R}^n$ 内的一个点集, 如果对于每一个点 $(x_1, x_2, \cdots, x_n) \in D$, 按照某种确定的规则 f, 变量 u 总有唯一值与之对应, 则称变量 u 是变量 $x_1, x_2, \cdots, x_n$ 的 **n 元函数**, 记为
$$u = f(x_1, x_2, \cdots, x_n), (x_1, x_2, \cdots, x_n) \in D.$$
在 $n = 2, 3$ 时, 习惯上将点 (x_1, x_2) 与 (x_1, x_2, x_3) 分别表示成 (x, y) 与 (x, y, z).

当 $n \geqslant 2$ 时, n 元函数统称为**多元函数**.

关于多元函数的定义域, 与一元函数相类似. 在一般地讨论用算式表达的多元函数时, 函数的定义域由表达函数的式子本身来确定, 即我们所说的自然定义域; 在考察实际问题中函数关系的定义域时, 则要根据实际问题的意义来确定.

例如函数 $z = \arcsin(x + y)$ 的定义域为
$$\{(x,y) \mid -1 \leqslant x + y \leqslant 1\},$$
这是一个无界的闭区域(图 7-6).

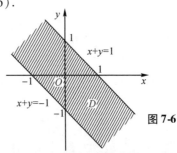

图 7-6

例 1　已知 $f\left(x+y,\dfrac{y}{x}\right)=x^2-y^2$，求 $f(x,y)$.

解　设 $u=x+y,v=\dfrac{y}{x}$，则 $x=\dfrac{u}{1+v},y=\dfrac{uv}{1+v}$，于是

$$f(u,v)=\left(\frac{u}{1+v}\right)^2-\left(\frac{uv}{1+v}\right)^2=\frac{u^2(1-v)}{1+v},$$

所以　$f(x,y)=\dfrac{x^2(1-y)}{1+y}$.

3. 二元函数的几何意义

设给定一个二元函数 $z=f(x,y),(x,y)\in D$. 取定一个空间直角坐标系 $Oxyz$，在 xOy 平面上画出函数的定义域 D. 在 D 内任取一点 $P(x,y)$，按照 $z=f(x,y)$ 就有空间中的一个点 $M(x,y,z)$ 与之对应（图 7-7）. 当点 P 在 D 中变化时，相应的点 M 就在空间中变动；而当点 P 取遍整个定义域 D 内的值时，点 M 的全体就是函数 $z=f(x,y)$ 的图形.

一般地，二元函数 $z=f(x,y)$ 的图形是空间的一张曲面，该曲面在 xOy 平面上的投影区域就是函数的定义域 D.

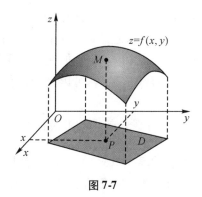

图 7-7

例 2　说明函数 $z=\sqrt{1-x^2-(y-1)^2}$ 图形的几何意义.

解　等式两边平方，得

$$z^2=1-x^2-(y-1)^2,\quad 即\quad x^2+(y-1)^2+z^2=1.$$

而方程 $x^2+(y-1)^2+z^2=1$ 是表示以 $(0,1,0)$ 为球心，以 1 为半径的球面. 因此，函数 $z=\sqrt{1-x^2-(y-1)^2}$ 的图形为该球面的上半球面，如图 7-8 所示.

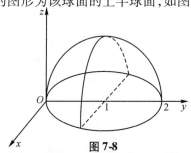

图 7-8

二、多元函数的极限

与一元函数极限概念类似,设二元函数 $f(x,y)$ 在点 $P_0(x_0,y_0)$ 的某个去心邻域内有定义,如果当动点 $P(x,y)$ 沿任意路径趋于点 $P_0(x_0,y_0)$ 时,$f(x,y)$ 总是无限接近于一个确定的常数 A,则称 A 为函数 $f(x,y)$ 当 $(x,y) \to (x_0,y_0)$ 时的极限.下面用"$\varepsilon - \delta$"语言精确描述这个概念.

定义 3　设二元函数 $f(x,y)$ 在点 $P_0(x_0,y_0)$ 的某个去心邻域内有定义,如果对于任意给定的正数 ε,都存在相应的正数 δ,当 (x,y) 满足

$$0 < \sqrt{(x - x_0)^2 + (y - y_0)^2} < \delta$$

时,都有

$$|f(x,y) - A| < \varepsilon,$$

则称函数 $z = f(x,y)$ 在 (x_0,y_0) 处的**极限**为 A,记为

$$\lim_{\substack{x \to x_0 \\ y \to y_0}} f(x,y) = A \quad \text{或} \quad \lim_{(x,y) \to (x_0,y_0)} f(x,y) = A.$$

相对于一元函数的极限,我们称二元函数的极限为**二重极限**.二元函数的极限实质上与一元函数的极限相同,前者在自变量趋近方式上较之后者复杂得多.在一元函数中,自变量 $x \to x_0$ 本质上仅有两种:$x \to x_0^-$ 和 $x \to x_0^+$.但在二元函数中,自变量 $(x,y) \to (x_0, y_0)$,不只是左、右趋近 (x_0,y_0) 的直线情况,它可以是沿任何曲线、任何方向,即从四面八方的任何形式趋近于 (x_0,y_0).

按照定义,若 $\lim_{\substack{x \to x_0 \\ y \to y_0}} f(x,y)$ 存在,则要求点 (x,y) 沿任何方式趋于 (x_0,y_0) 时,二元函数的极限都存在,且均为 A.因此,如果点 (x,y) 只是沿着某些直线或曲线趋于点 (x_0, y_0) 时,函数值 $f(x,y)$ 趋于 A 是不能断定极限存在的.但从反方面来看,如果点 (x,y) 沿着不同方式趋近于点 (x_0,y_0) 时,函数值趋于不同的值,就可以断定极限不存在.这一结论常常用来说明一个二元函数的极限不存在.

例 3　设函数 $f(x,y) = (x^2 + y^2) \sin \dfrac{1}{x^2 + y^2}$,证明:$\lim_{\substack{x \to 0 \\ y \to 0}} f(x,y) = 0$.

证　对于任意给定的 $\varepsilon > 0$,欲使

$$\left| (x^2 + y^2) \sin \frac{1}{x^2 + y^2} - 0 \right| \leqslant |x^2 + y^2| < \varepsilon,$$

只要取 $\delta = \sqrt{\varepsilon}$ 即可,此时,当 $0 < \sqrt{x^2 + y^2} < \delta$ 时,总有

$$\left| (x^2 + y^2) \sin \frac{1}{x^2 + y^2} - 0 \right| < \varepsilon$$

成立,因此 $\lim\limits_{\substack{x\to 0\\y\to 0}}f(x,y)=0$.

例 4　说明函数

$$f(x,y)=\begin{cases}\dfrac{xy}{x^2+y^2},&(x,y)\neq(0,0),\\[3mm]0,&(x,y)=(0,0)\end{cases}$$

在点 $(0,0)$ 处极限不存在.

解　只需找两条不同的曲线趋向 $(0,0)$ 点,而得到不同极限即可.

因为

$$\lim\limits_{\substack{x=0\\y\to 0}}f(x,y)=0,$$

且

$$\lim\limits_{\substack{x\to 0\\y=x}}f(x,y)=\lim\limits_{x\to 0}\frac{x^2}{x^2+x^2}=\frac{1}{2},$$

因此 $\lim\limits_{\substack{x\to 0\\y\to 0}}f(x,y)$ 不存在.

以上关于二元函数的极限概念,可相应地推广到 n 元函数上去. 有关它们极限的性质和运算法则,与一元函数的极限完全类似,这里不再赘述.

三、多元函数的连续性

与一元函数的连续与间断类似,下面给出二元函数连续的定义.

定义 4　设二元函数 $z=f(x,y)$ 在点 $P_0(x_0,y_0)$ 的某一邻域内有定义,如果

$$\lim\limits_{\substack{x\to x_0\\y\to y_0}}f(x,y)=f(x_0,y_0),\tag{1}$$

则称 $f(x,y)$ 在点 $P_0(x_0,y_0)$ 处**连续**, $P_0(x_0,y_0)$ 为 $f(x,y)$ 的**连续点**. 否则,称 $f(x,y)$ 在点 $P_0(x_0,y_0)$ 处**不连续**或**间断**, $P_0(x_0,y_0)$ 为 $f(x,y)$ 的**不连续点**或**间断点**.

设二元函数 $z=f(x,y)$ 的自变量 x,y 在 x_0,y_0 处分别有增量 $\Delta x,\Delta y$ 时,称相应函数 z 的增量

$$\Delta z=f(x_0+\Delta x,y_0+\Delta y)-f(x_0,y_0),$$

为函数 $z=f(x,y)$ 在点 $P_0(x_0,y_0)$ 处的**全增量**. 称增量

$$\Delta_x z=f(x_0+\Delta x,y_0)-f(x_0,y_0)$$

为函数 $z=f(x,y)$ 在点 $P_0(x_0,y_0)$ 处对 x 的**偏增量**. 称增量

$$\Delta_y z=f(x_0,y_0+\Delta y)-f(x_0,y_0)$$

为函数 $z=f(x,y)$ 在点 $P_0(x_0,y_0)$ 处对 y 的**偏增量**.

若令 $x=x_0+\Delta x,y=y_0+\Delta y$,则当 $x\to x_0$ 时, $\Delta x\to 0$;当 $y\to y_0$ 时, $\Delta y\to 0$. 从而

等式(1)可以改写为

$$\lim_{\substack{\Delta x \to 0 \\ \Delta y \to 0}} \left[f(x_0 + \Delta x, y_0 + \Delta y) - f(x_0, y_0) \right] = 0.$$

由此利用全增量的定义,连续的定义可以用如下的等价定义描述.

定义 5　设二元函数 $z = f(x, y)$ 在点 $P_0(x_0, y_0)$ 的某一邻域内有定义,如果当自变量 x, y 在 x_0, y_0 处的增量 $\Delta x, \Delta y$ 趋于零时,相应函数 z 的全增量 Δz 也趋向于零,即

$$\lim_{\substack{\Delta x \to 0 \\ \Delta y \to 0}} \Delta z = 0,$$

则称 $f(x, y)$ 在点 $P_0(x_0, y_0)$ 处**连续**.

例如,点 $(0,0)$ 是函数

$$f(x, y) = \begin{cases} \dfrac{xy}{x^2 + y^2}, & (x, y) \neq (0, 0), \\ 0, & (x, y) = (0, 0) \end{cases}$$

的一个间断点,因为由例 4 知, $\lim\limits_{\substack{x \to 0 \\ y \to 0}} f(x, y)$ 不存在,故函数 $f(x, y)$ 在点 $(0,0)$ 不连续.

如果二元函数 $f(x, y)$ 在区域 D 内每一点都连续,则称该函数在 D 上**连续**,或者称 $f(x, y)$ 是 D 上的**连续函数**. 区域 D 上连续的二元函数的图形是立体空间中的一张连续曲面.

根据二元函数的极限运算法则,可以证明二元连续函数的和、差、积和商(在分母不为零处)仍为连续函数;二元连续函数的复合函数也是连续函数.

与一元函数类似,由两个不同自变量(如 x 和 y)的基本初等函数经过有限次的四则运算或复合运算所构成的可用一个式子表示的二元函数称为**二元初等函数**. 一切二元初等函数在其定义区域内是连续的. 这里所说的定义区域是指包含在定义域内的区域或闭区域. 利用这个结论,当要求某个二元初等函数在其定义区域内一点的极限时,只要计算出函数在该点的函数值即可.

例如,函数 $f(x, y) = \dfrac{1}{x^2 + y^2 - 1}$ 是初等函数,在其定义域 $D = \{(x, y) \mid x^2 + y^2 \neq 1\}$ 上是连续函数,其间断点是整个圆周 $\{(x, y) \mid x^2 + y^2 = 1\}$.

例 6　求 $\lim\limits_{\substack{x \to 1 \\ y \to 2}} (x^2 + xy + y^2)$.

解　因为 $x^2 + xy + y^2$ 在点 $(1,2)$ 处连续,所以

$$\lim_{\substack{x \to 1 \\ y \to 2}} (x^2 + xy + y^2) = 1^2 + 1 \times 2 + 2^2 = 7.$$

例 7　求 $\lim\limits_{\substack{x \to 0 \\ y \to 1}} \dfrac{2 - \sqrt{xy + 4}}{xy}$.

解　$\lim\limits_{\substack{x\to 0 \\ y\to 1}} \dfrac{2-\sqrt{xy+4}}{xy} = \lim\limits_{\substack{x\to 0 \\ y\to 1}} \dfrac{4-(xy+4)}{xy(2+\sqrt{xy+4})} = \lim\limits_{\substack{x\to 0 \\ y\to 1}} \dfrac{-1}{2+\sqrt{xy+4}} = -\dfrac{1}{4}.$

以上运算的最后一步用到了二元函数 $\dfrac{-1}{2+\sqrt{xy+4}}$ 在点$(0,1)$处的连续性.

　　与闭区间上一元连续函数的性质相类似,在有界闭区域 D 上的二元连续函数具有如下性质.

　　定理 1(有界性与最大值最小值定理)　在有界闭区域 D 上的二元连续函数,必定在 D 上有界,且能取得它的最大值和最小值.

　　定理 2(介值定理)　在有界闭区域 D 上的二元连续函数必取得介于最大值和最小值之间的任何值.

　　以上关于二元函数的连续性概念及性质,可相应地推广到 n 元函数,不再详述.

习题 7. 1

1. 求下列二元函数的定义域并作出定义域的图形:

（1）$z = \dfrac{1}{\sqrt{x+y}} + \dfrac{1}{\sqrt{x-y}}$;

（2）$z = \arcsin\dfrac{x}{3} + \arccos\dfrac{y}{2}$;

（3）$z = \dfrac{\arcsin(3-x^2-y^2)}{\sqrt{x-y^2}}$;

（4）$z = \ln(x-y) + \sqrt{2^{xy}-1}$.

2. 已知函数 $f(x,y) = x^2 + y^2 - xy\tan\dfrac{x}{y}$,求 $f(tx,ty)$.

3. 设 $f(x,y) = x + y + g(xy)$,且 $f(x,1) = x^2$,求 $f(x,y)$.

4. 对于二元函数 $z = f(x,y)$ 来说,当 (x,y) 沿任何直线趋向于 (x_0,y_0) 时,极限存在且相等,问:极限 $\lim\limits_{\substack{x\to x_0 \\ y\to y_0}} f(x,y)$ 是否一定存在? 用

$$f(x,y) = \begin{cases} \dfrac{x^2 y}{x^4 + y^2}, & x^2 + y^2 \neq 0, \\ 0, & x^2 + y^2 = 0 \end{cases}$$

来说明.

5. 求下列各极限:

（1）$\lim\limits_{\substack{x\to 0 \\ y\to 2}}(1+xy)\mathrm{e}^{x+y}$;

（2）$\lim\limits_{\substack{x\to 0 \\ y\to 2}} \dfrac{\sin(xy^2)}{x}$;

（3）$\lim\limits_{\substack{x\to 0 \\ y\to 0}} \dfrac{xy}{\sqrt{xy+1}-1}$;

（4）$\lim\limits_{\substack{x\to 0 \\ y\to 0}} [1+\sin(xy)]^{\frac{1}{xy}}$;

(5) $\lim\limits_{\substack{x\to 0 \\ y\to 0}} (x+y)\sin\dfrac{1}{x^2+y^2}$;

(6) $\lim\limits_{\substack{x\to +\infty \\ y\to +\infty}} \left(\dfrac{xy}{x^2+y^2}\right)^{x^2}$.

6. 证明下列极限不存在：

(1) $\lim\limits_{\substack{x\to 0 \\ y\to 0}} \dfrac{x+y}{x-y}$;

(2) $\lim\limits_{\substack{x\to 0 \\ y\to 0}} \dfrac{xy}{x+y}$.

7. 求函数 $z = \sin\dfrac{1}{xy}$ 的间断点.

第2节 偏导数

一、偏导数的概念及其计算法

在一元函数微分学中,我们从讨论函数的变化率引入了导数的概念. 对于二元函数有时也需要研究与之相关的变化率. 但由于自变量多了一个,因变量与自变量的关系要比一元函数复杂得多. 考虑到两个自变量是独立变化的,一种简单的问题是:让一个自变量暂时固定,将二元函数看成是另一个变量的一元函数,讨论这个一元函数的导数,这种导数就称为二元函数的偏导数.

定义1 设函数 $z = f(x,y)$ 在点 (x_0,y_0) 的某个邻域内有定义,当自变量 y 固定在 y_0,而自变量 x 在点 x_0 处有增量 $\Delta x(\Delta x \neq 0)$ 时,函数 z 对 x 的偏增量为

$$\Delta_x z = f(x_0 + \Delta x, y_0) - f(x_0, y_0).$$

如果极限

$$\lim\limits_{\Delta x\to 0} \frac{\Delta_x z}{\Delta x} = \lim\limits_{\Delta x\to 0} \frac{f(x_0+\Delta x, y_0) - f(x_0, y_0)}{\Delta x}$$

存在,则称此极限为函数 $z = f(x,y)$ 在点 (x_0,y_0) 处对 x 的**偏导数**,记作

$$\frac{\partial z}{\partial x}\Big|_{(x_0,y_0)}, \frac{\partial f}{\partial x}\Big|_{(x_0,y_0)}, z_x\big|_{(x_0,y_0)} \text{ 或 } f_x(x_0,y_0).$$

类似地,如果极限

$$\lim\limits_{\Delta y\to 0} \frac{\Delta_y z}{\Delta y} = \lim\limits_{\Delta y\to 0} \frac{f(x_0, y_0+\Delta y) - f(x_0, y_0)}{\Delta y}$$

存在,则称此极限为函数 $z = f(x,y)$ 在点 (x_0,y_0) 处对 y 的偏导数,记作

$$\frac{\partial z}{\partial y}\Big|_{(x_0,y_0)}, \frac{\partial f}{\partial y}\Big|_{(x_0,y_0)}, z_y\big|_{(x_0,y_0)} \text{ 或 } f_y(x_0,y_0).$$

当函数 $z = f(x,y)$ 在点 (x_0,y_0) 处关于自变量 x 和 y 的偏导数都存在时,则称函数 $f(x,y)$ 在点 (x_0,y_0) 处**可偏导**.

如果二元函数 $z = f(x,y)$ 在区域 D 内每一点 (x,y) 处都可偏导,那么 $f(x,y)$ 关于 x 与 y 的偏导数仍然是 x 和 y 的二元函数,称它们为 $f(x,y)$ 的**偏导函数**,或在不致引起混淆时,简称为**偏导数**,分别记作

$$\frac{\partial z}{\partial x}, \quad \frac{\partial f}{\partial x}, \quad z_x \quad \text{或} \quad f_x(x,y)$$

和

$$\frac{\partial z}{\partial y}, \quad \frac{\partial f}{\partial y}, \quad z_y \quad \text{或} \quad f_y(x,y).$$

偏导数的概念可进一步推广到三元及三元以上的函数. 例如三元函数 $u = f(x,y,z)$ 在点 (x,y,z) 处偏导数定义为

$$f_x(x,y,z) = \lim_{\Delta x \to 0} \frac{f(x + \Delta x, y, z) - f(x,y,z)}{\Delta x},$$

$$f_y(x,y,z) = \lim_{\Delta y \to 0} \frac{f(x, y + \Delta y, z) - f(x,y,z)}{\Delta y},$$

$$f_z(x,y,z) = \lim_{\Delta z \to 0} \frac{f(x, y, z + \Delta z) - f(x,y,z)}{\Delta z}.$$

在多元函数偏导数的定义中,实际上是只有一个自变量在变化,而其余的自变量是固定的,即均视为常数,所以实质上是一元函数的导数问题. 例如计算 $z = f(x,y)$ 的偏导数 $f'_x(x,y)$ 时,只要把 y 看作常量而对 x 求导数即可;类似地,计算 $f'_y(x,y)$ 时,只需把 x 看作常量而对 y 求导数.

例 1　求函数 $z = x^3 + 2x^2y - y^3$ 在点 $(1,3)$ 处的偏导数.

解　把 y 看作常量,得

$$\frac{\partial z}{\partial x} = 3x^2 + 4xy.$$

把 x 看作常量,得

$$\frac{\partial z}{\partial y} = 2x^2 - 3y^2.$$

将 $(1,3)$ 代入上面的结果,就得

$$\left. \frac{\partial z}{\partial x} \right|_{\substack{x=1 \\ y=3}} = 3 \times 1^2 + 4 \times 1 \times 3 = 15,$$

$$\left. \frac{\partial z}{\partial y} \right|_{\substack{x=1 \\ y=3}} = 2 \times 1^2 - 3 \times 3^2 = -25.$$

例 2　设 $f(x,y) = \dfrac{\sqrt[3]{xy^2}}{x^2 + 1} + \sin(1 - x)\tan\dfrac{xy}{x^2 + y^2}$,求 $f_y(1,1)$.

解 如果先直接关于 y 求偏导数,则计算会比较复杂.为此固定 $x = 1$,则 $f(1,y) = \frac{1}{2}y^{\frac{2}{3}}$,从而

$$f_y(1,1) = \frac{\mathrm{d}f(1,y)}{\mathrm{d}y}\Big|_{y=1} = \frac{1}{3}y^{-\frac{1}{3}}\Big|_{y=1} = \frac{1}{3}.$$

例3 设 $z = x^y(x > 0, x \neq 1)$,求证:$\frac{x}{y}\frac{\partial z}{\partial x} + \frac{1}{\ln x}\frac{\partial z}{\partial y} = 2z.$

证 因为

$$\frac{\partial z}{\partial x} = yx^{y-1}, \qquad \frac{\partial z}{\partial y} = x^y\ln x,$$

所以

$$\frac{x}{y}\frac{\partial z}{\partial x} + \frac{1}{\ln x}\frac{\partial z}{\partial y} = \frac{x}{y}yx^{y-1} + \frac{1}{\ln x}x^y\ln x = x^y + x^y = 2z.$$

例4 求 $u = \sin(x + y^2 - \mathrm{e}^z)$ 的偏导数.

解 把 y 和 z 都看作常量,得

$$\frac{\partial u}{\partial x} = \cos(x + y^2 - \mathrm{e}^z),$$

把 x 和 z 都看作常量,得

$$\frac{\partial u}{\partial y} = 2y\cos(x + y^2 - \mathrm{e}^z),$$

把 x 和 y 都看作常量,得

$$\frac{\partial u}{\partial z} = -\mathrm{e}^z\cos(x + y^2 - \mathrm{e}^z).$$

例5 设 $f(x,y) = \begin{cases} \dfrac{xy}{x^2 + y^2}, & (x,y) \neq (0,0), \\ 0, & (x,y) = (0,0), \end{cases}$ 求 $f_x(x,y), f_y(x,y).$

解 当 $(x,y) \neq (0,0), f(x,y) = \dfrac{xy}{x^2 + y^2}$ 是初等函数,直接利用导数公式求导,得

$$f_x(x,y) = \frac{y(x^2 + y^2) - xy \cdot 2x}{(x^2 + y^2)^2} = \frac{y(y^2 - x^2)}{(x^2 + y^2)^2},$$

而当 $(x,y) = (0,0)$ 时,由定义有,

$$f_x(0,0) = \lim_{\Delta x \to 0}\frac{f(\Delta x,0) - f(0,0)}{\Delta x} = \lim_{\Delta x \to 0}\frac{0}{\Delta x} = 0,$$

所以

$$f_x(x,y) = \begin{cases} \dfrac{y(y^2 - x^2)}{(x^2 + y^2)^2}, & (x,y) \neq (0,0), \\ 0, & (x,y) = (0,0). \end{cases}$$

同理可得

$$f_y(x,y) = \begin{cases} \dfrac{x(x^2 - y^2)}{(x^2 + y^2)^2}, & (x,y) \neq (0,0), \\ 0, & (x,y) = (0,0). \end{cases}$$

　　由计算结果知,该函数在点$(0,0)$处的两个偏导数存在.但在本章第 1 节例 4 中,我们已经知道该函数在点$(0,0)$处无极限,所以一定不连续.此例表明:对于多元函数来说,即使某点的各种偏导数都存在,也不能保证函数在该点连续.这一点与一元函数是不同的.

　　偏导数实质上是一元函数的导数,而导数的几何意义是曲线的切线斜率,所以偏导数的几何意义也是切线的斜率.例如对二元函数 $z = f(x,y)$,偏导数 $\left.\dfrac{\partial z}{\partial x}\right|_{(x_0,y_0)}$ 与 $\left.\dfrac{\partial z}{\partial y}\right|_{(x_0,y_0)}$ 分别是曲线

$$\begin{cases} z = f(x,y), \\ y = y_0 \end{cases} \quad \text{和} \quad \begin{cases} z = f(x,y), \\ x = x_0 \end{cases}$$

在点 (x_0,y_0) 处的切线斜率(见图 7-9),即

$$\left.\frac{\partial z}{\partial x}\right|_{(x_0,y_0)} = \tan\alpha \quad \text{和} \quad \left.\frac{\partial z}{\partial y}\right|_{(x_0,y_0)} = \tan\beta.$$

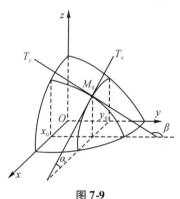

图 7-9

二、高阶偏导数

　　设函数 $z = f(x,y)$ 在区域 D 内的偏导数存在,则 $\dfrac{\partial z}{\partial x}$ 与 $\dfrac{\partial z}{\partial y}$ 在区域 D 内仍是关于 x,y 的函数.如果这两个函数的偏导数也存在,则称它们是函数 $z = f(x,y)$ 的**二阶偏导数**.按照对变量求导次序的不同,这样的二阶偏导数有下面四个:

$$\frac{\partial}{\partial x}\left(\frac{\partial z}{\partial x}\right) = \frac{\partial^2 z}{\partial x^2} = f_{xx}(x,y), \qquad \frac{\partial}{\partial y}\left(\frac{\partial z}{\partial x}\right) = \frac{\partial^2 z}{\partial x \partial y} = f_{xy}(x,y),$$

$$\frac{\partial}{\partial x}\left(\frac{\partial z}{\partial y}\right) = \frac{\partial^2 z}{\partial y \partial x} = f_{yx}(x,y), \qquad \frac{\partial}{\partial y}\left(\frac{\partial z}{\partial y}\right) = \frac{\partial^2 z}{\partial y^2} = f_{yy}(x,y),$$

其中 $\dfrac{\partial^2 z}{\partial x \partial y}$ 与 $\dfrac{\partial^2 z}{\partial y \partial x}$ 称为**混合偏导数**. 类似地可定义三阶、四阶至 n 阶偏导数. 二阶及二阶以上的偏导数统称为**高阶偏导数**.

例 6　求函数 $z = x^2 y e^y$ 的二阶偏导数.

解　$\dfrac{\partial z}{\partial x} = 2xye^y,$ $\qquad\qquad\qquad \dfrac{\partial z}{\partial y} = x^2(1+y)e^y,$

$\dfrac{\partial^2 z}{\partial x^2} = 2ye^y,$ $\qquad\qquad\qquad \dfrac{\partial^2 z}{\partial x \partial y} = 2x(1+y)e^y,$

$\dfrac{\partial^2 z}{\partial y \partial x} = 2x(1+y)e^y,$ $\qquad\qquad \dfrac{\partial^2 z}{\partial y^2} = x^2(2+y)e^y.$

从上面的例子看出,两个混合偏导数相等,即 $\dfrac{\partial^2 z}{\partial x \partial y} = \dfrac{\partial^2 z}{\partial y \partial x}$. 这并非偶然,事实上,有下述定理.

定理　如果二元函数 $f(x,y)$ 的两个混合偏导数在区域 D 上连续,则它们必然相等.

换句话说,二阶混合偏导数在连续的条件下,其结果与求导的次序无关. 这定理的证明从略.

对于二元以上的函数,也可以类似地定义高阶偏导. 而且高阶混合偏导数在偏导数连续的条件下也与求导的次序无关.

习题 7.2

1. 求下列函数的偏导数:

(1) $z = x^3 + y^3 - 3xy$;

(2) $z = \ln \sqrt{x^2 + y^2}$;

(3) $z = \arcsin \dfrac{y}{x}$;

(4) $z = x^y - 2\sqrt{xy}$;

(5) $z = \arctan \dfrac{x-y}{x+y}$;

(6) $z = \ln(x + \sqrt{x^2 + y^2})$;

(7) $z = (1 + xy)^y$;

(8) $u = x^{\frac{y}{z}}$.

2. 设 $f(x,y) = x^2 + (y-1)\arcsin\sqrt{\dfrac{x}{y}}$, 求 $f_x(2,1)$.

3. 求函数

$$f(x,y) = \begin{cases} \dfrac{y^3}{x^2 + y^2}, & (x,y) \neq (0,0), \\ 0, & (x,y) = (0,0) \end{cases}$$

在点 $(0,0)$ 处的偏导数.

4. 已知 $f(x+y, x-y) = x^2 - y^2$，求 $\dfrac{\partial f(x,y)}{\partial x}$.

5. 已知 $u = x + \dfrac{x-y}{y-z}$，试验证：$\dfrac{\partial u}{\partial x} + \dfrac{\partial u}{\partial y} + \dfrac{\partial u}{\partial z} = 1$.

6. 设 $z = f\left(\dfrac{y}{x}\right)$，其中 f 可微，计算 $x\dfrac{\partial z}{\partial x} + y\dfrac{\partial z}{\partial y}$.

7. 求下列函数的二阶偏导数：

(1) $z = x^4 + y^4 - 4x^2y^2$；　　　　　(2) $z = x\ln(x+y)$；

(3) $z = y^x$.

8. 设 $u = \mathrm{e}^{-x}\sin\dfrac{x}{y}$，求 $\dfrac{\partial^2 u}{\partial x \partial y}$ 在点 $\left(2, \dfrac{1}{\pi}\right)$ 的值.

9. 设 $f(x,y) = \displaystyle\int_0^{xy} \mathrm{e}^{-t^2}\mathrm{d}t$，求 $\dfrac{x}{y}\dfrac{\partial^2 f}{\partial x^2} - 2\dfrac{\partial^2 f}{\partial x \partial y} + \dfrac{y}{x}\dfrac{\partial^2 f}{\partial y^2}$.

10. 证明 $r = \sqrt{x^2 + y^2 + z^2}$ 满足 $\dfrac{\partial^2 r}{\partial x^2} + \dfrac{\partial^2 r}{\partial y^2} + \dfrac{\partial^2 r}{\partial z^2} = \dfrac{2}{r}(r \neq 0)$.

第 3 节　全微分

对一元函数 $y = f(x)$，为近似计算函数的增量

$$\Delta y = f(x + \Delta x) - f(x),$$

我们引入了微分 $\mathrm{d}y = f'(x)\Delta x$，在 $|\Delta x|$ 很小时，用 $\mathrm{d}y$ 近似代替 Δy，即

$$\Delta y \approx \mathrm{d}y,$$

这种计算简单且易估计近似误差.

对于二元函数也有类似的问题. 在实际问题中有时需要研究二元函数中两个自变量都取得增量时函数对应的增量，这就是全增量问题. 为近似计算二元函数的全增量，我们引入全微分的概念.

一、全微分的定义

定义　设函数 $z = f(x,y)$ 在点 (x_0, y_0) 的某个邻域内有定义，如果函数在点 (x_0, y_0) 处的全增量

$$\Delta z = f(x_0 + \Delta x, y_0 + \Delta y) - f(x_0, y_0)$$

可表示为

$$\Delta z = A\Delta x + B\Delta y + o(\rho),$$

其中 A,B 不依赖于 $\Delta x, \Delta y$ 而仅与 x_0, y_0 相关, $\rho = \sqrt{(\Delta x)^2 + (\Delta y)^2}$, 则称函数 $z = f(x, y)$ 在点 (x_0, y_0) 处**可微分**, $A\Delta x + B\Delta y$ 称为函数 $z = f(x, y)$ 在点 (x_0, y_0) 处的**全微分**, 记作 $dz\Big|_{(x_0, y_0)}$, 即

$$dz\Big|_{(x_0, y_0)} = A\Delta x + B\Delta y. \tag{1}$$

习惯上, 我们将自变量的增量 $\Delta x, \Delta y$ 分别记作 dx, dy, 并分别称为自变量 x, y 的微分, 这样式(1)就可记作

$$dz\Big|_{(x_0, y_0)} = Adx + Bdy. \tag{2}$$

如果函数 $z = f(x, y)$ 在区域 D 内各点处都可微分, 则称这函数在 D 内**可微分**, 记作 dz.

关于函数的全微分与连续、偏导数的关系, 有如下定理.

定理 1 如果函数 $z = f(x, y)$ 在点 (x_0, y_0) 处可微分, 则该函数在点 (x_0, y_0) 处连续.

证 因为函数 $z = f(x, y)$ 在点 (x_0, y_0) 处可微分, 则

$$\Delta z = A\Delta x + B\Delta y + o(\rho),$$

从而

$$\lim_{\substack{x \to x_0 \\ y \to y_0}} \Delta z = \lim_{\substack{x \to x_0 \\ y \to y_0}} [A\Delta x + B\Delta y + o(\rho)] = 0,$$

根据连续的等价定义得, 函数 $z = f(x, y)$ 在点 (x_0, y_0) 处连续.

定理 2 设函数 $z = f(x, y)$ 在点 (x_0, y_0) 处可微, 则函数在该点处的两个偏导数存在, 且

$$A = f_x(x_0, y_0), \quad B = f_y(x_0, y_0),$$

此时, 函数 $f(x, y)$ 在点 (x_0, y_0) 处的全微分可表示为

$$dz\big|_{(x_0, y_0)} = f_x(x_0, y_0)dx + f_y(x_0, y_0)dy.$$

证 在式(1)中取 $\Delta y = 0$, 则全增量转化为偏增量

$$\Delta_x z = f(x_0 + \Delta x, y_0) - f(x_0, y_0) = A\Delta x + o(|\Delta x|),$$

于是

$$\lim_{\Delta x \to 0} \frac{\Delta_x z}{\Delta x} = \lim_{\Delta x \to 0} \frac{f(x_0 + \Delta x, y_0) - f(x_0, y_0)}{\Delta x} = A.$$

同理可得

$$\lim_{\Delta y \to 0} \frac{\Delta_y z}{\Delta y} = \lim_{\Delta x \to 0} \frac{f(x_0, y_0 + \Delta y) - f(x_0, y_0)}{\Delta y} = B.$$

即函数 $z = f(x,y)$ 在点 (x_0, y_0) 处可偏导,且 $A = f_x(x_0, y_0)$,$B = f_y(x_0, y_0)$.

在一元函数中,函数可导与可微互为充分必要条件.但对于多元函数来说,函数的各偏导数存在只是函数可微的必要条件而不是充分条件.例如函数

$$f(x,y) = \begin{cases} \dfrac{xy}{x^2 + y^2}, & (x,y) \neq (0,0), \\ 0, & (x,y) = (0,0) \end{cases}$$

在点 $(0,0)$ 处是可偏导的(见第2节例5),但由于 $f(x,y)$ 在点 $(0,0)$ 处不连续,因而在点 $(0,0)$ 处不可微.

那么全微分存在的充分条件是什么呢?

定理3 设函数 $z = f(x,y)$ 在点 (x_0, y_0) 的某个邻域内可偏导,且偏导数 $f_x(x_0, y_0)$,$f'_y(x_0, y_0)$ 都在点 (x_0, y_0) 处连续,则函数 $z = f(x,y)$ 在点 (x_0, y_0) 处可微.

证明略.

以上关于二元函数全微分的定义及相关结论均可推广到二元以上的多元函数.例如三元函数 $u = f(x,y,z)$ 的全微分是

$$\mathrm{d}u = f_x(x,y,z)\mathrm{d}x + f_y(x,y,z)\mathrm{d}y + f_z(x,y,z)\mathrm{d}z.$$

例1 已知 $z = \sqrt{|xy|}$,讨论其在点 $(0,0)$ 处的连续性、可偏导性和可微性.

解 (1)因为

$$\lim_{\substack{x \to 0 \\ y \to 0}} \sqrt{|xy|} = 0 = z(0,0),$$

所以 $z = \sqrt{|xy|}$ 在点 $(0,0)$ 处连续.

(2)因为

$$\lim_{\Delta x \to 0} \frac{z(0 + \Delta x, 0) - z(0,0)}{\Delta x} = \lim_{\Delta x \to 0} \frac{0}{\Delta x} = 0,$$

所以 $\left. \dfrac{\partial z}{\partial x} \right|_{(0,0)} = 0$. 同理,$\left. \dfrac{\partial z}{\partial y} \right|_{(0,0)} = 0$. 因此,$z = \sqrt{|xy|}$ 在点 $(0,0)$ 处可偏导.

(3)假设该函数在点 $(0,0)$ 处可微,则 $f_x(0,0) = f_y(0,0) = 0$,从而有

$$\Delta z = f_x(0,0)\Delta x + f_y(0,0)\Delta y + o(\rho) = o(\rho) \quad (\rho \to 0),$$

即 $\lim\limits_{\rho \to 0} \dfrac{\Delta z}{\rho} = 0$,这里 $\rho = \sqrt{(\Delta x)^2 + (\Delta y)^2}$.

另一方面,

$$\lim_{\rho \to 0} \frac{\Delta z}{\rho} = \lim_{\rho \to 0} \frac{\sqrt{|\Delta x \Delta y|}}{\rho} = \lim_{\substack{\Delta x \to 0 \\ \Delta y \to 0}} \frac{\sqrt{|\Delta x \Delta y|}}{\sqrt{(\Delta x)^2 + (\Delta y)^2}} = \lim_{\substack{\Delta x \to 0 \\ \Delta y \to 0}} \sqrt{\left| \frac{\Delta x \Delta y}{(\Delta x)^2 + (\Delta y)^2} \right|},$$

但

$$\lim_{\substack{\Delta x \to 0 \\ \Delta y = \Delta x}} \sqrt{\left| \frac{\Delta x \Delta y}{(\Delta x)^2 + (\Delta y)^2} \right|} = \sqrt{\frac{1}{2}} \neq 0,$$

这与 $\lim\limits_{\rho \to 0} \dfrac{\Delta z}{\rho} = 0$ 矛盾,所得矛盾说明 $z = \sqrt{|xy|}$ 在点 $(0,0)$ 处不可微.

例2 计算函数 $z = \cos \dfrac{x}{y}$ 在点 $(\pi, 2)$ 处的全微分.

解 因为

$$\frac{\partial z}{\partial x}\bigg|_{(\pi,2)} = -\sin \frac{x}{y} \cdot \frac{1}{y}\bigg|_{(\pi,2)} = -\frac{1}{2},$$

$$\frac{\partial z}{\partial y}\bigg|_{(\pi,2)} = -\sin \frac{x}{y} \cdot \left(-\frac{x}{y^2}\right)\bigg|_{(\pi,2)} = \frac{\pi}{4}.$$

所以

$$\mathrm{d}z\bigg|_{(\pi,2)} = \frac{\partial z}{\partial x}\bigg|_{(\pi,2)} \mathrm{d}x + \frac{\partial z}{\partial y}\bigg|_{(\pi,2)} \mathrm{d}y = -\frac{1}{2}\mathrm{d}x + \frac{\pi}{4}\mathrm{d}y = -\frac{1}{4}(2\mathrm{d}x - \pi\mathrm{d}y).$$

例3 计算函数 $u = x + \sin \dfrac{y}{2} + \mathrm{e}^{yz}$ 的全微分.

解 因为

$$\frac{\partial u}{\partial x} = 1, \quad \frac{\partial u}{\partial y} = \frac{1}{2}\cos \frac{y}{2} + z\mathrm{e}^{yz}, \quad \frac{\partial u}{\partial z} = y\mathrm{e}^{yz},$$

所以

$$\mathrm{d}u = \frac{\partial u}{\partial x}\mathrm{d}x + \frac{\partial u}{\partial y}\mathrm{d}y + \frac{\partial u}{\partial z}\mathrm{d}z = \mathrm{d}x + \left(\frac{1}{2}\cos \frac{y}{2} + z\mathrm{e}^{yz}\right)\mathrm{d}y + y\mathrm{e}^{yz}\mathrm{d}z.$$

二、全微分在近似计算中的应用

设函数 $z = f(x,y)$ 在 (x_0, y_0) 处可微,则函数在该点的全增量

$$\Delta z = f(x_0 + \Delta x, y_0 + \Delta y) - f(x_0, y_0)$$
$$= f_x(x_0, y_0)\Delta x + f_y(x_0, y_0)\Delta y + o(\rho) = \mathrm{d}z + o(\rho).$$

当 $|\Delta x|$,$|\Delta y|$ 很小时,函数的全增量 $\Delta z \approx \mathrm{d}z$,即

$$\Delta z \approx f_x(x_0, y_0)\Delta x + f_y(x_0, y_0)\Delta y,$$

或写成

$$f(x_0 + \Delta x, y_0 + \Delta y) \approx f(x_0, y_0) + f_x(x_0, y_0)\Delta x + f_y(x_0, y_0)\Delta y.$$

例4 用木板做一个无盖的圆柱形水桶,其内半径为 0.25 米,高为 0.5 米,侧壁及底的厚度均为 0.01 米.问需要多少木板能做好?

解 设水桶半径为 r,高为 h,则体积 $V = \pi r^2 h$. 因 $\Delta r = 0.01$ 米,$\Delta h = 0.01$ 米,因此需要木板 ΔV 可近似地用 $\mathrm{d}V$ 来代替.

$$\Delta V \approx \mathrm{d} V = V_r \Delta r + V_h \Delta h = 2\pi rh \Delta r + \pi r^2 \Delta h,$$

把 $r = 0.25, h = 0.5, \Delta r = 0.01, \Delta h = 0.01$ 代入上式, 得

$$\Delta V \approx 2 \times 3.14 \times 0.25 \times 0.5 \times 0.01 + 3.14 \times 0.25^2 \times 0.01 = 9.81 \times 10^{-4} (\text{米}^3),$$

故制作这个木桶所需的木材的体积大约为 9.81×10^{-4} 米^3.

例5　计算 $(1.04)^{2.02}$.

解　设函数 $f(x, y) = x^y$, 且取 $x_0 = 1, y_0 = 2$, 则 $\Delta x = 0.04, \Delta y = 0.02$. 又 $f(1, 2) = 1$, 且

$$f_x = yx^{y-1}, \quad f_y = x^y \ln x,$$

所以

$$
\begin{aligned}
(1.04)^{2.02} &= f(1 + 0.04, 2 + 0.02) \\
&\approx f(1, 2) + f_x(1, 2) \times 0.04 + f_y(1, 2) \times 0.02 \\
&= 1 + 2 \times 0.04 + 0 \times 0.02 = 1.08.
\end{aligned}
$$

习题 7.3

1. 求下列函数的全微分：

(1) $z = \ln(2x + 3y)$;

(2) $z = y^{\sin x}$;

(3) $z = \mathrm{e}^{\sqrt{x^2 + y^2}}$;

(4) $z = \arctan \dfrac{x + y}{x - y}$;

(5) $z = \dfrac{y}{\sqrt{x^2 + y^2}}$;

(6) $u = xy + yz + zx$.

2. 求函数 $z = \ln(1 + x^2 + y^2)$ 在 $x = 1, y = 2$ 时的微分.

3. 设 $f(x, y) = \begin{cases} \dfrac{x^2 y^2}{(x^2 + y^2)^{3/2}}, & x^2 + y^2 \neq 0, \\ 0, & x^2 + y^2 = 0, \end{cases}$ 证明: $f(x, y)$ 在点 $(0, 0)$ 处连续且偏导数存在, 但不可微分.

4. 已知函数 $u(x, y)$ 的全微分为

$$\mathrm{d} u = (y + by \sin 2x) \mathrm{d} x + (ax + \cos^2 x) \mathrm{d} y,$$

求 a, b 的值.

5. 求函数 $z = \mathrm{e}^{xy}$ 当 $x = 1, y = 1, \Delta x = 0.15, \Delta y = 0.1$ 时的全微分.

6. 已知边长 $x = 4$ 米与 $y = 3$ 米的矩形, 求当 x 边增加 0.5 厘米, y 边减少 1 厘米时, 此矩形对角线长变化的近似值.

7. 计算 $\sqrt{(1.02)^3 + (1.97)^3}$ 的近似值.

第4节　多元复合函数的求导法则

在本节中,我们将一元函数中复合函数的求导法则推广到多元复合函数的情形.下面按照多元复合函数不同的复合情形,分三种情形讨论.

一、复合函数的中间变量均为一元函数的情形

定理1　如果函数 $u = \varphi(x)$ 及 $v = \psi(x)$ 都在点 x 处可导,函数 $z = f(u,v)$ 在对应点 (u,v) 具有连续偏导数,则复合函数 $z = f[\varphi(x),\psi(x)]$ 在点 x 处可导,且有

$$\frac{\mathrm{d}z}{\mathrm{d}x} = \frac{\partial z}{\partial u} \cdot \frac{\mathrm{d}u}{\mathrm{d}x} + \frac{\partial z}{\partial v} \cdot \frac{\mathrm{d}v}{\mathrm{d}x}. \tag{1}$$

上述公式中的导数 $\dfrac{\mathrm{d}z}{\mathrm{d}x}$ 称为**全导数**.

证　让 x 从 x 变到 $x + \Delta x$ 时,相应地中间变量 u 就从 u 变到 $u + \Delta u$, v 从 v 变到 $v + \Delta v$,从而 z 有全增量

$$\Delta z = f(u + \Delta u, v + \Delta v) - f(u,v).$$

因 $z = f(u,v)$ 在 (u,v) 处可微,则根据定义有

$$\Delta z = \frac{\partial z}{\partial u}\Delta u + \frac{\partial z}{\partial v}\Delta v + o(\rho),$$

其中 $\rho = \sqrt{(\Delta u)^2 + (\Delta v)^2}$. 上式两端同除以 Δx,可得

$$\frac{\Delta z}{\Delta x} = \frac{\partial z}{\partial u} \cdot \frac{\Delta u}{\Delta x} + \frac{\partial z}{\partial v} \cdot \frac{\Delta v}{\Delta x} + \frac{o(\rho)}{\Delta x}.$$

因为函数 $u = \varphi(x)$ 及 $v = \psi(x)$ 都在点 x 处可导从而函数 $\varphi(x),\psi(x)$ 均连续,即当 $\Delta x \to 0$ 时, $\rho \to 0$,同时亦有 $\dfrac{\Delta u}{\Delta x} \to \dfrac{\mathrm{d}u}{\mathrm{d}x}, \dfrac{\Delta v}{\Delta x} \to \dfrac{\mathrm{d}v}{\mathrm{d}x}$,所以

$$\lim_{\Delta x \to 0}\left|\frac{o(\rho)}{\Delta x}\right| = \lim_{\Delta x \to 0}\left|\frac{o(\rho)}{\rho} \cdot \frac{\rho}{\Delta x}\right| = \lim_{\Delta x \to 0}\left|\frac{o(\rho)}{\rho}\right|\sqrt{\left(\frac{\Delta u}{\Delta x}\right)^2 + \left(\frac{\Delta v}{\Delta x}\right)^2} = 0,$$

故

$$\frac{\mathrm{d}z}{\mathrm{d}x} = \lim_{\Delta x \to 0}\frac{\Delta z}{\Delta x} = \frac{\partial z}{\partial u} \cdot \frac{\mathrm{d}u}{\mathrm{d}x} + \frac{\partial z}{\partial v} \cdot \frac{\mathrm{d}v}{\mathrm{d}x}.$$

由于多元函数的复合关系可能出现多种情况,因此,分清复合函数的复合层次是求偏导数的关键.

公式(1)中变量之间的关系如图 7-10 所示,其中从 z 引出的两个箭头指向 u,v,表明函数 z 有两个中间变量 u 和 v;而由 u 与 v 分别引出的一个箭头指向 x,表明中间变量 u

和 v 分别是 x 的函数.

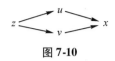

图 7-10

例 1　已知 $z = e^{u-2v}, u = \sin x, v = e^x$，求 $\dfrac{dz}{dx}$.

解　$\dfrac{dz}{dx} = \dfrac{\partial z}{\partial u} \cdot \dfrac{du}{dx} + \dfrac{\partial z}{\partial v} \cdot \dfrac{dv}{dx} = e^{u-2v} \cdot \cos x + e^{u-2v}(-2) \cdot e^x$

$\qquad = e^{\sin x - 2e^x}(\cos x - 2e^x).$

二、复合函数的中间变量均为多元函数的情形

定理 2　如果函数 $u = \varphi(x,y)$ 及 $v = \psi(x,y)$ 都在点 (x,y) 具有对 x 及对 y 的偏导数，函数 $z = f(u,v)$ 在对应点 (u,v) 具有连续偏导数，则复合函数 $z = f[\varphi(x,y),\psi(x,y)]$ 在点 (x,y) 的两个偏导数都存在，且有

$$\frac{\partial z}{\partial x} = \frac{\partial z}{\partial u} \cdot \frac{\partial u}{\partial x} + \frac{\partial z}{\partial v} \cdot \frac{\partial v}{\partial x}, \tag{2}$$

$$\frac{\partial z}{\partial y} = \frac{\partial z}{\partial u} \cdot \frac{\partial u}{\partial y} + \frac{\partial z}{\partial v} \cdot \frac{\partial v}{\partial y}. \tag{3}$$

事实上，当 z 对 x 求偏导时，将 y 视为常量，因此中间变量 $u = \varphi(x,y)$ 及 $v = \psi(x,y)$ 可看作是关于 x 的一元函数，于是可利用公式(1). 此时应把相应的导数记号改写成偏导数记号，就可得公式(2). 类似地可得公式(3).

定理 2 中复合函数中变量之间的关系如图 7-11 所示. 函数的复合结构中有两个中间变量，这对应于每一偏导数公式中有两个因子相加；每一因子的构成是因变量对中间变量的偏导再乘以中间变量对自变量的偏导.

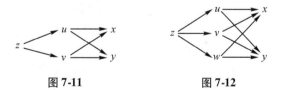

图 7-11　　　　　　　图 7-12

可将定理中复合函数的中间变量推广到多于两个的情形. 例如设由函数 $z = f(u,v,w), u = \varphi(x,y), v = \psi(x,y), w = \omega(x,y)$，复合而得复合函数 $z = f[\varphi(x,y),\psi(x,y),\omega(x,y)]$，变量之间的关系如图 7-12 所示. 在与定理 2 相似的条件下，该复合函数在点 (x,y) 的偏导数为

$$\frac{\partial z}{\partial x} = \frac{\partial z}{\partial u}\frac{\partial u}{\partial x} + \frac{\partial z}{\partial v}\frac{\partial v}{\partial x} + \frac{\partial z}{\partial w}\frac{\partial w}{\partial x}, \tag{4}$$

$$\frac{\partial z}{\partial y} = \frac{\partial z}{\partial u} \frac{\partial u}{\partial y} + \frac{\partial z}{\partial v} \frac{\partial v}{\partial y} + \frac{\partial z}{\partial w} \frac{\partial w}{\partial y}. \tag{5}$$

三、其他情形

定理 3　如果函数 $u = \varphi(x, y)$ 在点 (x, y) 具有对 x 及对 y 的偏导数,函数 $v = \psi(y)$ 在点 y 可导,函数 $z = f(u, v)$ 在对应点 (u, v) 具有连续偏导数,则复合函数 $z = f[\varphi(x, y), \psi(y)]$ 在点 (x, y) 的两个偏导数都存在,且有

$$\frac{\partial z}{\partial x} = \frac{\partial z}{\partial u} \cdot \frac{\partial u}{\partial x}, \tag{6}$$

$$\frac{\partial z}{\partial y} = \frac{\partial z}{\partial u} \cdot \frac{\partial u}{\partial y} + \frac{\partial z}{\partial v} \cdot \frac{\mathrm{d} v}{\mathrm{d} y}. \tag{7}$$

上述情形实际上是情形 2 的一种特例. 即在情形 2 中,如变量 v 与 x 无关,从而 $\frac{\partial v}{\partial x} = 0$;在 v 对 y 求导时,由于 $v = \psi(y)$ 是一元函数,故 $\frac{\partial v}{\partial y}$ 换成了 $\frac{\mathrm{d} v}{\mathrm{d} y}$,这就得上述结果. 变量之间的关系如图 7-13 所示.

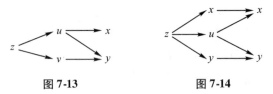

图 7-13　　　　　　图 7-14

定理 4　如果函数 $u = \varphi(x, y)$ 在点 (x, y) 具有对 x 及对 y 的偏导数,函数 $z = f(u, x, y)$ 在对应点 (u, x, y) 具有连续偏导数,则复合函数 $z = f[\varphi(x, y), x, y]$ 在点 (x, y) 的两个偏导数都存在,且有

$$\frac{\partial z}{\partial x} = \frac{\partial f}{\partial u} \cdot \frac{\partial u}{\partial x} + \frac{\partial f}{\partial x}, \tag{8}$$

$$\frac{\partial z}{\partial y} = \frac{\partial f}{\partial u} \cdot \frac{\partial u}{\partial y} + \frac{\partial f}{\partial y}. \tag{9}$$

上述情形可看作情形 2 中当 $v = x, w = y$ 的特殊情形(变量之间的关系如图 7-14 所示),因此 $\frac{\partial v}{\partial x} = 1, \frac{\partial w}{\partial x} = 0, \frac{\partial v}{\partial y} = 0, \frac{\partial w}{\partial y} = 1$,利用式(4)(5)即可得到.

注　式(8)中,为了不引起混淆,两端出现的 $\frac{\partial z}{\partial x}$ 与 $\frac{\partial f}{\partial x}$,其含义是不同的,$\frac{\partial z}{\partial x}$ 表示的是复合函数 $z = f[\varphi(x, y), x, y]$ 对自变量 x 的偏导数,求偏导时将变量 y 视为常数;而 $\frac{\partial f}{\partial x}$ 表示的是函数 $f(u, x, y)$ 对中间变量 x 的偏导数,求偏导时将中间变量 u 及 y 视为常数. 同

样,式(9)中的 $\dfrac{\partial z}{\partial y}$ 与 $\dfrac{\partial f}{\partial y}$ 也有类似的区别.

多元复合函数的复合关系是多种多样的,我们不可能也不必要把所有的公式都一一列举. 从前面讨论的典型情形可以确定一个求导原则:函数对某个自变量求偏导数时,应通过一切有关的中间变量,用复合函数求导法求导到该自变量. 这一法则通常形象地称为**链导法则**.

例 2 已知 $z = e^u \sin v, u = xy, v = x + y$, 求 $\dfrac{\partial z}{\partial x}, \dfrac{\partial z}{\partial y}$.

解 $\dfrac{\partial z}{\partial x} = \dfrac{\partial z}{\partial u} \cdot \dfrac{\partial u}{\partial x} + \dfrac{\partial z}{\partial v} \cdot \dfrac{\partial v}{\partial x} = e^u \sin v \cdot y + e^u \cos v \cdot 1$

$$= e^{xy} [y\sin(x + y) + \cos(x + y)],$$

$$\dfrac{\partial z}{\partial y} = \dfrac{\partial z}{\partial u} \cdot \dfrac{\partial u}{\partial y} + \dfrac{\partial z}{\partial v} \cdot \dfrac{\partial v}{\partial y} = e^u \sin v \cdot x + e^u \cos v \cdot 1$$

$$= e^{xy} [x\sin(x + y) + \cos(x + y)].$$

例 3 设 $z = (x^2 + y^2)^{xy}$, 求 $\dfrac{\partial z}{\partial x}, \dfrac{\partial z}{\partial y}$.

解 令 $u = x^2 + y^2, v = xy$, 则 $z = u^v$, 所以

$$\dfrac{\partial z}{\partial x} = \dfrac{\partial z}{\partial u} \cdot \dfrac{\partial u}{\partial x} + \dfrac{\partial z}{\partial v} \cdot \dfrac{\partial v}{\partial x} = vu^{v-1} \cdot 2x + u^v \cdot \ln u \cdot y$$

$$= u^v \left(\dfrac{2xv}{u} + y\ln u \right) = (x^2 + y^2)^{xy} \left[\dfrac{2x \cdot xy}{x^2 + y^2} + y \cdot \ln(x^2 + y^2) \right]$$

$$= y(x^2 + y^2)^{xy} \left[\dfrac{2x^2}{x^2 + y^2} + \ln(x^2 + y^2) \right].$$

由自变量 x 与 y 的对称性知

$$\dfrac{\partial z}{\partial y} = x(x^2 + y^2)^{xy} \left[\ln(x^2 + y^2) + \dfrac{2y^2}{x^2 + y^2} \right].$$

注 若在 $f(x,y)$ 的表达式中将 x 换为 y,同时把 y 换为 x 时,表达式不变,则称函数 $f(x,y)$ 对 x,y 具有**轮换对称性**,也简称为**对称性**. 对具有轮换对称性的函数,如果已经求得 $\dfrac{\partial f}{\partial x}$,则只要在 $\dfrac{\partial f}{\partial x}$ 的表达式中将 x,y 互换,就可得到 $\dfrac{\partial f}{\partial y}$.

例 4 设 $z = xyu, u = x^2 + y^2$, 求 $\dfrac{\partial z}{\partial x}, \dfrac{\partial z}{\partial y}$.

解 令 $z = f(x,y,u) = xyu$, 则

$$\dfrac{\partial z}{\partial x} = \dfrac{\partial f}{\partial x} + \dfrac{\partial f}{\partial u} \cdot \dfrac{\partial u}{\partial x} = yu + xy \cdot 2x$$

$$= y(x^2 + y^2) + xy \cdot 2x = 3x^2 y + y^3,$$

$$\frac{\partial z}{\partial y} = \frac{\partial f}{\partial y} + \frac{\partial f}{\partial u} \cdot \frac{\partial u}{\partial y} = xu + xy \cdot 2y$$

$$= x(x^2 + y^2) + xy \cdot 2y = 3xy^2 + x^3.$$

例 5　设 $z = f\left(xy + \dfrac{y}{x}\right)$，$f$ 有二阶连续导数，求 $\dfrac{\partial z}{\partial x}, \dfrac{\partial z}{\partial y}, \dfrac{\partial^2 z}{\partial x \partial y}$.

解　令 $u = xy + \dfrac{y}{x}$，则 $z = f(u)$，从而

$$\frac{\partial z}{\partial x} = \frac{\mathrm{d} z}{\mathrm{d} u} \cdot \frac{\partial u}{\partial x} = f' \cdot \left(y - \frac{y}{x^2}\right) = y\left(1 - \frac{1}{x^2}\right)f',$$

$$\frac{\partial z}{\partial y} = \frac{\mathrm{d} z}{\mathrm{d} u} \cdot \frac{\partial u}{\partial y} = f' \cdot \left(x + \frac{1}{x}\right) = \left(x + \frac{1}{x}\right)f',$$

$$\frac{\partial^2 z}{\partial x \partial y} = \frac{\partial}{\partial y}\left(\frac{\partial z}{\partial x}\right) = \left(1 - \frac{1}{x^2}\right)\left[f' + yf'' \cdot \left(x + \frac{1}{x}\right)\right].$$

例 6　设 $z = f\left(x^2 y, \dfrac{y}{x}\right)$，$f$ 具有二阶连续偏导数，求 $\dfrac{\partial z}{\partial x}, \dfrac{\partial z}{\partial y}, \dfrac{\partial^2 z}{\partial x^2}, \dfrac{\partial^2 z}{\partial x \partial y}$.

解　令 $u = x^2 y, v = \dfrac{y}{x}$，则 $w = f(u, v)$. 引入记号

$$f_1' = \frac{\partial f(u, v)}{\partial u}, \quad f_{12}'' = \frac{\partial f(u, v)}{\partial u \partial v},$$

其中下标 1 表示对第一个变量 u 求导，下标 2 表示对第二个变量 v 求导，类似地有 f_2'，f_{11}''，f_{22}'' 等记号. 从而

$$\frac{\partial z}{\partial x} = f_1' \cdot 2xy + f_2' \cdot \left(-\frac{y}{x^2}\right), \quad \frac{\partial z}{\partial y} = f_1' \cdot x^2 + f_2' \cdot \frac{1}{x},$$

$$\frac{\partial^2 z}{\partial x^2} = 2yf_1' + 2xy\left[f_{11}'' \cdot 2xy + f_{12}''\left(-\frac{y}{x^2}\right)\right] + \frac{2}{x^3}yf_2' - \frac{y}{x^2}\left[f_{21}'' \cdot 2xy + f_{22}''\left(-\frac{y}{x^2}\right)\right]$$

$$= 2yf_1' + \frac{2}{x^3}yf_2' + 4x^2 y^2 f_{11}'' - 4\frac{y^2}{x}f_{12}'' + \frac{y^2}{x^4}f_{22}'',$$

$$\frac{\partial^2 z}{\partial x \partial y} = 2xf_1' + 2xy\left(f_{11}'' \cdot x^2 + f_{12}'' \cdot \frac{1}{x}\right) - \frac{1}{x^2}f_2' - \frac{y}{x^2}\left(f_{21}'' \cdot x^2 + f_{22}'' \cdot \frac{1}{x}\right)$$

$$= 2xf_1' - \frac{1}{x^2}f_2' + 2x^3 yf_{11}'' + yf_{12}'' - \frac{y}{x^3}f_{22}''.$$

全微分形式不变性　设函数 $z = f(u, v)$ 具有连续偏导数，则有全微分

$$\mathrm{d} z = \frac{\partial z}{\partial u}\mathrm{d} u + \frac{\partial z}{\partial v}\mathrm{d} v.$$

如果 u, v 又是中间变量，即 $u = \varphi(x, y), v = \psi(x, y)$，且这两个函数也具有连续偏导数，

则复合函数

$$z = f\left[\,\varphi(x,y),\psi(x,y)\,\right]$$

的全微分为

$$\mathrm{d}z = \frac{\partial z}{\partial x}\mathrm{d}x + \frac{\partial z}{\partial y}\mathrm{d}y,$$

其中 $\dfrac{\partial z}{\partial x},\dfrac{\partial z}{\partial y}$ 分别由公式(2)及(3)给出. 把公式(2)及(3)中的 $\dfrac{\partial z}{\partial x}$ 及 $\dfrac{\partial z}{\partial y}$ 代入上式,得

$$\begin{aligned}
\mathrm{d}z &= \left(\frac{\partial z}{\partial u}\frac{\partial u}{\partial x} + \frac{\partial z}{\partial v}\frac{\partial v}{\partial x}\right)\mathrm{d}x + \left(\frac{\partial z}{\partial u}\frac{\partial u}{\partial y} + \frac{\partial z}{\partial v}\frac{\partial v}{\partial y}\right)\mathrm{d}y \\
&= \frac{\partial z}{\partial u}\left(\frac{\partial u}{\partial x}\mathrm{d}x + \frac{\partial u}{\partial y}\mathrm{d}y\right) + \frac{\partial z}{\partial v}\left(\frac{\partial v}{\partial x}\mathrm{d}x + \frac{\partial v}{\partial y}\mathrm{d}y\right) \\
&= \frac{\partial z}{\partial u}\mathrm{d}u + \frac{\partial z}{\partial v}\mathrm{d}v.
\end{aligned}$$

由此可见,无论 u,v 是自变量还是中间变量,函数 $z = f(u,v)$ 的全微分形式是一样的. 这个性质叫作**全微分形式不变性**.

习题 7.4

1. 求下列函数的导数:

(1) $z = \dfrac{y}{x}$; $x = \mathrm{e}^t, y = 1 - t$, 求 $\dfrac{\mathrm{d}z}{\mathrm{d}t}$;

(2) $z = \arcsin(x - y)$, $x = 3t, y = \sqrt{t}$, 求 $\dfrac{\mathrm{d}z}{\mathrm{d}t}$;

(3) $u = \dfrac{\mathrm{e}^{ax}(y - z)}{a^2 + 1}$, $y = a\sin x, z = \cos x$, 求 $\dfrac{\mathrm{d}u}{\mathrm{d}x}$.

2. 求下列函数的偏导数:

(1) $z = u^2\ln v$, $u = \dfrac{x}{y}, v = 3x - 2y$, 求 $\dfrac{\partial z}{\partial x}, \dfrac{\partial z}{\partial y}$;

(2) $z = \arctan\dfrac{y}{x}$, $x = s - t, y = s + t$, 求 $\dfrac{\partial z}{\partial s}, \dfrac{\partial z}{\partial t}$;

(3) $z = (3x^2 + y^2)^{2x+3}$, 求 $\dfrac{\partial z}{\partial x}, \dfrac{\partial z}{\partial y}$.

3. 求下列函数的偏导数(其中 f 具有一阶连续偏导数):

(1) $z = f(x^2 y, \mathrm{e}^{\frac{y}{x}})$;　　　　　　(2) $z = f(x^2 - y^2, \mathrm{e}^{xy})$;

(3) $u = f\left(\dfrac{x}{y}, \dfrac{y}{z}\right)$;　　　　　　(4) $u = f(x, xy, xyz)$.

4. 设 $z = xyf\left(\dfrac{y}{x}\right)$，其中 f 可导，求 $xz_x + yz_y$.

5. 设 $z = f(x,u)$，$u = \dfrac{1}{xy}$，其中 f 具有二阶连续偏导数，求 $\dfrac{\partial z}{\partial x}$，$\dfrac{\partial^2 z}{\partial x \partial y}$.

6. 设 $z = f(x^2 + y^2)$，其中 f 具有连续的二阶导数，求 $\dfrac{\partial^2 z}{\partial x^2}$，$\dfrac{\partial^2 z}{\partial x \partial y}$，$\dfrac{\partial^2 z}{\partial y^2}$.

7. 设 $z = f(2x - y, y\sin x)$，其中 f 具有连续的二阶偏导数，求 $\dfrac{\partial^2 z}{\partial x^2}$，$\dfrac{\partial^2 z}{\partial x \partial y}$，$\dfrac{\partial^2 z}{\partial y^2}$.

8. 设 $u = f\left(x, \dfrac{x}{y}\right)$，求 $\dfrac{\partial^2 u}{\partial y^2}$，$\dfrac{\partial^2 u}{\partial y \partial x}$，其中 f 具有足够阶的偏导数.

9. 设 $z = f(u,x,y)$，$u = xe^y$，其中 f 具有二阶连续偏导数，求 $\dfrac{\partial^2 z}{\partial x \partial y}$.

10. 已知 $u = \varphi\left(\dfrac{y}{x}\right) + x\psi\left(\dfrac{y}{x}\right)$，其中 φ, ψ 均具有连续的二阶导数. 求证：

$$x^2 \frac{\partial^2 u}{\partial x^2} + 2xy \frac{\partial^2 u}{\partial x \partial y} + y^2 \frac{\partial^2 u}{\partial y^2} = 0.$$

第5节 隐函数的求导公式

在一元函数的微分学中，我们曾引入了隐函数的概念，并介绍了不经过显示化而直接由方程求它所确定的隐函数的导数的方法. 但一个方程确定一个隐函数是需要条件的，本节将进一步从理论上阐明隐函数存在的条件，并通过多元复合函数求导的链导法则建立隐函数的求导公式.

定理1(隐函数存在定理Ⅰ) 设函数 $F(x,y)$ 在点 (x_0, y_0) 的某邻域内满足：

(1) $F(x,y)$ 在该邻域内具有连续的偏导数；

(2) $F(x_0, y_0) = 0$；

(3) $F_y(x_0, y_0) \neq 0$，

则方程 $F(x,y) = 0$ 在点 (x_0, y_0) 的某邻域内唯一确定了一个连续可导的一元函数 $y = y(x)$，它满足 $y(x_0) = y_0$，且有

$$\frac{\mathrm{d}y}{\mathrm{d}x} = -\frac{F_x}{F_y}. \tag{1}$$

隐函数的存在性和可微性的证明从略，下面在已知方程 $F(x,y) = 0$ 可确定连续可微的隐函数的前提下，给出公式(1)的推导.

设 $y = y(x)$ 是由方程 $F(x,y) = 0$ 所确定的隐函数，把 $y = y(x)$ 代入方程，有

$$F[x, y(x)] = 0,$$

此式左端是关于 x 的复合函数,根据全导数公式,得

$$F_x + F_y \cdot \frac{\mathrm{d}y}{\mathrm{d}x} = 0.$$

由于 F_y 在点 (x_0, y_0) 的邻域内连续,且 $F_y(x_0, y_0) \neq 0$,因此,存在点 (x_0, y_0) 的一个邻域,在此邻域内 $F_y \neq 0$,于是有

$$\frac{\mathrm{d}y}{\mathrm{d}x} = -\frac{F_x}{F_y}.$$

注 (1) 在条件 $F_y(x_0, y_0) \neq 0$ 下,方程确定 y 是关于 x 的函数.如果改成 $F_x(x_0, y_0) \neq 0$,则确定 x 是关于 y 的函数;

(2) 定理是指方程 $F(x, y) = 0$ 在点 (x_0, y_0) 的某邻域内确定一个单值、连续、可导的函数,不是指整个定义域内.如 $x^2 + y^2 - 1 = 0$ 在 $[-1, 1]$ 上不是单值函数,而是一个多值函数,但在点 $\left(\frac{1}{2}, \frac{\sqrt{3}}{2}\right)$ 的某邻域内却确定了一个单值、连续、可导的函数 $y = \sqrt{1 - x^2}$;

(3) 在满足定理条件的情况下,式(1) 提供了计算隐函数导数的一般公式.

例 1 已知 $\sin y + \mathrm{e}^x - xy = 1$,求 $\frac{\mathrm{d}y}{\mathrm{d}x}$.

解 设 $F(x, y) = \sin y + \mathrm{e}^x - xy - 1$,则

$$F_x = \mathrm{e}^x - y, \qquad F_y = \cos y - x,$$

利用公式(1),得

$$\frac{\mathrm{d}y}{\mathrm{d}x} = -\frac{F_x}{F_y} = \frac{\mathrm{e}^x - y}{x - \cos y}.$$

隐函数存在定理还可以推广到多元函数.既然一个二元方程 $F(x, y) = 0$ 可以确定一个一元隐函数,那么一个三元方程

$$F(x, y, z) = 0$$

就有可能确定一个二元隐函数.我们有下面的定理.

定理 2(隐函数存在定理 II) 设函数 $F(x, y, z)$ 在点 (x_0, y_0, z_0) 的某邻域内满足:

(1) $F(x, y, z)$ 在该邻域内具有连续的偏导数;

(2) $F(x_0, y_0, z_0) = 0$;

(3) $F_z(x_0, y_0, z_0) \neq 0$,

则方程 $F(x, y, z) = 0$ 在点 (x_0, y_0, z_0) 的某邻域内唯一确定了一个具有连续偏导数的二元函数 $z = z(x, y)$,满足 $z(x_0, y_0) = z_0$,且有

$$\frac{\partial z}{\partial x} = -\frac{F_x}{F_z}, \qquad \frac{\partial z}{\partial y} = -\frac{F_y}{F_z}. \tag{2}$$

这个定理我们不证.与定理 1 类似,仅就公式(2) 作如下推导.

将 $z = z(x, y)$ 代入方程 $F(x, y, z) = 0$, 有
$$F[x, y, z(x, y)] = 0,$$
将上式的两边分别关于 x 和 y 求偏导, 得
$$F_x + F_z \cdot \frac{\partial z}{\partial x} = 0, \qquad F_y + F_z \cdot \frac{\partial z}{\partial y} = 0,$$
而 $F_z \neq 0$, 于是有
$$\frac{\partial z}{\partial x} = -\frac{F_x}{F_z}, \qquad \frac{\partial z}{\partial y} = -\frac{F_y}{F_z}.$$

例 2　设 $z = z(x, y)$ 是由方程 $yz^3 - xz^4 + z^5 = 1$ 所确定的隐函数, 求 $\left.\dfrac{\partial z}{\partial x}\right|_{(0,0)}$, $\left.\dfrac{\partial z}{\partial y}\right|_{(0,0)}$.

解　设 $F(x, y, z) = yz^3 - xz^4 + z^5 - 1$, 则
$$F_x = -z^4, \quad F_y = z^3, \quad F_z = 3yz^2 - 4xz^3 + 5z^4,$$
应用公式(2), 得
$$z_x = -\frac{F_x}{F_z} = \frac{z^2}{3y - 4xz + 5z^2}, \quad z_y = -\frac{F_y}{F_z} = -\frac{z}{3y - 4xz + 5z^2}.$$
当 $x = y = 0$ 时, $z = 1$, 代入上述式子, 得
$$\left.\frac{\partial z}{\partial x}\right|_{(0,0)} = \frac{1}{5}, \qquad \left.\frac{\partial z}{\partial y}\right|_{(0,0)} = -\frac{1}{5}.$$

例 3　设 $x^2 + y^2 + z^2 - 4z = 0$, 求 $\dfrac{\partial^2 z}{\partial x^2}$.

解　设 $F(x, y, z) = x^2 + y^2 + z^2 - 4z$, 则 $F_x = 2x, F_z = 2z - 4$. 当 $z \neq 2$ 时, 应用公式(2), 得
$$\frac{\partial z}{\partial x} = -\frac{F_x}{F_z} = \frac{x}{2 - z}.$$

再一次对 x 求偏导数, 得
$$\frac{\partial^2 z}{\partial x^2} = \frac{(2 - z) + x\dfrac{\partial z}{\partial x}}{(2 - z)^2} = \frac{(2 - z) + x\left(\dfrac{x}{2 - z}\right)}{(2 - z)^2} = \frac{(2 - z)^2 + x^2}{(2 - z)^3}.$$

例 4　设函数 $z = z(x, y)$ 由方程 $F\left(x + \dfrac{z}{y}, y + \dfrac{z}{x}\right) = 0$ 所确定, 其中 F 为可微函数, 证明: $x\dfrac{\partial z}{\partial x} + y\dfrac{\partial z}{\partial y} = z - xy$.

证　方程 $F\left(x + \dfrac{z}{y}, y + \dfrac{z}{x}\right) = 0$ 两边对 x 求偏导数, 得

$$f'_1 \cdot \left(1 + \frac{1}{y}\frac{\partial z}{\partial x}\right) + f'_2 \cdot \left(-\frac{z}{x^2} + \frac{1}{x}\frac{\partial z}{\partial x}\right) = 0,$$

解出 $\dfrac{\partial z}{\partial x} = \dfrac{\dfrac{z}{x^2}f'_2 - f'_1}{\dfrac{f'_1}{y} + \dfrac{f'_2}{x}}.$

同理,$F\left(x + \dfrac{z}{y}, y + \dfrac{z}{x}\right) = 0$ 两边对 y 求偏导数,可得 $\dfrac{\partial z}{\partial y} = \dfrac{\dfrac{z}{y^2}f'_1 - f'_2}{\dfrac{f'_1}{y} + \dfrac{f'_2}{x}}.$

从而

$$x\frac{\partial z}{\partial x} + y\frac{\partial z}{\partial y} = \frac{\dfrac{z}{x}f'_2 - xf'_1 + \dfrac{z}{y}f'_1 - yf'_2}{\dfrac{f'_1}{y} + \dfrac{f'_2}{x}} = z - \frac{xf'_1 + yf'_2}{\dfrac{f'_1}{y} + \dfrac{f'_2}{x}} = z - xy.$$

更一般些,如果给出的不是一个方程,而是一个方程组,例如给出两个方程

$$\begin{cases} F(x,y,u,v) = 0, \\ G(x,y,u,v) = 0. \end{cases}$$

这时,在四个变量中,一般只能有两个变量独立变化,因此方程组就有可能确定两个二元函数. 我们有下面的定理.

定理 3(隐函数存在定理Ⅲ)　设 $F(x,y,u,v) = 0$、$G(x,y,u,v) = 0$ 在点 (x_0, y_0, u_0, v_0) 的某邻域内满足:

(1) $F(x,y,u,v)$ 和 $G(x,y,u,v)$ 分别具有对各个变量的连续偏导数;

(2) $F(x_0, y_0, u_0, v_0) = 0, G(x_0, y_0, u_0, v_0) = 0$;

(3) 在 (x_0, y_0, u_0, v_0) 点由偏导数所组成的函数行列式[或称**雅可比(Jacobi)式**]

$$J = \frac{\partial(F,G)}{\partial(u,v)} = \begin{vmatrix} \dfrac{\partial F}{\partial u} & \dfrac{\partial F}{\partial v} \\ \dfrac{\partial G}{\partial u} & \dfrac{\partial G}{\partial v} \end{vmatrix} \neq 0,$$

则方程组 $F(x,y,u,v) = 0, G(x,y,u,v) = 0$ 在点 (x_0, y_0, u_0, v_0) 的某邻域内能唯一确定一组连续且具有连续偏导数的函数 $u(x,y), v(x,y)$,它们满足 $u_0 = u(x_0, y_0), v_0 = v(x_0, y_0)$,并有

$$\begin{array}{ll} \dfrac{\partial u}{\partial x} = -\dfrac{1}{J}\dfrac{\partial(F,G)}{\partial(x,v)}, & \dfrac{\partial v}{\partial x} = -\dfrac{1}{J}\dfrac{\partial(F,G)}{\partial(u,x)}, \\[4mm] \dfrac{\partial u}{\partial y} = -\dfrac{1}{J}\dfrac{\partial(F,G)}{\partial(y,v)}, & \dfrac{\partial v}{\partial y} = -\dfrac{1}{J}\dfrac{\partial(F,G)}{\partial(u,y)}. \end{array} \qquad (3)$$

这个定理我们不证. 与前两个定理类似,下面仅就公式(3)作如下推导.

由于
$$F[x,y,u(x,y),v(x,y)] \equiv 0, G[x,y,u(x,y),v(x,y)] \equiv 0,$$
将恒等式两边对 x 求导,应用复合函数求导法则得

$$\begin{cases} F_x + F_u \dfrac{\partial u}{\partial x} + F_v \dfrac{\partial v}{\partial x} = 0, \\ G_x + G_u \dfrac{\partial u}{\partial x} + G_v \dfrac{\partial v}{\partial x} = 0, \end{cases}$$

这是关于 $\dfrac{\partial u}{\partial x}$ 和 $\dfrac{\partial v}{\partial x}$ 的线性方程组,由假设可知在点 (x_0,y_0,u_0,v_0) 的一个邻域内,系数行列式

$$J = \begin{vmatrix} F_u & F_v \\ G_u & G_v \end{vmatrix} \neq 0,$$

从而可解出 $\dfrac{\partial u}{\partial x}, \dfrac{\partial v}{\partial x}$ 有

$$\frac{\partial u}{\partial x} = -\frac{1}{J}\frac{\partial(F,G)}{\partial(x,v)}, \qquad \frac{\partial v}{\partial x} = -\frac{1}{J}\frac{\partial(F,G)}{\partial(u,x)}.$$

同理,可得

$$\frac{\partial u}{\partial y} = -\frac{1}{J}\frac{\partial(F,G)}{\partial(y,v)}, \qquad \frac{\partial v}{\partial y} = -\frac{1}{J}\frac{\partial(F,G)}{\partial(u,y)}.$$

例 5 设 $xu - yv = 0, yu + xv = 1$,求 $\dfrac{\partial u}{\partial x}, \dfrac{\partial u}{\partial y}, \dfrac{\partial v}{\partial x}$ 和 $\dfrac{\partial v}{\partial y}$.

解 此题可直接利用公式(3),但也可依照推导公式(3)的方法来求解.下面我们用后一种方法来做.

将所给方程的两边对 x 求导并移项,得

$$\begin{cases} x \dfrac{\partial u}{\partial x} - y \dfrac{\partial v}{\partial x} = -u, \\ y \dfrac{\partial u}{\partial x} + x \dfrac{\partial v}{\partial x} = -v. \end{cases}$$

由于系数行列式

$$J = \begin{vmatrix} x & -y \\ y & x \end{vmatrix} = x^2 + y^2 \neq 0,$$

由克拉默法则,得

$$\frac{\partial u}{\partial x} = \frac{\begin{vmatrix} -u & -y \\ -v & x \end{vmatrix}}{\begin{vmatrix} x & -y \\ y & x \end{vmatrix}} = -\frac{xu + yv}{x^2 + y^2}, \qquad \frac{\partial v}{\partial x} = \frac{\begin{vmatrix} x & -u \\ y & -v \end{vmatrix}}{\begin{vmatrix} x & -y \\ y & x \end{vmatrix}} = \frac{yu - xv}{x^2 + y^2}.$$

将所给方程的两边对 y 求偏导. 用同样的方法在 $J = x^2 + y^2 \neq 0$ 的条件下可得

$$\frac{\partial u}{\partial y} = \frac{xv - yu}{x^2 + y^2}, \qquad \frac{\partial v}{\partial y} = -\frac{xu + yv}{x^2 + y^2}.$$

例 6 设 $u = x + y, v = x - y, w = xy - z$，变换方程 $\dfrac{\partial^2 z}{\partial x^2} + 2\dfrac{\partial^2 z}{\partial x \partial y} + \dfrac{\partial^2 z}{\partial y^2} = 0$.

解 这时函数 $z = z(x,y)$ 通过变换变为函数 $w = w(u,v)$，由自变量的变换 $u = x + y, v = x - y$，可以求得

$$\frac{\partial u}{\partial x} = \frac{\partial v}{\partial x} = \frac{\partial u}{\partial y} = 1, \frac{\partial v}{\partial y} = -1,$$

从而所有 u, v 关于 x, y 的各个二阶偏导数都等于零.

由因变量的变换 $w = xy - z$，即

$$z = xy - w.$$

由此式求偏导数,有

$$\frac{\partial z}{\partial x} = y - \frac{\partial w}{\partial u}\frac{\partial u}{\partial x} - \frac{\partial w}{\partial v}\frac{\partial v}{\partial x} = y - \frac{\partial w}{\partial u} - \frac{\partial w}{\partial v},$$

$$\frac{\partial z}{\partial y} = x - \frac{\partial w}{\partial u}\frac{\partial u}{\partial y} - \frac{\partial w}{\partial v}\frac{\partial v}{\partial y} = x - \frac{\partial w}{\partial u} + \frac{\partial w}{\partial v},$$

再求偏导,有

$$\frac{\partial^2 z}{\partial x^2} = -\frac{\partial^2 w}{\partial u^2}\frac{\partial u}{\partial x} - \frac{\partial^2 w}{\partial u \partial v}\frac{\partial v}{\partial x} - \frac{\partial^2 w}{\partial v \partial u}\frac{\partial u}{\partial x} - \frac{\partial^2 w}{\partial v^2}\frac{\partial v}{\partial x} = -\frac{\partial^2 w}{\partial u^2} - 2\frac{\partial^2 w}{\partial u \partial v} - \frac{\partial^2 w}{\partial v^2}.$$

同理可得

$$\frac{\partial^2 z}{\partial x \partial y} = 1 - \frac{\partial^2 w}{\partial u^2} + \frac{\partial^2 w}{\partial v^2}, \qquad \frac{\partial^2 z}{\partial y^2} = -\frac{\partial^2 w}{\partial u^2} + 2\frac{\partial^2 w}{\partial u \partial v} - \frac{\partial^2 w}{\partial v^2}.$$

于是代入原方程左边,得

$$\frac{\partial^2 z}{\partial x^2} + 2\frac{\partial^2 z}{\partial x \partial y} + \frac{\partial^2 z}{\partial y^2} = 2 - 4\frac{\partial^2 w}{\partial u^2}.$$

由此即可知道通过变换,原方程变为

$$2\frac{\partial^2 w}{\partial u^2} = 1.$$

习题 7.5

1. 已知 $e^x \sin y + e^y \cos x = 1$，求 $\dfrac{dy}{dx}$.

2. 已知 $\ln \sqrt{x^2 + y^2} = \arctan \dfrac{y}{x}$，求 $\dfrac{dy}{dx}$.

3. 设方程 $e^x z + xyz + \dfrac{1}{2} z^2 - 1 = 0$ 确定 $z = f(x, y)$，求 $\dfrac{\partial z}{\partial x}, \dfrac{\partial z}{\partial y}$.

4. 设方程 $z = f(x + y + z, xyz)$ 确定隐函数 $z = z(x, y)$，求 $\dfrac{\partial z}{\partial x}, \dfrac{\partial z}{\partial y}$.

5. 已知方程 $z + e^z = xy$ 确定了隐函数 $z = z(x, y)$，求 $\dfrac{\partial^2 z}{\partial x \partial y}$.

6. 设 $f(x, y, z) = e^z y z^2$，其中 $z = z(x, y)$ 是由方程 $x + y + z + xyz = 0$ 所确定的隐函数，求 $f_y(0, 1, -1)$.

7. 设 $u = f(x, y, z)$ 具有连续偏导数，$z = z(x, y)$ 由方程 $x + 2y + xy - ze^z = 0$ 所确定，求 du.

8. 设 $y = g(x, z)$，而 z 是由方程 $f(x - z, xy) = 0$ 所确定的 x, y 的函数，求 $\dfrac{dz}{dx}$.

9. 设函数 $z = f(x, y)$ 满足方程 $x - az = \varphi(y - bz)$，其中 φ 为可微函数 a, b 为常数. 证明：$a \dfrac{\partial z}{\partial x} + b \dfrac{\partial z}{\partial y} = 1$.

10. 设 $z = xy + xF(u)$，其中 F 为可微函数，且 $u = \dfrac{y}{x}$，试证：

$$x \dfrac{\partial z}{\partial x} + y \dfrac{\partial z}{\partial y} = z + xy.$$

11. 求由下列方程组所确定的函数的偏导数：

(1) 设 $\begin{cases} x = r\cos\theta, \\ y = r\sin\theta, \end{cases}$ 求 $\dfrac{\partial r}{\partial x}, \dfrac{\partial \theta}{\partial x}, \dfrac{\partial r}{\partial y}$ 和 $\dfrac{\partial \theta}{\partial y}$；

(2) 设 $\begin{cases} u^3 + xv = y, \\ v^3 + yu = x, \end{cases}$ 求 $\dfrac{\partial u}{\partial x}, \dfrac{\partial v}{\partial x}, \dfrac{\partial u}{\partial y}$ 和 $\dfrac{\partial v}{\partial y}$.

第 6 节　多元函数微分法的几何应用

一、空间曲线的切线与法平面

若曲线的方程由参数形式表示为

$$x = x(t), \quad y = y(t), \quad z = z(t).$$

和平面情形相仿,通过此曲线上任一点 $M_0(x_0, y_0, z_0)$(这里 $x_0 = x(t_0), y_0 = y(t_0), z_0 = z(t_0)$)的切线定义为割线的极限位置,而通过点 M_0 和点 $M(x, y, z)$(这里 $x = x(t_0 + \Delta t)$, $y = y(t_0 + \Delta t) - y(t_0), z = z(t_0 + \Delta t) - z(t_0)$)的割线方程是

$$\frac{x - x_0}{x(t_0 + \Delta t) - x(t_0)} = \frac{y - y_0}{y(t_0 + \Delta t) - y(t_0)} = \frac{z - z_0}{z(t_0 + \Delta t) - z(t_0)}.$$

分母都被 Δt 除,仍是原来的割线方程:

$$\frac{x - x_0}{\dfrac{x(t_0 + \Delta t) - x(t_0)}{\Delta t}} = \frac{y - y_0}{\dfrac{y(t_0 + \Delta t) - y(t_0)}{\Delta t}} = \frac{z - z_0}{\dfrac{z(t_0 + \Delta t) - z(t_0)}{\Delta t}}.$$

假设函数 $x = x(t), y = y(t), z = z(t)$ 在 t_0 处导数存在,那么当 $\Delta t \to 0$ 时,割线就变为切线,得到空间曲线在 M_0 的切线方程为

$$\frac{x - x_0}{x'(t_0)} = \frac{y - y_0}{y'(t_0)} = \frac{z - z_0}{z'(t_0)}. \tag{1}$$

曲线在点 M_0 的法平面就是过 M_0 点且与该点的切线垂直的平面,因为切线的方向向量 $(x'(t_0), y'(t_0), z'(t_0))$ 就是过该点的法平面的法线向量,于是可知过 M_0 点的法平面方程是

$$x'(t_0)(x - x_0) + y'(t_0)(y - y_0) + z'(t_0)(z - x_0) = 0. \tag{2}$$

例 1　求曲线 $x = t, y = t^2, z = t^3$ 在点 $(1, 1, 1)$ 处的切线及法平面方程.

解　点 $(1, 1, 1)$ 所对应的参数 $t_0 = 1$,所以切线的方向向量

$$\boldsymbol{T} = (x'(t), y'(t), z'(t))|_{t=1} = (1, 2, 3).$$

于是,切线方程为

$$\frac{x - 1}{1} = \frac{y - 1}{2} = \frac{z - 1}{3}.$$

法平面方程为

$$(x - 1) + 2(y - 1) + 3(z - 1) = 0, \text{ 即 } x + 2y + 3z = 6.$$

如果曲线的方程由下式表示:

$$y = y(x), z = z(x).$$

这里把 x 作为参数,于是可得曲线在点 $M_0(x_0, y_0, z_0)$ 的切线方程是

$$\frac{x - x_0}{1} = \frac{y - y_0}{y'(x_0)} = \frac{z - z_0}{z'(x_0)}, \tag{3}$$

这里设 $y'(x_0), z'(x_0)$ 都存在,并记 $y_0 = y(x_0), z_0 = z(x_0)$.

同样,可得法平面方程为

$$x - x_0 + y'(x_0)(y - y_0) + z'(x_0)(z - z_0) = 0. \tag{4}$$

一般地,如果曲线表示为两个曲面的交线:

$$\begin{cases} F(x,y,z) = 0, \\ G(x,y,z) = 0. \end{cases}$$

设 $M_0(x_0,y_0,z_0)$ 是曲线上的一个点. 又设 F、G 有对各个变量的连续偏导数,且

$$\frac{\partial(F,G)}{\partial(y,z)}\Big|_{M_0} \neq 0.$$

这时方程组在 $M_0(x_0,y_0,z_0)$ 的某一邻域内确定了一对函数

$$y = y(x), z = z(x).$$

为了求 $\frac{dy}{dx}, \frac{dz}{dx}$,现将方程组对 x 求导,得

$$\begin{cases} \dfrac{\partial F}{\partial x} + \dfrac{\partial F}{\partial y}\dfrac{dy}{dx} + \dfrac{\partial F}{\partial z}\dfrac{dz}{dx} = 0, \\ \dfrac{\partial G}{\partial x} + \dfrac{\partial G}{\partial y}\dfrac{dy}{dx} + \dfrac{\partial G}{\partial z}\dfrac{dz}{dx} = 0. \end{cases}$$

由这两个方程,解出

$$\frac{dy}{dx} = \frac{\begin{vmatrix} -F_x & F_z \\ -G_x & G_z \end{vmatrix}}{\begin{vmatrix} F_y & F_z \\ G_y & G_z \end{vmatrix}} = \frac{\frac{\partial(F,G)}{\partial(z,x)}}{\frac{\partial(F,G)}{\partial(y,z)}}, \quad \frac{dz}{dx} = \frac{\begin{vmatrix} F_y & -F_x \\ G_y & -G_x \end{vmatrix}}{\begin{vmatrix} F_y & F_z \\ G_y & G_z \end{vmatrix}} = \frac{\frac{\partial(F,G)}{\partial(x,y)}}{\frac{\partial(F,G)}{\partial(y,z)}}.$$

有了 $\frac{dy}{dx}$ 及 $\frac{dz}{dx}$ 以后就很容易得到曲线在点 $M_0(x_0,y_0,z_0)$ 的切线方程:

$$\frac{x-x_0}{\frac{\partial(F,G)}{\partial(y,z)}\Big|_{M_0}} = \frac{y-y_0}{\frac{\partial(F,G)}{\partial(z,x)}\Big|_{M_0}} = \frac{z-z_0}{\frac{\partial(F,G)}{\partial(x,y)}\Big|_{M_0}}. \tag{5}$$

相应地,曲线在 M_0 点的法平面方程是:

$$\frac{\partial(F,G)}{\partial(y,z)}\Big|_{M_0}(x-x_0) + \frac{\partial(F,G)}{\partial(z,x)}\Big|_{M_0}(y-y_0) + \frac{\partial(F,G)}{\partial(x,y)}\Big|_{M_0}(z-z_0) = 0. \tag{6}$$

例2 求曲线 $x^2+y^2+z^2 = 6, x+y+z = 0$ 在点 $(1,-2,1)$ 处的切线及法平面方程.

解 这里可直接利用公式(5)及(6)来解,但下面我们依照推导公式的方法来做.

将所给方程的两边对 x 求导并移项,得

$$\begin{cases} y\dfrac{dy}{dx} + z\dfrac{dz}{dx} = -x, \\ \dfrac{dy}{dx} + \dfrac{dz}{dx} = -1. \end{cases}$$

由此得

$$\frac{\mathrm{d}y}{\mathrm{d}x} = \frac{\begin{vmatrix} -x & z \\ -1 & 1 \end{vmatrix}}{\begin{vmatrix} y & z \\ 1 & 1 \end{vmatrix}} = \frac{z-x}{y-z}, \qquad \frac{\mathrm{d}z}{\mathrm{d}x} = \frac{\begin{vmatrix} y & -x \\ 1 & -1 \end{vmatrix}}{\begin{vmatrix} y & z \\ 1 & 1 \end{vmatrix}} = \frac{x-y}{y-z}.$$

$$\frac{\mathrm{d}y}{\mathrm{d}x}\bigg|_{(1,-2,1)} = 0, \frac{\mathrm{d}z}{\mathrm{d}x}\bigg|_{(1,-2,1)} = -1.$$

从而切线的方向向量

$$\boldsymbol{T} = (1,0,-1).$$

故所求的切线方程为

$$\frac{x-1}{1} = \frac{y+2}{0} = \frac{z-1}{-1},$$

法平面方程为

$$(x-1) + 0 \cdot (y+2) - (z-1) = 0, \text{即 } x - z = 0.$$

二、曲面的切平面与法线

若曲面方程为

$$F(x,y,z) = 0,$$

$M_0(x_0,y_0,z_0)$ 为曲面上一点, 过点 M_0 任作一条在曲面上的曲线 Γ (图 7-15), 设其方程为

$$x(t), y(t), z(t).$$

显然

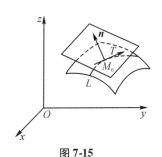

图 7-15

$$F[x(t),y(t),z(t)] = 0.$$

对 t 求导, 在 M_0 点(设此时对应于 $t = t_0$)有

$$F_x(x_0,y_0,z_0)x'(t_0) + F_y(x_0,y_0,z_0)y'(t_0) + F_z(x_0,y_0,z_0)z'(t_0) = 0.$$

前已知道, 向量 $(x'(t_0), y'(t_0), z'(t_0))$ 正是曲线 Γ 在 M_0 点切线的方向向量. 上式说明向量 $\boldsymbol{n} = (F_x(x_0,y_0,z_0), F_y(x_0,y_0,z_0), F_z(x_0,y_0,z_0))$ 与切向量正交, 由于 Γ 的任意性, 可见曲面上过 M_0 点的任一条曲线在该点的切线都与 $\boldsymbol{n}$ 正交, 因此这些切线应在同一平面上, 这个平面就称为曲面在 M_0 点的**切平面**, 而 $\boldsymbol{n}$ 就是切平面的法向量. 从而即可写出曲面在 M_0 点的切平面方程为

$$F_x(x_0,y_0,z_0)(x-x_0) + F_y(x_0,y_0,z_0)(y-y_0) + F_z(x_0,y_0,z_0)(z-z_0) = 0. \quad (7)$$

过 M_0 点并与切平面垂直的直线, 称为曲面在 M_0 点的法线, 它的方程是:

$$\frac{x-x_0}{F_x(x_0,y_0,z_0)} = \frac{y-y_0}{F_y(x_0,y_0,z_0)} = \frac{z-z_0}{F_z(x_0,y_0,z_0)}. \quad (8)$$

若曲面方程是

$$z = f(x,y).$$

它很容易化为刚才讨论的情形：

$$F(x,y,z) = z - f(x,y) = 0,$$

于是曲面在点 (x_0,y_0,z_0)（这里 $z_0 = f(x_0,y_0)$）的切平面方程为

$$-f_x(x_0,y_0)(x - x_0) - f_y(x_0,y_0)(y - y_0) + (z - z_0) = 0.$$

法线方程为

$$\frac{x - x_0}{-f_x(x_0,y_0)} = \frac{y - y_0}{-f_y(x_0,y_0)} = \frac{z - z_0}{1}.$$

例3　求椭球面 $x^2 + 2y^2 + 3z^2 = 6$ 在点 $(1,1,1)$ 处的切平面及法线方程.

解　记 $F(x,y,z) = x^2 + 2y^2 + 3z^2 - 6$，则

$$\boldsymbol{n}\big|_{(1,1,1)} = (F_x,F_y,F_z)\big|_{(1,1,1)} = (2x,4y,6z)\big|_{(1,1,1)} = (2,4,6),$$

所以切平面方程为

$$2(x - 1) + 4(y - 1) + 6(z - 1) = 0, \text{即} x + 2y + 3z = 6.$$

法线方程为

$$\frac{x - 1}{1} = \frac{y - 1}{2} = \frac{z - 1}{3}.$$

例4　求旋转抛物面 $z = x^2 + y^2 - 1$ 在点 $(2,1,4)$ 的切平面及法线方程.

解　此时 $f(x,y) = x^2 + y^2 - 1$，

$$\boldsymbol{n}\big|_{(2,1,4)} = (f_x,f_y,-1)\big|_{(2,1,4)} = (-4,-2,1).$$

所以切平面方程为

$$-4(x - 2) - 2(y - 1) + (z - 4) = 0, \text{即} 4x + 2y - z - 6 = 0.$$

法线方程为

$$\frac{x - 2}{-4} = \frac{y - 1}{-2} = \frac{z - 4}{1}.$$

习题7.6

1．求曲线 $x = \dfrac{t}{1 + t}, y = \dfrac{1 + t}{t}, z = t^2$ 在对应于 $t = 1$ 的点的切线及法平面方程.

2．求曲线 $x = t, y = -t^2, z = t^3$ 上与平面 $x + 2y + z = 4$ 平行的切线方程.

3．在曲面 $z = xy$ 上求一点，使这点处的法线垂直于平面 $x + 3y + z + 9 = 0$，并写出这法线的方程.

4．求曲线 $\begin{cases} x^2 + y^2 + z^2 - 3x = 0, \\ 2x - 3y + 5z - 4 = 0 \end{cases}$ 在点 $(1,1,1)$ 处的切线及法平面方程.

5. 求曲面 $e^z - z + xy = 3$ 在点 $(2,1,0)$ 处的切平面及法线方程.

6. 求旋转椭球面 $3x^2 + y^2 + z^2 = 16$ 上点 $(-1, -2, 3)$ 处的切平面与 xOy 面的夹角的余弦.

7. 过直线 $\begin{cases} 10x + 2y - 2z = 27, \\ x + y - z = 0 \end{cases}$ 作曲面 $3x^2 + y^2 - z^2 = 27$ 的切平面,求此切平面方程.

8. 试证曲面 $\sqrt{x} + \sqrt{y} + \sqrt{z} = \sqrt{a}$ $(a > 0)$ 上任何点处的切平面在各坐标轴上的截距之和等于 a.

第7节 方向导数与梯度

一、方向导数

偏导数反映的是函数沿坐标轴方向的变化率. 但在许多实际问题中,常常需要知道函数 $f(x,y,z)$(或函数 $f(x,y)$)在一点 P 沿任何方向或某个方向的变化率. 例如,设 $f(P)$ 表示某物体内点 P 的温度,那么这物体的热传导就依赖于温度沿各方向下降的速度(速率);又如,要预报某地的风向和风力,就必须知道气压在该处沿某些方向的变化率. 因此,我们有必要来讨论多元函数在一点 P 沿一给定方向的方向导数的概念.

下面以三个变量的函数 $f(x,y,z)$ 为例. 设 $P(x,y,z)$ 为一给定点,l 是从 P 点出发的射线,它的方向向量用 $\boldsymbol{l}$ 来表示. 设 P' 是射线 l 上的任一点,P' 的坐标为

$$(x + \Delta x, y + \Delta y, z + \Delta z)$$
$$= (x + \overline{PP'}\cos\alpha, y + \overline{PP'}\cos\beta, z + \overline{PP'}\cos\gamma),$$

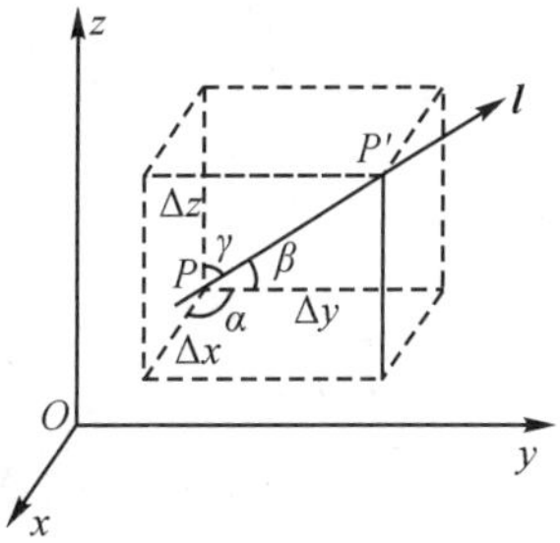

其中 $\cos\alpha, \cos\beta, \cos\gamma$ 是 $\boldsymbol{l}$ 的方向余弦,$\overline{PP'}$ 是线段 PP' 的长度,如图 7-16 所示. 在 $\overline{PP'}$ 这段长度内,函数 $f(x,y,z)$ 的平均变化率为

图 7-16

$$\frac{\Delta f}{\overline{PP'}} = \frac{f(P') - f(P)}{\overline{PP'}}.$$

令 P' 沿 $\boldsymbol{l}$ 趋于 P,这时如果

$$\lim_{P' \to P} \frac{\Delta f}{\overline{PP'}} = \lim_{P' \to P} \frac{f(P') - f(P)}{\overline{PP'}}$$

存在,此极限就称为 $f(x,y,z)$ 在 P 点沿 $\boldsymbol{l}$ 的**方向导数**,记为 $\dfrac{\partial f(P)}{\partial l}$ 或 $\dfrac{\partial f(x,y,z)}{\partial l}$.

例 1 设 $f(x,y,z) = ax + by + cz$,向量 l 的方向余弦是 $\cos\alpha, \cos\beta, \cos\gamma$,于是沿 l 方向的平均变化率为

$$\frac{\Delta f}{\overline{PP'}} = \frac{1}{\overline{PP'}}(a\,\overline{PP'}\cos\alpha + b\,\overline{PP'}\cos\beta + c\,\overline{PP'}\cos\gamma)$$

$$= a\cos\alpha + b\cos\beta + c\cos\gamma,$$

所以有

$$\frac{\partial f}{\partial l} = a\cos\alpha + b\cos\beta + c\cos\gamma.$$

可见一次函数 f 沿 l 的方向导数不因点的位置而变化,同时还可以看出函数沿不同方向的方向导数一般是不同的.

一般地,可以推得以下方向导数的计算公式.

定理 如果函数 $f(x,y,z)$ 在一点 $P_0(x_0,y_0,z_0)$ 可微,则 $f(x,y,z)$ 在 P_0 点沿任何方向 l 的方向导数都存在,并有以下的求导公式:

$$\frac{\partial f}{\partial l} = f_x(x_0,y_0,z_0)\cos\alpha + f_y(x_0,y_0,z_0)\cos\beta + f_z(x_0,y_0,z_0)\cos\gamma.$$

证 我们知道,若 $P'(x_0 + \Delta x, y_0 + \Delta y, z_0 + \Delta z)$ 是 l 上的点,则

$$\cos\alpha = \frac{\Delta x}{P_0P'}, \quad \cos\beta = \frac{\Delta y}{P_0P'}, \quad \cos\gamma = \frac{\Delta z}{P_0P'}.$$

由假设 $f(P)$ 在 P_0 点可微,故有

$$f(P') - f(P) = f_x(x_0,y_0,z_0)\Delta x + f_y(x_0,y_0,z_0)\Delta y + f_z(x_0,y_0,z_0)\Delta z$$
$$+ o(\sqrt{(\Delta x)^2 + (\Delta y)^2 + (\Delta z)^2}),$$

于是

$$\frac{f(P') - f(P)}{P_0P'} = f_x\frac{\Delta x}{P_0P'} + f_y\frac{\Delta y}{P_0P'} + f_z\frac{\Delta z}{P_0P'} + \frac{o(\sqrt{(\Delta x)^2 + (\Delta y)^2 + (\Delta z)^2})}{P_0P'}.$$

而 $\overline{P_0P'} = \sqrt{(\Delta x)^2 + (\Delta y)^2 + (\Delta z)^2}$,所以当 P' 沿 l 趋于 P_0 时,由上式取极限即得

$$\frac{\partial f}{\partial l} = \lim_{P' \to P_0}\frac{f(P') - f(P)}{P_0P'}$$

$$= f_x(x_0,y_0,z_0)\cos\alpha + f_y(x_0,y_0,z_0)\cos\beta + f_z(x_0,y_0,z_0)\cos\gamma.$$

由是得证.

对于平面情形,即对于二元函数 $f(x,y)$ 来说,就是上述情形的特例,这时沿任一方向 l(图 7-17)的方向导数,有如下计算公式:

$$\frac{\partial f}{\partial l} = f_x(x_0,y_0)\cos\alpha + f_y(x_0,y_0)\cos\beta.$$

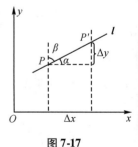

图 7-17

例 2　求函数 $z = xe^{2y}$ 在点 $P(1,0)$ 处沿从点 $P(1,0)$ 到点 $Q(2,-1)$ 的方向的方向导数.

解　这里方向 l 即向量 $\overrightarrow{PQ} = (1,-1)$ 的方向,与 l 同向的单位向量为

$$e_l = \frac{1}{\sqrt{1^2 + (-1)^2}}(1,-1) = \left(\frac{1}{\sqrt{2}}, -\frac{1}{\sqrt{2}}\right),$$

即有 $\cos\alpha = \dfrac{1}{\sqrt{2}}, \cos\beta = -\dfrac{1}{\sqrt{2}}$.

因为函数可微,且

$$\frac{\partial z}{\partial x}\bigg|_{(1,0)} = e^{2y}\big|_{(1,0)} = 1, \frac{\partial z}{\partial y}\bigg|_{(1,0)} = 2xe^{2y}\big|_{(1,0)} = 2,$$

故所求方向导数为

$$\frac{\partial z}{\partial l}\bigg|_{(1,0)} = 1 \cdot \frac{1}{\sqrt{2}} + 2 \cdot \left(-\frac{1}{\sqrt{2}}\right) = -\frac{\sqrt{2}}{2}.$$

二、梯度

在研究一个物理量 $u(x,y,z)$ 在某一区域的分布时,常常需要考察这区域中有相同物理量的点,也就是使 $u(x,y,z)$ 取相同数值的各点:

$$u(x,y,z) = C,$$

其中 C 是常数. 这个方程在几何上表示曲面,称它为**等量面**. 当 C 取不同数值时,所得到的等量面也不同. 如气象学中的等温面和等压面,电学中的等位面等.

同样,对于含两个自变量的物理量则有**等量线**. 例如地图上常常利用等高线来表示地面上的高低起伏,气象图上用等温线来表示地面上气温变化等,这些都是等量线.

下面我们从等量面(等量线)出发,引出一个重要的向量函数.

设 $u(x,y,z)$ 是一数量函数,等量面为

$$u(x,y,z) = C.$$

设 P 是等量面上的任一点,它的法向量为

$$\frac{\partial u}{\partial x}\bigg|_P \boldsymbol{i} + \frac{\partial u}{\partial y}\bigg|_P \boldsymbol{j} + \frac{\partial u}{\partial z}\bigg|_P \boldsymbol{k},$$

其中 $\dfrac{\partial u}{\partial x}\bigg|_P, \dfrac{\partial u}{\partial y}\bigg|_P, \dfrac{\partial u}{\partial z}\bigg|_P$ 分别是三个偏导数在 P 点的值. 称这个向量为数量函数 $u(x,y,z)$ 在 P 点的梯度,记为 **grad**u（grad 是 gradient 的缩写）,即从数量函数 $u(x,y,z)$ 引出了一个向量函数

$$\mathbf{grad}u = \frac{\partial u}{\partial x}\boldsymbol{i} + \frac{\partial u}{\partial y}\boldsymbol{j} + \frac{\partial u}{\partial z}\boldsymbol{k},$$

它的长度记为

$$| \mathbf{grad}u | = \sqrt{\left(\frac{\partial u}{\partial x}\right)^2 + \left(\frac{\partial u}{\partial y}\right)^2 + \left(\frac{\partial u}{\partial z}\right)^2}.$$

这样引进的梯度概念有什么意义呢？下面将分析说明：(1)梯度的方向是函数 u 增长最快的方向；(2)梯度的模就是函数 u 沿这一方向的变化率.

设 l 的方向余弦是 $\cos\alpha, \cos\beta, \cos\gamma$，这时 $u(x,y,z)$ 沿 l 的方向导数是

$$\frac{\partial u}{\partial l} = \frac{\partial u}{\partial x}\cos\alpha + \frac{\partial u}{\partial y}\cos\beta + \frac{\partial u}{\partial z}\cos\gamma.$$

令 l_0 是 l 方向的单位向量：

$$l_0 = \cos\alpha \boldsymbol{i} + \cos\beta \boldsymbol{j} + \cos\gamma \boldsymbol{k},$$

于是

$$\frac{\partial u}{\partial l} = \left(\frac{\partial u}{\partial x}, \frac{\partial u}{\partial y}, \frac{\partial u}{\partial z}\right)(\cos\alpha, \cos\beta, \cos\gamma)$$

$$= \mathbf{grad}u \cdot l_0 = | \mathbf{grad}u | \cdot \cos(\mathbf{grad}u, l_0),$$

这里 $\cos(\mathbf{grad}u, l_0)$ 表示向量 $\mathbf{grad}u$ 与 l_0 夹角的余弦. 由此可以看出，在 P 点沿一切不同方向的方向导数中，当 l 与梯度的方向一致时，$\cos(\mathbf{grad}u, l_0) = 1$，从而 $\frac{\partial u}{\partial l}$ 有最大值，所以沿梯度方向的方向导数达到最大；就是说，$\mathbf{grad}u$ 的方向是函数 $u(x,y,z)$ 在这点增长最快的那个方向，函数 u 在这个方向上变化率最大，而且这个变化率就等于梯度的模 $| \mathbf{grad}u |$. 同样可以看出，沿梯度的反方向，即 $-\mathbf{grad}u$ 的方向，函数 u 减少最快.

由于数量函数与坐标系的选取无关，所以由此产生的等量面、数量函数 u 的梯度以及它的最大变化率 $| \mathbf{grad}u |$ 等等也都与坐标系的选择无关.

综上所述，梯度是个与方向导数有关联的一个概念，它是由数量函数 u 产生的，在每一点 P 处的梯度方向与过 P 点的等量面 $u(x,y,z) = C$ 在这点的法线方向相同，且从数值较低的等量面指向数值较高的等量面，梯度的模等于函数 u 沿法线方向的方向导数. 如以 $\boldsymbol{n}_0$ 表示等量面的一个单位法向量，它指向 u 的数值增大的方向，而以 $\frac{\partial u}{\partial n}$ 表示函数 u 沿这法线的方向导数，则有

$$\mathbf{grad}u = \frac{\partial u}{\partial n}\boldsymbol{n}_0.$$

以下是关于梯度的基本运算法则：

(1)两个函数代数和的梯度等于各函数梯度的代数和：

$$\mathbf{grad}(u_1 \pm u_2) = \mathbf{grad}u_1 \pm \mathbf{grad}u_2.$$

(2) $\mathbf{grad}(u_1 u_2) = u_1\mathbf{grad}u_2 + u_2\mathbf{grad}u_1.$

这两个法则从梯度分量的表示式立即可以证明. 再由求复合函数的偏导数法则, 又可得

(3) $\mathbf{grad}F(u) = F'(u)\mathbf{grad}u$.

例3　求 $u = xy - y^2z + ze^x$ 在点 $(1,0,2)$ 的梯度.

解 $\left.\dfrac{\partial u}{\partial x}\right|_{(1,0,2)} = (y + ze^x)\big|_{(1,0,2)} = 2e$,

$\left.\dfrac{\partial u}{\partial y}\right|_{(1,0,2)} = (x - 2yz)\big|_{(1,0,2)} = 1$,

$\left.\dfrac{\partial u}{\partial z}\right|_{(1,0,2)} = (-y^2 + e^x)\big|_{(1,0,2)} = e$.

$\mathbf{grad}u\big|_{(1,0,2)} = \left.\left(\dfrac{\partial u}{\partial x}, \dfrac{\partial u}{\partial y}, \dfrac{\partial u}{\partial z}\right)\right|_{(1,0,2)} = (2e, 1, e)$,

$\big|\mathbf{grad}u\big|_{(1,0,2)}\big| = \sqrt{(2e)^2 + 1^2 + e^2} = \sqrt{1 + 5e^2}$.

这表明数量函数 u 在点 $(1,0,2)$ 沿方向 $(2e,1,e)$ 的方向导数最大, 最大值为 $\sqrt{1 + 5e^2}$.

习题 7.7

1. 求函数 $z = \ln(x + y)$ 在抛物线 $y^2 = 4x$ 上点 $(1,2)$ 处, 沿着这抛物线在该点处偏向正向的切线方向的方向导数.

2. 求函数 $z = 1 - \dfrac{x^2}{a^2} - \dfrac{y^2}{b^2}$ 在点 $\left(\dfrac{a}{\sqrt{2}}, \dfrac{b}{\sqrt{2}}\right)$ 处沿曲线 $\dfrac{x^2}{a^2} + \dfrac{y^2}{b^2} = 1$ 在这点的内法线方向的方向导数.

3. 求 $u = xy - y^2z + ze^x$ 在点 $(1,0,2)$ 沿方向 $(2,1,-1)$ 的方向导数.

4. 求函数 $u = \ln(x + \sqrt{y^2 + z^2})$ 在点 $A(1,0,1)$ 沿 A 指向点 $B(3,-2,2)$ 方向的方向导数.

5. 求函数 $u = \sqrt{x^2 + y^2 + z^2}$ 在点 $M(1,1,1)$ 处沿曲面 $2z = x^2 + y^2$ 在该点的外法线方向的方向导数.

6. 求函数 $u = x^2 + y^2 + z^2$ 在曲线 $x = t, y = t^2, z = t^3$ 上点 $(1,1,1)$ 处, 沿曲线在该点的切线正方向(对应于 t 增大的方向)的方向导数.

7. 设 $f(x,y,z) = x^2 + 2y^2 + 3z^2 + xy + 3x - 2y - 6z$, 求 $\mathbf{grad}f(0,0,0)$ 及 $\mathbf{grad}f(1,1,1)$.

8. 求函数 $u = xy^2z$ 在点 $P_0(1,-1,2)$ 处变化最快的方向, 并求沿这个方向的方向导数.

第8节　多元函数的极值及其求法

在许多实际问题中,往往需要求出多元函数的最大值与最小值. 与一元函数相类似,多元函数的最大值、最小值与极大值、极小值有密切联系. 因此,这一节我们以二元函数为例,先来讨论多元函数的极值问题,然后利用函数的极值求解一些实际问题的最大值和最小值.

一、多元函数的极值

定义　设函数 $z = f(x,y)$ 在点 (x_0,y_0) 的某邻域内有定义,若对于该邻域内异于 (x_0,y_0) 的任何点 (x,y),都有

$$f(x,y) < f(x_0,y_0)\ (\text{或}\ f(x,y) > f(x_0,y_0)),$$

则称函数 $f(x,y)$ 在点 (x_0,y_0) 有**极大值**(或**极小值**) $f(x_0,y_0)$,点 (x_0,y_0) 称为函数 $f(x,y)$ 的**极大值点**(或**极小值点**).

极大值、极小值统称为**极值**,使得函数取得极值的点称为**极值点**.

例 1　函数 $z = x^2 + y^2$ 在点 $(0,0)$ 处有极小值. 因为对于点 $(0,0)$ 的任何一邻域内异于 $(0,0)$ 的点,函数值都为正,而在点 $(0,0)$ 处的函数值为零. 在几何上这是顶点在原点开口朝上的椭圆抛物面,显然在 $(0,0)$ 点有极小值.

例 2　函数 $z = -\sqrt{x^2 + y^2}$ 在点 $(0,0)$ 处有极大值. 因为在点 $(0,0)$ 处函数值为零,而对于点 $(0,0)$ 的任何一邻域内异于 $(0,0)$ 的点,函数值都为负. 几何上这是顶点在原点开口朝下的锥面,显然在 $(0,0)$ 点有极大值.

例 3　函数 $z = x^2 - y^2$ 在点 $(0,0)$ 处既不取得极大值也不取得极小值. 因为在点 $(0,0)$ 处的函数值为零,而在点 $(0,0)$ 的任何一邻域内,总有使函数值为正的点,也有使函数值为负的点. 几何上这是通过原点的马鞍面,显然在 $(0,0)$ 点没有极值.

以上关于二元函数的极值概念,很容易推广到 n 元函数.

与导数在一元函数极值研究中的作用一样,偏导数也是解决多元函数极值的手段.

如果二元函数 $z = f(x,y)$ 在点 (x_0,y_0) 处取得极值,那么固定 $y = y_0$,一元函数 $z = f(x,y_0)$ 在点 $x = x_0$ 必取得相同的极值;同理,固定 $x = x_0$,$z = f(x_0,y)$ 在点 $y = y_0$ 也取得相同的极值. 因此,由一元函数极值的必要条件,我们可以得到二元函数极值的必要条件.

定理 1(极值存在的必要条件)　设函数 $z = f(x,y)$ 在点 (x_0,y_0) 具有偏导数,且在点 (x_0,y_0) 处有极值,则它在该点的偏导数必然为零,即

$$f_x(x_0,y_0) = 0, f_y(x_0,y_0) = 0.$$

从几何上看,这时如果曲面 $z = f(x,y)$ 在点 (x_0,y_0,z_0) 处有切平面,则切平面

$$z - z_0 = f_x(x_0,y_0)(x - x_0) + f_y(x_0,y_0)(y - y_0)$$

成为平行于 xOy 坐标面的平面 $z = z_0$.

类似地推得,如果三元函数 $u = f(x,y,z)$ 在点 (x_0,y_0,z_0) 具有偏导数,那么它在点 (x_0,y_0,z_0) 具有极值的必要条件为

$$f_x(x_0,y_0,z_0) = 0, f_y(x_0,y_0,z_0) = 0, f_z(x_0,y_0,z_0) = 0.$$

仿照一元函数,凡能使 $f_x(x_0,y_0) = 0, f_y(x_0,y_0) = 0$ 同时成立的点 (x_0,y_0) 称为函数 $z = f(x,y)$ 的**驻点**. 根据定理 1,具有偏导数的函数的极值点必定是驻点,但函数的驻点不一定是极值点,例如点 $(0,0)$ 是函数 $z = x^2 - y^2$ 的驻点,但函数在该点无极值.

此外,函数在偏导数不存在的点仍然可能有极值,例如

$$z = \begin{cases} x, & x \geqslant 0, \\ -x, & x < 0, \end{cases}$$

它是交于 y 轴的两个平面. 显然凡 $x = 0$ 的点都是函数的极小值,但是

$$x > 0 \text{ 时}, \frac{\partial z}{\partial x} = 1, \quad x < 0 \text{ 时}, \frac{\partial z}{\partial x} = -1,$$

因此在 $x = 0$ 时偏导数不存在.

那么怎样判定一个驻点是否是极值点呢? 下面的定理回答了这个问题.

定理 2(极值存在的充分条件) 设函数 $z = f(x,y)$ 在点 (x_0,y_0) 的某邻域内连续且有一阶及二阶连续偏导数,且 $f_x(x_0,y_0) = 0, f_y(x_0,y_0) = 0$. 令

$$f_{xx}(x_0,y_0) = A, f_{xy}(x_0,y_0) = B, f_{yy}(x_0,y_0) = C,$$

则 $f(x,y)$ 在 (x_0,y_0) 处是否取得极值的条件如下:

(1)当 $B^2 - AC < 0$ 时具有极值,且当 $A < 0$ 时有极大值,当 $A > 0$ 时有极小值;

(2)当 $B^2 - AC > 0$ 时没有极值;

(3)当 $B^2 - AC = 0$ 时可能有极值,也可能没有极值,需另作讨论.

这个定理不证. 根据定理 1、2,我们把具有二阶连续偏导数的函数 $z = f(x,y)$ 的极值求法叙述如下:

第一步 解方程组

$$\begin{cases} f_x(x,y) = 0, \\ f_y(x,y) = 0, \end{cases}$$

求得一切驻点.

第二步 对于每一个驻点 (x_0,y_0),求出其二阶偏导数的值 A,B 和 C.

第三步 确定 $B^2 - AC$ 及 A 的符号,按定理 2 的结论判定 $f(x_0,y_0)$ 是否是极值、是极大值还是极小值.

例4　求函数 $f(x,y) = x^3 - y^3 + 3x^2 + 3y^2 - 9x$ 的极值.

解　先解方程组

$$\begin{cases} f_x = 3x^2 + 6x - 9 = 0, \\ f_y = -3y^2 + 6y = 0, \end{cases}$$

求得驻点 $(1,0),(1,2),(-3,0),(-3,2)$.

再求出二阶偏导数

$$A = f_{xx} = 6x + 6, B = f_{xy} = 0, C = f_{yy} = -6y + 6.$$

在点 $(1,0)$ 处,因为 $B^2 - AC = -72 < 0$,且 $A = 12 > 0$,所以函数在 $(1,0)$ 处有极小值 $f(1,0) = -5$.

在点 $(1,2)$ 处,因为 $B^2 - AC = 72 > 0$,所以 $f(1,2)$ 不是极值.

在点 $(-3,0)$ 处,因为 $B^2 - AC = 72 > 0$,所以 $f(-3,0)$ 不是极值.

在点 $(-3,2)$ 处,因为 $B^2 - AC = -72 < 0$,且 $A = -12 < 0$,所以函数在 $(-3,2)$ 处有极大值 $f(-3,2) = 31$.

二、多元函数的最值

由极值的定义知道,极值是函数 $f(x,y)$ 在某一点的局部范围内的最大或最小值. 如果要获得 $f(x,y)$ 在区域 D 上的最大值与最小值,与一元函数相类似,可以利用函数的极值来求函数的最大值和最小值.

情形1　假设函数 $f(x,y)$ 在有界闭区域 D 上连续,那么 $f(x,y)$ 在 D 上必定能取得最大值和最小值. 这时,求函数的最大值和最小值的一般方法是:首先求出 $f(x,y)$ 在区域 D 内部所有驻点及偏导数不存在的点,然后将这些点的函数值与区域 D 的边界点的函数值进行比较,其中最大的就是最大值,最小的就是最小值.

情形2　在实际问题中,如果根据问题的性质,知道函数 $f(x,y)$ 的最大值(或最小值)一定在区域 D 的内部取得,且函数在 D 内只有一个驻点,那么可以肯定该驻点处的函数值就是 $f(x,y)$ 在 D 上的最大值(或最小值).

例5　求函数 $z = (x^2 + y^2 - 2x)^2$ 在圆域 $D = \{(x,y) \mid x^2 + y^2 \leqslant 2x\}$ 上的最值.

解　因为函数在有界闭区域上连续,所以一定存在最大值和最小值.

显然,在 D 上 $z \geqslant 0$,而 D 的边界上 $z \equiv 0$. 因此函数的最小值 $z = 0$.

令

$$\begin{cases} z_x = 2(x^2 + y^2 - 2x)(2x - 2) = 0, \\ z_y = 2(x^2 + y^2 - 2x) \cdot 2y = 0, \end{cases}$$

解得 D 内部唯一驻点 $x = 1, y = 0$.

将 $z(1,0) = 1$ 与函数在边界上的值 $z \equiv 0$ 比较知,函数在圆域 D 上的最大值为1,最小值为 0.

例6　某工厂要用铁板做成一个体积 2 m³ 的有盖长方体水箱,问当长、宽、高各取多少尺寸时,可以使用料最省?

解　设水箱的长为 x m,宽 y m,则高应为 $\dfrac{2}{xy}$ m,此水箱所用材料的面积 A 为

$$A = 2\left(xy + y \cdot \frac{2}{xy} + x \cdot \frac{2}{xy}\right),$$

即

$$A = 2\left(xy + y \cdot \frac{2}{xy} + x \cdot \frac{2}{xy}\right)(x > 0, y > 0).$$

可见材料面积 $A = A(x,y)$ 是 x 和 y 的二元函数,这就是目标函数,下面求使这函数取得最小值的点 (x,y).

解方程组

$$\begin{cases} A_x = 2\left(y - \dfrac{2}{x^2}\right) = 0, \\ A_y = 2\left(x - \dfrac{2}{y^2}\right) = 0, \end{cases}$$

求得唯一驻点 $x = \sqrt[3]{2}, y = \sqrt[3]{2}$.

根据题意,水箱所用材料面积的最小值一定存在,并且最小值肯定在 $D = \{(x,y) \mid x > 0, y > 0\}$ 内部取到,而函数在 D 内只有一个极值嫌疑点 $(\sqrt[3]{2}, \sqrt[3]{2})$,所以可断定 $x = \sqrt[3]{2}, y = \sqrt[3]{2}$ 时,A 取得最小值,也就是当水箱的长、宽、高同为 $\sqrt[3]{2}$ m 时,水箱所用的材料最省.

三、条件极值

上面所讨论的极值问题,对函数的自变量,除了限制在函数的定义域内以外,并无其他条件,所以称为**无条件极值**.但在实际问题中,往往会遇到对函数的自变量还有附加条件的极值问题.例如,求表面积为 a^2 而体积为最大的长方体的体积问题.设长方体的三棱的长为 x,y 与 z,则体积 $V = xyz$.又因假定表面积为 a^2,所以自变量 x,y 与 z 还必须满足附加条件 $2(xy + yz + xz) = a^2$.像这种对自变量有附加条件的极值称为**条件极值**.对于有些实际问题,可以把条件极值化为无条件极值,然后利用第二目中的方法加以解决.例如上述问题,可由条件 $2(xy + yz + xz) = a^2$,将 z 表示成

$$z = \frac{a^2 - 2xy}{2(x + y)}.$$

再把它代入 $V = xyz$ 中,于是问题就化为求

$$V = \frac{xy}{2}\left(\frac{a^2 - 2xy}{x + y}\right)$$

的无条件极值. 例 6 也是属于把条件极值化为无条件极值的例子.

但在很多情形下, 将条件极值化为无条件极值的问题并非易事. 下面介绍一种直接求条件极值的方法——**拉格朗日乘数法**.

现在的问题是:寻求目标函数

$$z = f(x,y) \tag{1}$$

在约束条件

$$\varphi(x,y) = 0 \tag{2}$$

下取得极值的必要条件.

如果函数 $z = f(x,y)$ 在 (x_0,y_0) 取得极值,须先有

$$\varphi(x_0,y_0) = 0. \tag{3}$$

假定在 (x_0,y_0) 的某一邻域内函数 (1) 与 $\varphi(x,y)$ 均有连续的一阶偏导数,则由方程式 (2) 确定一个连续且具有连续导数的函数 $y = y(x)$,将其代入目标函数 (1),得一元函数

$$z = f[x,y(x)],$$

于是 $x = x_0$ 是一元函数 $z = f[x,y(x)]$ 的极值点,由取得极值的必要条件,有

$$\frac{\mathrm{d}z}{\mathrm{d}x}\bigg|_{x=x_0} = f_x(x_0,y_0) + f_y(x_0,y_0)\frac{\mathrm{d}y}{\mathrm{d}x}\bigg|_{x=x_0} = 0. \tag{4}$$

而对约束方程 (2),利用隐函数求导公式,有

$$\frac{\mathrm{d}y}{\mathrm{d}x}\bigg|_{x=x_0} = -\frac{\varphi_x(x_0,y_0)}{\varphi_y(x_0,y_0)},$$

代入式 (4),得

$$f_x(x_0,y_0) - f_y(x_0,y_0)\frac{\varphi_x(x_0,y_0)}{\varphi_y(x_0,y_0)} = 0. \tag{5}$$

从而式 (3) 和 (5) 就是函数 $z = f(x,y)$ 在条件 $\varphi(x,y) = 0$ 下在点 (x_0,y_0) 处取得极值的必要条件.

现令

$$\frac{f_y(x_0,y_0)}{\varphi_y(x_0,y_0)} = -\lambda, \tag{6}$$

则必要条件式 $(3),(5)$ 以及 (6) 便成了以下三个等式

$$\begin{cases} f_x(x_0,y_0) + \lambda\varphi_x(x_0,y_0) = 0, \\ f_y(x_0,y_0) + \lambda\varphi_y(x_0,y_0) = 0, \\ \varphi(x_0,y_0) = 0, \end{cases}$$

而上式恰好是三元函数

$$F(x,y,\lambda) = f(x,y) + \lambda\varphi(x,y)$$

在点 (x_0,y_0,λ) 处取得无条件极值的必要条件. 由此,我们得到如下的操作方法.

拉格朗日乘数法　要找函数 $z = f(x,y)$ 在条件 $\varphi(x,y) = 0$ 下的可能极值点,可以先构造辅助函数

$$F(x,y,\lambda) = f(x,y) + \lambda\varphi(x,y),$$

称之为**拉格朗日函数**,其中参数 λ 称为**拉格朗日乘数**. 求 $F(x,y,\lambda)$ 对 x,y,λ 的偏导数,并令其为零,即

$$\begin{cases} F_x = f_x(x,y) + \lambda\varphi_x(x,y) = 0, \\ F_y = f_y(x,y) + \lambda\varphi_y(x,y) = 0, \\ F_\lambda = \varphi(x,y) = 0. \end{cases}$$

由此方程组解出 x,y,λ,则其中 x,y 就是所要求的可能的极值点.

拉格朗日乘数法的实质是把条件极值化为多一元的无条件极值. 至于如何确定所求的点是否是极值点,在实际问题中往往可根据问题本身的性质判定.

这种思想还可推广到自变量多于两个的情形. 例如求函数

$$u = f(x,y,z,t)$$

在两个约束条件

$$\varphi(x,y,z,t) = 0, \psi(x,y,z,t) = 0$$

下的可能的极值点,可以构造拉格朗日函数

$$F(x,y,z,t,\lambda,\mu) = f(x,y,z,t) + \lambda\varphi(x,y,z,t) + \mu\psi(x,y,z,t),$$

求其对 x,y,z,t,λ,μ 的一阶偏导数,令它们为零,解出 x,y,z,t,λ,μ,这样,x,y,z 就是函数 $f(x,y,z,t)$ 在对应两个约束条件下的可能极值点的坐标.

例 7　求表面积为 a^2 而体积为最大的长方体的体积.

解　设长方体的三棱长为 x,y 与 z,则问题就是在条件

$$\varphi(x,y,z,\lambda) = 2xy + 2yz + 2xz - a^2 = 0$$

下,求函数

$$V = xyz \ (x > 0, y > 0, z > 0)$$

的最大值.

作拉格朗日函数

$$L(x,y,z,\lambda) = xyz + \lambda(2xy + 2yz + 2xz - a^2).$$

解方程组

$$\begin{cases} L_x = yz + 2\lambda(y + z) = 0, \\ L_y = xz + 2\lambda(x + z) = 0, \\ L_z = xy + 2\lambda(y + x) = 0, \\ L_\lambda = 2xy + 2yz + 2xz - a^2 = 0, \end{cases}$$

得唯一驻点 $x = y = z = \dfrac{a}{\sqrt{6}}$.

由问题本身可知最大值一定存在,所以最大值就在这可能的极值点处取得. 也就是说,表面积为 a^2 的长方体中,以棱长为 $\dfrac{a}{\sqrt{6}}$ 的正方体的体积为最大,最大体积 $V = \dfrac{a^3}{6\sqrt{6}}$.

例 8　求 $z = 2x^2 + y^2 - 8x - 2y + 9$ 在 $D = \{(x,y) \mid 2x^2 + y^2 \leqslant 1\}$ 上的最大值和最小值.

解　令

$$\begin{cases} z_x = 4x - 8 = 0, \\ z_y = 2y - 2 = 0, \end{cases}$$

得驻点 $x = 2, y = 1$.

而 $(2,1)$ 不在区域 D 内部 $2x^2 + y^2 < 1$,从而 $z(x,y)$ 的最大值和最小值只能在区域 D 的边界 $2x^2 + y^2 = 1$ 上达到.

构造拉格朗日函数

$$F(x,y,\lambda) = 2x^2 + y^2 - 8x - 2y + 9 + \lambda(2x^2 + y^2 - 1).$$

解方程组

$$\begin{cases} F_x = 4x - 8 + 4\lambda x = 0, \\ F_y = 2y - 2 + 2\lambda y = 0, \\ F_\lambda = 2x^2 + y^2 = 1, \end{cases}$$

得 $x = \dfrac{2}{3}, y = \dfrac{1}{3}; x = -\dfrac{2}{3}, y = -\dfrac{1}{3}$.

$$z\left(\dfrac{2}{3}, \dfrac{1}{3}\right) = 4, \qquad z\left(-\dfrac{2}{3}, -\dfrac{1}{3}\right) = 16.$$

比较知 $z(x,y)$ 在 D 上的最大值是 16,最小值是 4.

习题 7.8

1. 求下列函数的极值:

(1) $f(x,y) = 4(x - y) - x^2 - y^2$;

(2) $f(x,y) = e^{2x}(x + y^2 + 2y)$;

(3) $f(x,y) = (x^2 + y^2)^2 - 2(x^2 - y^2)$.

2. 求函数 $f(x,y) = x^2 y(4 - x - y)$ 在由直线 $x + y = 6$, x 轴及 y 轴所围成闭区域 D 上的最值.

3. 求函数 $z = xy$ 在适合约束条件 $x + y = 1$ 下的极值.

4. 求 $f(x,y) = x^2 + y^2 + 2xy - 2x$ 在圆域 $x^2 + y^2 \leqslant 1$ 上的最值.

5. 在周长为 $2p$ 的一切三角形中,求出面积最大的三角形.

6. 从已知 $\triangle ABC$ 的内部的点 P 向三边作三条垂线,求使此三条垂线长的乘积为最大的点 P 的位置.

7. 在椭球 $\dfrac{x^2}{a^2} + \dfrac{y^2}{b^2} + \dfrac{z^2}{c^2} = 1$ 的内接长方体中,求体积最大的一个.

8. 在曲面 $x^2 + y^2 + \dfrac{z^2}{4} = 1$ ($x,y,z > 0$)上求一点,使过该点的切平面在三个坐标轴上的截距平方和最小.

9. 抛物面 $z = x^2 + y^2$ 被平面 $x + y + z = 1$ 截成一椭圆,求这椭圆上的点到原点的距离的最大值和最小值.

复习题七

一、单项选择题

1. 二元函数 $f(x,y)$ 在点 (x_0,y_0) 处的两个偏导数 $f_x(x_0,y_0)$, $f_y(x_0,y_0)$ 存在是 $f(x,y)$ 在该点连续的(　　).

(A)充分条件,而非必要条件　　　　(B)必要条件,而非充分条件

(C)充分必要条件　　　　　　　　(D)既非充分条件,又非必要条件

2. 二元函数 $f(x,y) = \begin{cases} \dfrac{xy}{x^2 + y^2}, & (x,y) \neq (0,0), \\ 0, & (x,y) = (0,0) \end{cases}$ 在点 $(0,0)$ 处(　　).

(A)连续,偏导数存在　　　　　　(B)连续,偏导数不存在

(C)不连续,偏导数存在　　　　　(D)不连续,偏导数不存在

3. 考虑二元函数 $f(x,y)$ 的下面 4 条性质:

① $f(x,y)$ 在点 (x_0,y_0) 处连续;

② $f(x,y)$ 在点 (x_0,y_0) 处的两个偏导数连续;

③ $f(x,y)$ 在点 (x_0,y_0) 处可微;

④ $f(x,y)$ 在点 (x_0,y_0) 处的两个偏导数存在.

若用" $P \Rightarrow Q$ "表示可由性质 P 推出性质 Q ,则有(　　).

(A)②⇒③⇒①　　　　　　　　(B)③⇒②⇒①

(C)③⇒④⇒①　　　　　　　　(D)③⇒①⇒④

4. 设函数 $z = \arctan \mathrm{e}^{-xy}$,则 $\mathrm{d}z = ($　　$)$.

$(A) - \dfrac{\mathrm{e}^{xy}}{1 + \mathrm{e}^{2xy}}(y\mathrm{d}x + x\mathrm{d}y)$ $(B) \dfrac{\mathrm{e}^{xy}}{1 + \mathrm{e}^{2xy}}(y\mathrm{d}x - x\mathrm{d}y)$

$(C) \dfrac{\mathrm{e}^{xy}}{1 + \mathrm{e}^{2xy}}(x\mathrm{d}y - y\mathrm{d}x)$ $(D) \dfrac{\mathrm{e}^{xy}}{1 + \mathrm{e}^{2xy}}(y\mathrm{d}x + x\mathrm{d}y)$

5. 设函数 $f(x,y)$ 在点 $(0,0)$ 附近有定义, 且 $f_x(0,0) = 3, f_y(0,0) = 1$, 则(　　).

$(A)\ \mathrm{d}z\big|_{(0,0)} = 3\mathrm{d}x + \mathrm{d}y$

(B) 曲面 $z = f(x,y)$ 在点 $(0,0,f(0,0))$ 的法向量为 $(3,1,1)$

(C) 曲线 $\begin{cases} z = f(x,y) \\ y = 0 \end{cases}$ 在点 $(0,0,f(0,0))$ 的切向量为 $(1,0,3)$

(D) 曲线 $\begin{cases} z = f(x,y) \\ y = 0 \end{cases}$ 在点 $(0,0,f(0,0))$ 的切向量为 $(3,0,1)$

二、填空题

1. 设 $z = xyf\left(\dfrac{y}{x}\right), f(u)$ 可导, 则 $xz_x + yz_y = $ _____.

2. 设 $z = \mathrm{e}^{-x} - f(x - 2y)$, 且当 $y = 0$ 时, $z = x^2$, 则 $\dfrac{\partial z}{\partial x} = $ _____.

3. 设 $f(x,y,z) = \mathrm{e}^x yz^2$, 其中 $z = z(x,y)$ 是由 $x + y + z + xyz = 0$ 确定的隐函数, 则 $f_x(0,1,-1) = $ _____.

4. 设 $u = \mathrm{e}^{-x}\sin\dfrac{x}{y}$, 则 $\dfrac{\partial^2 u}{\partial x \partial y}$ 在点 $\left(2, \dfrac{1}{\pi}\right)$ 处的值为 _____.

5. 设 $z = \mathrm{e}^{\sin(xy)}$, 则 $\mathrm{d}z = $ _____.

6. 由方程 $xyz + \sqrt{x^2 + y^2 + z^2} = \sqrt{2}$ 所确定的函数 $z = z(x,y)$ 在点 $(1,0,-1)$ 处的全微分 $\mathrm{d}z = $ _____.

7. 设 $z = \dfrac{f(xy)}{x} + y\varphi(x + y), f, \varphi$ 具有二阶连续导数, 则 $\dfrac{\partial^2 z}{\partial x \partial y} = $ _____.

8. 曲面 $x^2 + 2y^2 + 3z^2 = 21$ 在点 $(1, -2, 2)$ 的法线方程为 _____.

9. 由曲线 $\begin{cases} 3x^2 + 2y^2 = 12, \\ z = 0 \end{cases}$ 绕 y 轴旋转一周得到的旋转面在点 $(0, \sqrt{3}, \sqrt{2})$ 处的指向外侧的单位法向量为 _____.

10. 函数 $u = \ln(x^2 + y^2 + z^2)$ 在点 $M(1,2,-2)$ 处的梯度 $\mathbf{grad}u\big|_M = $ _____.

三、解答题

1. 设函数 $z = f(x,y)$ 在点 $(1,1)$ 处可微, 且 $f(1,1) = 1, \dfrac{\partial f}{\partial x}\bigg|_{(1,1)} = 2, \dfrac{\partial f}{\partial y}\bigg|_{(1,1)} = 3$, $\varphi(x) = f(x, f(x,x))$. 求 $\dfrac{\mathrm{d}}{\mathrm{d}x}\varphi^3(x)\big|_{x=1}$.

2. 由方程 $z = x + yf(z)$ 确定 $z = z(x,y)$，且 $yf'(z) \neq 1$，求 $\dfrac{\partial z}{\partial x} \cdot f(z) - \dfrac{\partial z}{\partial y}$.

3. 设 $u = f(x,y,z)$ 有连续的一阶偏导数，又函数 $y = y(x)$ 及 $z = z(x)$ 分别由下列两式确定：$e^{xy} - xy = 2$ 和 $e^x = \displaystyle\int_0^{x-z} \dfrac{\sin t}{t}\mathrm{d}t$，求 $\dfrac{\mathrm{d}u}{\mathrm{d}x}$.

4. 设函数 $z = f(x - y^2, x^2\sin\pi y)$，$f$ 具有 2 阶连续偏导数，求 $\dfrac{\partial^2 z}{\partial x\partial y}\bigg|_{(1,1)}$.

5. 设函数 $z = z(x,y)$ 由方程 $x^2 + 3y^2 + z^3 = 22$ 确定，求 $\dfrac{\partial^2 z}{\partial y^2}\bigg|_{(3,2)}$.

6. 设 $x = e^u\cos v, y = e^u\sin v, z = uv$，试求 $\dfrac{\partial z}{\partial x}$ 和 $\dfrac{\partial z}{\partial y}$.

7. 设 $z = x^n f\left(\dfrac{y}{x^2}\right)$，其中 f 为可微函数，证明 $x\dfrac{\partial z}{\partial x} + 2y\dfrac{\partial z}{\partial y} = nz$.

8. 设 $x = x(y,z), y = y(x,z), z = z(x,y)$ 都是由方程 $F(x,y,z) = 0$ 所确定的具有连续偏导数的函数，证明 $\dfrac{\partial x}{\partial y} \cdot \dfrac{\partial y}{\partial z} \cdot \dfrac{\partial z}{\partial x} = -1$.

9. 求曲面 $z = \dfrac{x^2}{2} + y^2$ 平行于平面 $2x + 2y - z = 0$ 的切平面方程.

10. 求椭球面 $x^2 + 2y^2 + 3z^2 = 21$ 上某点 M 处的切平面 Π 的方程，使平面 Π 过已知直线 $L: \dfrac{x-6}{2} = \dfrac{y-3}{1} = \dfrac{2z-1}{-2}$.

11. 设直线 $l: \begin{cases} x + y + b = 0, \\ x + ay - z - 3 = 0 \end{cases}$ 在平面 Π 上，而平面 Π 与曲面 $z = x^2 + y^2$ 相切于点 $(1, -2, 5)$，求 a, b 之值.

12. 设 $\boldsymbol{n}$ 是曲面 $2x^2 + 3y^2 + z^2 = 6$ 在点 $P(1,1,1)$ 处的指向外侧的法向量，求函数 $u = \dfrac{\sqrt{6x^2 + 8y^2}}{z}$ 在点 P 处沿方向 $\boldsymbol{n}$ 的方向导数.

13. 求函数 $z = \dfrac{1}{2}xy + (47 - x - y)\left(\dfrac{x}{3} + \dfrac{y}{4}\right)$ 的极值.

14. 设 $f(x,y) = 3x + 4y - ax^2 - 2ay^2 - 2bxy$，试问参数 a, b 满足什么条件时，$f(x,y)$ 有唯一的极大值？$f(x,y)$ 有唯一的极小值？

15. 求函数 $f(x,y) = x^2 + 2y^2 - x$ 在平面闭区域 $D = \{(x,y) \mid x^2 + y^2 \leq 1\}$ 上的最大值和最小值.

16. 在椭圆 $x^2 + 4y^2 = 4$ 上求一点，使其到直线 $2x + 3y - 6 = 0$ 的距离最短.

17. 设有曲面 $S: \dfrac{x^2}{2} + y^2 + \dfrac{z^2}{4} = 1$，平面 $\Pi: 2x + 2y + z + 5 = 0$.

(1)试在曲面 S 上求平行于平面 Π 的切平面方程;

(2)试求曲面 S 与平面 Π 间的最短距离.

18. 设有一小山,取它的底面所在的平面为 xOy 坐标面,其底部所占的区域为 $D = \{(x,y) \mid x^2 + y^2 - xy \leqslant 75\}$,小山的高度函数为 $h(x,y) = 75 - x^2 - y^2 + xy$.

(1)设 $M(x_0,y_0)$ 为区域 D 上一点,问 $h(x,y)$ 在该点沿平面上什么方向的方向导数最大? 若记此方向导数的最大值为 $g(x_0,y_0)$,试写出 $g(x_0,y_0)$ 的表达式.

(2)现欲利用此小山开展攀岩活动,为此需要在山脚寻找一上山坡度最大的点作为攀登的起点. 也就是说,要在 D 的边界线 $x^2 + y^2 - xy = 75$ 上找出使(1)中的 $g(x,y)$ 达到最大值的点. 试确定攀登起点的位置.

第 8 章　多元函数积分学

在一元函数的积分学中我们知道,定积分是某种确定形式的和的极限.这种和的极限的概念推广到定义在区域上的多元函数的情形,便得到重积分的概念.本章介绍二重积分和三重积分的概念、计算方法以及它们的一些应用.

第 1 节　二重积分的概念和性质

一、二重积分的概念

我们通过计算曲顶柱体的体积来抽象出二重积分的定义.

引例　曲顶柱体的体积.

假定 D 是平面 xOy 上的一个有界闭区域,$z = f(x,y) \geq 0$ 为空间中一张连续曲面.过区域 D 的边界(称为**准线**)上任何一点作轴的平行线,所有平行线(称为**母线**)构成一个柱面.这时,我们将区域 D 与柱面以及曲面 $z = f(x,y)$ 所构成的几何体叫作**曲顶柱体**(图 8-1).现在我们来求这个曲顶柱体的体积 V.

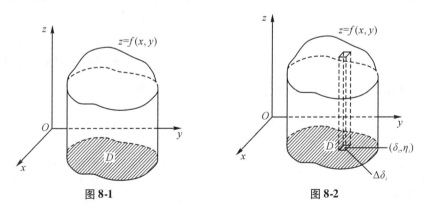

图 8-1　　　　　图 8-2

求曲顶柱体的体积与求曲边梯形面积的做法相仿:先在局部上"以平代曲"找到曲顶柱体体积的近似值;然后把这些值相加,就得到整个曲顶柱体体积的一个近似值;最后通

过取极限,由近似值得到曲顶柱体体积的精确值. 具体做法如下:

(1)**分割**　用一组曲线网将 D 分割成 n 个小闭区域 $\Delta\sigma_1,\Delta\sigma_2,\cdots,\Delta\sigma_n$,并用同样的记号记它们的面积. 相应地,此时曲顶柱体被分为 n 个小曲顶柱体.

(2)**近似**　在 $\Delta\sigma_i$ 中任取一点 $(\xi_i,\eta_i)\in\sigma_i$,其相应的函数值 $f(\xi_i,\eta_i)(\geqslant 0)$. 我们以 $\Delta\sigma_i$ 为底,高为 $f(\xi_i,\eta_i)$ 的小平顶柱体的体积(图 8-2)作为以 $\Delta\sigma_i$ 为底的小曲顶柱体体积 ΔV_i 的近似值. 即

$$\Delta V_i \approx f(\xi_i,\eta_i)\Delta\sigma_i, \quad i = 1,2,\cdots,n.$$

(3)**求和**　所有小平顶柱体的体积之和是整个曲顶柱体体积的近似值,即

$$V \approx \sum_{i=1}^{n} f(\xi_i,\eta_i)\Delta\sigma_i.$$

(4)**取极限**　将分割无限变细,当 n 无限增大,而这 n 个小区域中的最大直径①(记作 λ)趋于零时,即当这每个小区域都趋向于一点时,上述和式的极限就是曲顶柱体的体积 V,即

$$V = \lim_{\lambda\to 0}\sum_{i=1}^{n} f(\xi_i,\eta_i)\Delta\sigma_i.$$

因此,曲顶柱体体积是一个由乘积和式的极限来确定的问题. 事实上,很多实际问题的计算也可以归结为这种固定格式的乘积和式的极限形式. 因此,很有必要对此作研究,这就是二重积分的概念.

定义　设 $f(x,y)$ 是有界闭区域 D 上的有界函数. 将闭区域 D 任意分成 n 个小区域

$$\Delta\sigma_1,\Delta\sigma_2,\cdots,\Delta\sigma_n,$$

其中 $\Delta\sigma_i$ 表示第 i 个小闭区域,也表示它的面积. 在每个 $\Delta\sigma_i$ 上任取一点 (ξ_i,η_i),作乘积 $f(\xi_i,\eta_i)\Delta\sigma_i(i = 1,2,\cdots,n)$,并作和

$$\sum_{i=1}^{n} f(\xi_i,\eta_i)\Delta\sigma_i.$$

如果当各小闭区域的直径中的最大值 λ 趋于零时,这和的极限总存在,则称此极限为函数 $f(x,y)$ 在闭区域 D 上的**二重积分**,记作 $\iint\limits_{D} f(x,y)\mathrm{d}\sigma$,即

$$\iint\limits_{D} f(x,y)\mathrm{d}\sigma = \lim_{\lambda\to 0}\sum_{i=1}^{n} f(\xi_i,\eta_i)\Delta\sigma_i. \tag{1}$$

其中 $f(x,y)$ 叫作**被积函数**,$f(x,y)\mathrm{d}\sigma$ 叫作**被积表达式**,$\mathrm{d}\sigma$ 叫作**面积元素**,x 与 y 叫作积分变量,D 叫作积分区域,$\sum\limits_{i=1}^{n} f(\xi_i,\eta_i)\Delta\sigma_i$ 叫作积分和.

---

① 一个闭区域的直径是指这个区域上任意两点的距离的最大值.

　　注意,式(1)右端极限存在与否不依赖于区域 D 的分法及点 (ξ_i,η_i) 的取法. 二重积分的值的大小只依赖于被积函数 $f(x,y)$ 和积分区域 D,与积分变量无关.

　　这里我们要指出,当 $f(x,y)$ 在有界闭区域 D 上连续时,(1)式右端的和式极限必定存在. 也就是说,有界闭区域上的连续函数的二重积分一定存在. 今后,我们总是假定所讨论的函数 $f(x,y)$ 在区域 D 上连续,所以它在 D 上的二重积分总是存在的.

　　一般地,被积函数 $f(x,y)$ 可以解释为柱体的曲顶在点 (x,y) 处的竖坐标. 所以如果 $f(x,y) \geqslant 0$,二重积分的几何意义就是以曲面 $z=f(x,y)$ 为顶,以区域 D 为底的曲顶柱体的体积;如果 $f(x,y) \leqslant 0$,柱体就在 xOy 平面下方,二重积分就是曲顶柱体体积的负值;如果 $f(x,y)$ 在 D 的若干部分区域上是正的,而在其他的部分区域上是负的,那么二重积分就等于 xOy 平面上方的柱体体积减去 xOy 平面下方的柱体体积所得之差.

二、二重积分的性质

　　比较定积分与二重积分的定义可以类比得到,二重积分与定积分有类似的性质,现叙述于下.

　　性质 1(线性性质)　设 α,β 为常数,则

$$\iint\limits_{D}\big[\alpha f(x,y)+\beta g(x,y)\big]\mathrm{d}\sigma = \alpha\iint\limits_{D}f(x,y)\mathrm{d}\sigma + \beta\iint\limits_{D}g(x,y)\mathrm{d}\sigma.$$

　　性质 2　如果在 D 上 $f(x,y) \equiv 1,\sigma$ 为 D 的面积,则 $\iint\limits_{D}\mathrm{d}\sigma = \sigma$.

　　这性质的几何意义是很明显的,因为高为 1 的平顶柱体的体积在数值上就等于柱体的底面积.

　　性质 3(积分区域可加性)　如果闭区域 D 被有限条曲线分为有限个部分闭区域,则在 D 上的二重积分等于在各部分闭区域上的二重积分之和.

　　例如 D 分为两个闭区域 D_1 与 D_2,则

$$\iint\limits_{D}f(x,y)\mathrm{d}\sigma = \iint\limits_{D_1}f(x,y)\mathrm{d}\sigma + \iint\limits_{D_2}f(x,y)\mathrm{d}\sigma.$$

　　性质 4　如果在 D 上,$f(x,y) \leqslant g(x,y)$,则有

$$\iint\limits_{D}f(x,y)\mathrm{d}\sigma \leqslant \iint\limits_{D}g(x,y)\mathrm{d}\sigma.$$

　　特殊地,由于

$$-\left|f(x,y)\right| \leqslant f(x,y) \leqslant \left|f(x,y)\right|,$$

从而我们有如下推论.

　　推论　$\left|\iint\limits_{D}f(x,y)\mathrm{d}\sigma\right| \leqslant \iint\limits_{D}\left|f(x,y)\right|\mathrm{d}\sigma.$

性质5 设 M, m 分别是 $f(x, y)$ 在闭区域 D 上的最大值和最小值, σ 为 D 的面积,则

$$m\sigma \leqslant \iint\limits_{D} f(x, y) \mathrm{d}\sigma \leqslant M\sigma.$$

上述不等式是对于二重积分估值的不等式. 因为 $m \leqslant f(x, y) \leqslant M$, 所以由性质4有

$$\iint\limits_{D} m\mathrm{d}\sigma \leqslant \iint\limits_{D} f(x, y) \mathrm{d}\sigma \leqslant \iint\limits_{D} M\mathrm{d}\sigma,$$

再应用性质1和性质2, 便得此估值不等式.

性质6(二重积分的中值定理) 设函数 $f(x, y)$ 在闭区域 D 上连续, σ 为 D 的面积, 则在 D 上至少存在一点 $(\xi, \eta) \in D$, 使得

$$\iint\limits_{D} f(x, y) \mathrm{d}\sigma = f(\xi, \eta) \cdot \sigma.$$

证 显然 $\sigma \neq 0$. 把性质5中不等式各除以 σ, 有

$$m \leqslant \frac{1}{\sigma} \iint\limits_{D} f(x, y) \mathrm{d}\sigma \leqslant M.$$

这就是说,确定的数值 $\dfrac{1}{\sigma} \iint\limits_{D} f(x, y) \mathrm{d}\sigma$ 是介于函数 $f(x, y)$ 的最大值 M 与最小值 m 之间的. 根据在闭区域上连续函数的介值定理, 在 D 上至少存在一点 (ξ, η), 使得函数在该点的值与这个确定的数值相等, 即

$$\frac{1}{\sigma} \iint\limits_{D} f(x, y) \mathrm{d}\sigma = f(\xi, \eta).$$

上式两端各乘以 σ, 就得所需要证明的公式.

习题 8.1

1. 设有一平面薄片占有 xOy 面上的闭区域 D, 它在点 (x, y) 处的面密度为 $\mu(x, y)$, 这里 $\mu(x, y) > 0$ 且在 D 上连续. 试用二重积分表示该薄片的质量 m.

2. 利用二重积分的几何意义, 计算 $\iint\limits_{D} (1 - x - y) \mathrm{d}\sigma$ 的值, 其中 $D = \{(x, y) \mid x \geqslant 0, y \geqslant 0, x + y \leqslant 1\}$.

3. 根据二重积分的性质, 比较 $\iint\limits_{D} (x + y)^2 \mathrm{d}\sigma$ 与 $\iint\limits_{D} (x + y)^3 \mathrm{d}\sigma$ 的大小, 其中积分区域 D 是由 x 轴, y 轴与直线 $x + y = 1$ 所围成.

4. 利用二重积分的性质, 估计 $\iint\limits_{D} \sin^2 x \sin^2 y \mathrm{d}\sigma$ 的值, 其中 $D = \{(x, y) \mid 0 \leqslant x \leqslant \pi, 0 \leqslant y \leqslant \pi\}$.

第 2 节　二重积分的计算法

一、直角坐标系中二重积分的计算

二重积分定义本身为我们提供了一种计算它的方法——求积分和的极限. 但是,在具体使用这种方法计算二重积分时,我们就会发现它不仅是复杂和十分困难的,而且在一般情况下几乎是不可能的. 因此我们需要探讨求二重积分的简便且可行的方法. 这种方法就是将二重积分转化为接连计算两次定积分(即**二次积分**). 下面分别就直角坐标系和极坐标系给出具体的计算方法.

由定义我们知道,二重积分的值与区域 D 的分法是无关的. 所以在直角坐标系里,我们可以用平行于 x 轴和 y 轴的直线来分割区域 D. 这种划分,除了包含边界点的一些不规则小闭区域外,其余小区域都是矩形. 取出一个小矩形区域 $\Delta\sigma$, 它的两个边长为 Δx 与 Δy, 于是小矩形区域的面积为 $\Delta\sigma = \Delta x \cdot \Delta y$ (图 8-3). 因此,在直角坐标系下,可把面积元素记为 $\mathrm{d}\sigma = \mathrm{d}x\mathrm{d}y$, 这样二重积分也常记作

$$\iint\limits_{D}f(x,y)\,\mathrm{d}\sigma = \iint\limits_{D}f(x,y)\,\mathrm{d}x\mathrm{d}y.$$

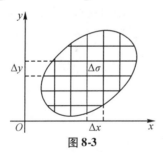

图 8-3

在具体讨论二重积分的计算之前,先要介绍所谓 X 型区域和 Y 型区域的概念. 图 8-4 中(a)(b)分别给出了这两种区域的典型图例.

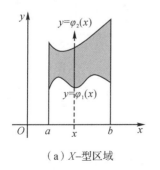

（a）X-型区域

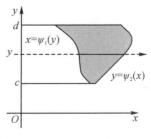

（b）Y-型区域

图 8-4

若区域 D 由直线 $x = a, x = b (a \leq b)$ 及连续曲线 $y = \varphi_1(x), y = \varphi_2(x) (\varphi_1(x) \leq \varphi_2(x))$ 围成,我们称这种区域为 **X 型区域**. 其特点是穿过 D 内部垂直于 x 轴的直线与 D 的边界相交不多于两点. 此时区域 D 可表示为

$$D = \{(x,y) \mid a \leq x \leq b, \varphi_1(x) \leq y \leq \varphi_2(x)\},$$

其中函数 $\varphi_1(x), \varphi_2(x)$ 均在区间 $[a,b]$ 上连续.

若区域 D 由直线 $y = c, y = d (c \leq d)$ 及连续曲线 $x = \psi_1(y), x = \psi_2(y) (\psi_1(y) \leq \psi_2(y))$ 围成,我们称这种区域为 **Y 型区域**. 其特点是穿过 D 内部垂直于 y 轴的直线与 D 的边界相交不多于两点. 此时区域 D 可表示为

$$D = \{(x,y) \mid c \leq y \leq d, \psi_1(y) \leq x \leq \psi_2(y)\},$$

其中函数 $\psi_1(y), \psi_2(y)$ 均在区间 $[c,d]$ 上连续.

下面用几何观点来讨论二重积分的计算问题. 先假定积分区域 D 为 X 型区域:

$$D = \{(x,y) \mid a \leq x \leq b, \varphi_1(x) \leq y \leq \varphi_2(x)\},$$

且在 D 上, $z = f(x,y) \geq 0$.

这样二重积分 $\iint\limits_{D} f(x,y) \mathrm{d}x\mathrm{d}y$ 的值就等于以 D 为底,以曲面 $z = f(x,y)$ 为顶的曲顶柱体的体积 V. 下面利用定积分应用中计算"平行截面面积为已知的立体的体积"的方法来计算这个柱体的体积.

过任意一点 $x (x \in [a,b])$ 作 x 轴的垂直平面,我们得到一平行截面,该截面面积记为 $A(x)$ (立体图及截面平面图分别见图 8-5 和图 8-6),根据定积分的几何意义有

$$A(x) = \int_{\varphi_1(x)}^{\varphi_2(x)} f(x,y) \mathrm{d}y.$$

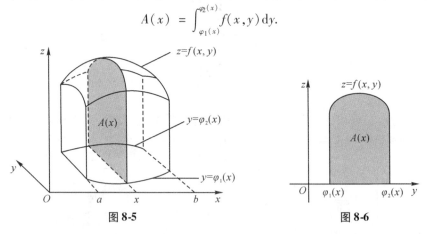

图 8-5   图 8-6

于是,应用计算平行截面面积为已知的立体体积的方法,得曲顶柱体体积为

$$V = \int_a^b A(x) \mathrm{d}x = \int_a^b \left[\int_{\varphi_1(x)}^{\varphi_2(x)} f(x,y) \mathrm{d}y \right] \mathrm{d}x,$$

这个体积也就是所求二重积分的值,从而有

$$\iint\limits_{D} f(x,y)\,\mathrm{d}x\mathrm{d}y = \int_{a}^{b}\Big[\int_{\varphi_1(x)}^{\varphi_2(x)}f(x,y)\,\mathrm{d}y\Big]\mathrm{d}x.$$

通常记

$$\int_{a}^{b}\Big[\int_{\varphi_1(x)}^{\varphi_2(x)}f(x,y)\,\mathrm{d}y\Big]\mathrm{d}x = \int_{a}^{b}\mathrm{d}x\int_{\varphi_1(x)}^{\varphi_2(x)}f(x,y)\,\mathrm{d}y,$$

于是,有

$$\iint\limits_{D} f(x,y)\,\mathrm{d}x\mathrm{d}y = \int_{a}^{b}\mathrm{d}x\int_{\varphi_1(x)}^{\varphi_2(x)}f(x,y)\,\mathrm{d}y. \tag{2}$$

　　上式右端的积分叫作先对 y,后对 x 的**二次积分**(或**累次积分**),其中每个定积分的上下限可以由区域 D 的联立不等式给出. 具体而言,先把 x 看成常数,把 $f(x,y)$ 只看作关于 y 的函数,对 y 从 $\varphi_1(x)$ 到 $\varphi_2(x)$ 计算定积分;然后把算得的结果(是关于 x 的函数)再对 x 在区间 $[a,b]$ 上计算定积分.

　　另外,需要说明的是,上面的讨论中假定 $f(x,y) \geqslant 0$. 实际上没有这个条件公式(2)仍然正确.

　　关于 Y 型区域上二重积分的计算公式,类似地有

$$\iint\limits_{D} f(x,y)\,\mathrm{d}x\mathrm{d}y = \int_{c}^{d}\mathrm{d}y\int_{\psi_1(x)}^{\psi_2(x)}f(x,y)\,\mathrm{d}x. \tag{3}$$

这是先对 x,后对 y 的二次积分.

　　例 1　求 $\iint\limits_{D} xy\,\mathrm{d}x\mathrm{d}y$,其中 D 由直线 $y=1,x=2$ 及 $y=x$ 围成.

　　解法 1　画出积分区域 D(图 8-7).如果先对 y 后对 x 积分,利用公式(2)得

$$\iint\limits_{D} xy\,\mathrm{d}x\mathrm{d}y = \int_{1}^{2}\mathrm{d}x\int_{1}^{x}xy\,\mathrm{d}y = \int_{1}^{2}\frac{1}{2}xy^2\,\Big|_{1}^{x}\,\mathrm{d}x$$

$$= \int_{1}^{2}\frac{1}{2}x(x^2-1)\,\mathrm{d}x = \frac{1}{2}\Big(\frac{1}{4}x^4 - \frac{1}{2}x^2\Big)\,\Big|_{1}^{2} = \frac{9}{8}.$$

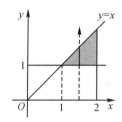　　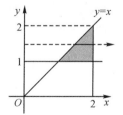

图 8-7　　　　　　　　　　图 8-8

　　解法 2　画出积分区域 D(图 8-8).如果先对 x 后对 y 积分,利用公式(3)得

$$\iint\limits_{D} xy\,\mathrm{d}x\mathrm{d}y = \int_{1}^{2}\mathrm{d}y\int_{y}^{2}xy\,\mathrm{d}x = \int_{1}^{2}\frac{1}{2}x^2 y\,\Big|_{y}^{2}\,\mathrm{d}y$$

$$= \int_1^2 \frac{1}{2}(4y - y^3)\,\mathrm{d}y = \frac{1}{2}\left(2y^2 - \frac{1}{4}y^4\right)\Big|_1^2 = \frac{9}{8}.$$

将二重积分化为二次积分的关键是确定两个定积分的上、下限. 如果积分区域已经表示成联立不等式的形式,那么可以对照公式(2)或(3)直接写出积分的上、下限. 如果仅是给出积分区域 D 的边界曲线,则应先画出 D 的草图. 若 D 是 X–型区域,那么可以采用先对 y 后对 x 的二次积分. 这时, x 的取值范围就是积分区间 $[a,b]$;在 $[a,b]$ 中取定一 x 值,过以 x 值为横坐标的点画一条穿过积分区域 D 且平行于 y 轴的带箭头直线,确定进入、穿出 D 边界纵坐标 y 的值 $\varphi_1(x)$、$\varphi_2(x)$,即得公式(2)中先把 x 看作常量而对 y 积分时的下限和上限.

例 2　计算 $\iint\limits_D xy\,\mathrm{d}x\,\mathrm{d}y$,其中 D 由直线 $y = x - 2$ 及抛物线 $x = y^2$ 围成

解　画出积分区域 D 如图 8-9 所示. D 既是 X 型的,又是 Y 型的. 利用公式(3),得

$$\iint\limits_D xy\,\mathrm{d}x\,\mathrm{d}y = \int_{-1}^2 \mathrm{d}y \int_{y^2}^{y+2} xy\,\mathrm{d}x = \frac{1}{2}\int_{-1}^2 \left[y(y+2)^2 - y^5 \right]\mathrm{d}y$$

$$= \frac{1}{2}\left(\frac{1}{4}y^4 + \frac{4}{3}y^3 + 2y^2 - \frac{1}{6}y^6 \right)\Big|_{-1}^2 = \frac{45}{8}.$$

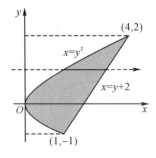

图 8-9

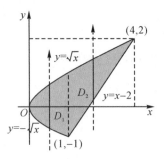

图 8-10

若利用公式(2)来计算,这由于在区间 $[0,1]$ 及 $[1,4]$ 上表示 $\varphi_1(x)$ 的式子不同,所以要用经过交点 $(-1,1)$ 且平行于 y 轴的直线 $x = 1$ 把区域 D 分成 D_1 和 D_2 两部分(图 8-10),其中

$$D_1 = \{(x,y) \mid 0 \leqslant x \leqslant 1, -\sqrt{x} \leqslant y \leqslant \sqrt{x}\},$$

$$D_2 = \{(x,y) \mid 1 \leqslant x \leqslant 4, x - 2 \leqslant y \leqslant \sqrt{x}\}.$$

因此,根据二重积分的性质 3,就有

$$\iint\limits_D xy\,\mathrm{d}x\,\mathrm{d}y = \iint\limits_{D_1} xy\,\mathrm{d}x\,\mathrm{d}y + \iint\limits_{D_2} xy\,\mathrm{d}x\,\mathrm{d}y$$

$$= \int_0^1 \mathrm{d}x \int_{-\sqrt{x}}^{\sqrt{x}} xy\,\mathrm{d}y + \int_1^4 \mathrm{d}x \int_{x-2}^{\sqrt{x}} xy\,\mathrm{d}y.$$

可见,这里用公式(2)来计算比较麻烦.

例 3　计算 $\iint\limits_{D} \sqrt{1 + x^3}\, \mathrm{d}\sigma$,其中 D 由 $x = 1, y = 0$ 与 $y = x^2$ 所围成.

解　画出积分区域 D 如图 8-11 所示.利用公式(2),得

$$
\begin{aligned}
\iint\limits_{D} \sqrt{1 + x^3}\, \mathrm{d}\sigma &= \int_0^1 \mathrm{d}x \int_0^{x^2} \sqrt{1 + x^3}\, \mathrm{d}y = \int_0^1 x^2 \sqrt{1 + x^3}\, \mathrm{d}x \\
&= \frac{1}{3} \int_0^1 \sqrt{1 + x^3}\, \mathrm{d}(1 + x^3) \\
&= \frac{1}{3} \times \frac{2}{3}(1 + x^3)^{\frac{3}{2}} \Big|_0^1 = \frac{2}{9}(2\sqrt{2} - 1).
\end{aligned}
$$

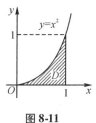

图 8-11

若利用公式(3),就有

$$
\iint\limits_{D} \sqrt{1 + y^3}\, \mathrm{d}x\mathrm{d}y = \int_0^1 \mathrm{d}y \int_{\sqrt{y}}^1 \sqrt{1 + x^3}\, \mathrm{d}x,
$$

其中关于 x 的积分计算比较麻烦.所以这里用公式(2)计算较为方便.

从上面两个例子可以看出,在化二重积分为二次积分时,为了计算简便,既要考虑积分区域 D 的形状,又要考虑被积函数 $f(x,y)$ 的特性,以选择恰当的二次积分的次序.

例 4　计算二重积分 $\iint\limits_{D} |x - 1|\, \mathrm{d}x\mathrm{d}y$,其中 D 是第一象限内由直 $y = 0, y = x$ 及圆 $x^2 + y^2 = 2$ 所围成的区域.

解　被积函数含有绝对值符号时,要把积分区域适当划分若干个子区域,使得:(1)这些子区域不相交;(2)在每个子区域上被积函数不含绝对值符号,即被积函数在每个子区域上取值不变号.这里,用直线 $x = 1$ 把区域 D 分成两个子区域 D_1, D_2(图 8-12).

$$
\begin{aligned}
\iint\limits_{D} |x - 1|\, \mathrm{d}x\mathrm{d}y &= \iint\limits_{D_1}(1 - x)\, \mathrm{d}x\mathrm{d}y + \iint\limits_{D_2}(x - 1)\, \mathrm{d}x\mathrm{d}y \\
&= \int_0^1 \mathrm{d}x \int_0^x (1 - x)\, \mathrm{d}y + \int_1^{\sqrt{2}} \mathrm{d}x \int_0^{\sqrt{2 - x^2}} (x - 1)\, \mathrm{d}y \\
&= \int_0^1 (1 - x)x\, \mathrm{d}x + \int_1^{\sqrt{2}} (x - 1) \sqrt{2 - x^2}\, \mathrm{d}x \\
&= \left(\frac{1}{2}x^2 - \frac{1}{3}x^3 \right) \Big|_0^1 + \int_1^{\sqrt{2}} x \sqrt{2 - x^2}\, \mathrm{d}x - \int_1^{\sqrt{2}} \sqrt{2 - x^2}\, \mathrm{d}x \\
&= \frac{1}{6} - \frac{1}{2} \int_1^{\sqrt{2}} \sqrt{2 - x^2}\, \mathrm{d}(2 - x^2) - \int_{\frac{\pi}{4}}^{\frac{\pi}{2}} \sqrt{2}\cos t \cdot \sqrt{2}\cos t\, \mathrm{d}t \\
&= \frac{1}{6} - \frac{1}{2} \cdot \frac{1}{1 + \frac{1}{2}} \left(2 - x^2 \right)^{\frac{1}{2} + 1} \Big|_1^{\sqrt{2}} - \left(t + \frac{1}{2}\sin 2t \right) \Big|_{\frac{\pi}{4}}^{\frac{\pi}{2}}
\end{aligned}
$$

$$= \frac{1}{6} + \frac{1}{3} - \left(\frac{\pi}{4} - \frac{1}{2} \right) = 1 - \frac{\pi}{4}.$$

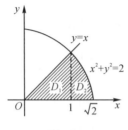

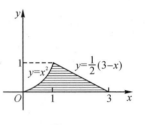

图 8-12   图 8-13

例 5   交换二次积分 $\int_0^1 dx \int_0^{x^2} f(x,y)\, dy + \int_1^3 dx \int_0^{\frac{1}{2}(3-x)} f(x,y)\, dy$ 的积分次序.

解   由所给积分式的限画出积分区域如图 8-13 所示.

$$D = \left\{ (x,y) \mid 0 \leqslant x \leqslant 1, 0 \leqslant y \leqslant x^2 \right\} \cup \left\{ (x,y) \mid 1 \leqslant x \leqslant 3, 0 \leqslant y \leqslant \frac{1}{2}(3-x) \right\}$$

$$= \left\{ (x,y) \mid 0 \leqslant y \leqslant 1, \sqrt{y} \leqslant x \leqslant 3 - 2y \right\}.$$

因而,

$$\int_0^1 dx \int_0^{x^2} f(x,y)\, dy + \int_0^3 dx \int_0^{\frac{1}{2}(3-x)} f(x,y)\, dy = \int_0^1 dy \int_{\sqrt{y}}^{3-2y} f(x,y)\, dx.$$

二、极坐标系中二重积分的计算

有些二重积分,积分区域 D 的边界曲线用极坐标方程来表示比较简单,且被积函数用极坐标变量 r, θ 表达比较简单. 这时,可以考虑用极坐标来计算二重积分.

下面介绍如何利用极坐标计算二重积分 $\iint\limits_D f(x,y)\, d\sigma$. 按照二重积分的定义有

$$\iint\limits_D f(x,y)\, d\sigma = \lim_{\lambda \to 0} \sum_{i=1}^n f(\xi_i, \eta_i) \Delta\sigma_i,$$

我们来研究这个和式的极限在极坐标系中的形式.

假定区域 D 的边界与过极点的射线相交不多于两点,函数 $f(x,y)$ 在 D 上连续. 我们用以极点 O 为中心的一族同心圆(r 为常数)和从极点 O 出发的射线(θ 为常数),把区域 D 划分成 n 个小闭区域(图 8-14). 除了包含边界点的一些小闭区域外,设其中的一个典型小闭区域为 $\Delta\sigma$($\Delta\sigma$ 同时也表示该小闭区域的面积),它是由半径分别为 r 和 $r + \Delta r$ 的同心圆和极角分别为 θ 和 $\theta + \Delta\theta$ 的射线所确定,其面积

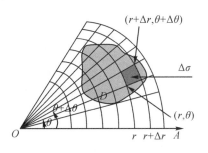

图 8-14

$$\Delta\sigma = \frac{1}{2}(r + \Delta r)^2 \cdot \Delta\theta - \frac{1}{2}r^2 \cdot \Delta\theta = \left(r + \frac{1}{2}\Delta r\right)\Delta r \cdot \Delta\theta \approx r \cdot \Delta r \cdot \Delta\theta,$$

这里,略去了高阶无穷小 $\frac{1}{2}(\Delta r)^2 \cdot \Delta\theta$. 于是,根据微元法可得到极坐标系下的面积元素

$\mathrm{d}\sigma = r \cdot \mathrm{d}r \cdot \mathrm{d}\theta$,注意到直角坐标与极坐标之间的转换关系,于是

$$\lim_{\lambda \to 0}\sum_{i=1}^{n} f(\xi_i, \eta_i)\Delta\sigma_i = \lim_{\lambda \to 0}\sum_{i=1}^{n} f(r_i\cos\theta_i, r_i\sin\theta_i) \cdot r_i \cdot \Delta r_i \cdot \Delta\theta_i,$$

即

$$\iint\limits_{D} f(x,y)\,\mathrm{d}\sigma = \iint\limits_{D} f(r\cos\theta, r\sin\theta)\,r\mathrm{d}r\mathrm{d}\theta.$$

这里我们把点 (r,θ) 看作是在同一平面上的点 (x,y) 的极坐标表示,所以上式右端

的积分区域仍然记作 D. 由于在直角坐标系中 $\iint\limits_{D} f(x,y)\,\mathrm{d}\sigma$ 也常记作 $\iint\limits_{D} f(x,y)\,\mathrm{d}x\mathrm{d}y$,所以

上式又可写成

$$\iint\limits_{D} f(x,y)\,\mathrm{d}x\mathrm{d}y = \iint\limits_{D} f(r\cos\theta, r\sin\theta)\,r\mathrm{d}r\mathrm{d}\theta. \tag{4}$$

这就是二重积分的变量从直角坐标系变换为极坐标的变换公式,其中 $r\mathrm{d}r\mathrm{d}\theta$ 就是极坐标

系中的面积元素.

公式(4)表明,要把二重积分中的变量从直角坐标系变换为极坐标,只要把被积函数

中的 x,y 分别换成 $r\cos\theta, r\sin\theta$,并把直角坐标系中的面积元素 $\mathrm{d}x\mathrm{d}y$ 换成极坐标系中的

面积元素 $r\mathrm{d}r\mathrm{d}\theta$.

极坐标系中的二重积分,同样需化为二次积分来计算. 下面分三种情况来讨论.

1. 如果极点 O 在积分区域 D 之外,设从极点出发的两条射线 $\theta = \alpha, \theta = \beta$ 与区域 D

边界的交点为 A 和 B,当极径按逆时针方向扫过区域 D 的始角 α 和终角 β 时,积分区域

的边界被分成两部分 $r = \varphi_1(\theta), r = \varphi_2(\theta)$（图 8-15（a）），则 D 可以用不等式表示为

$$\alpha \leqslant \theta \leqslant \beta, r_1(\theta) \leqslant r \leqslant r_2(\theta).$$

这样就可看出,极坐标系中的二重积分化为二次积分的公式为

$$\iint\limits_{D} f(r\cos\theta, r\sin\theta)r\mathrm{d}r\mathrm{d}\theta = \int_{\alpha}^{\beta}\mathrm{d}\theta\int_{r_1(\theta)}^{r_2(\theta)} f(r\cos\theta, r\sin\theta)r\mathrm{d}r. \tag{5}$$

2. 如果极点 O 在积分区域 D 的边界上,那么可以把区域 D (图 8-15(b))看作图 9-15(a)中当 $\varphi_1(\theta) \equiv 0, \varphi_2(\theta) = \varphi(\theta)$ 时的特例. 这时闭区域 D 可以用不等式

$$\alpha \leqslant \theta \leqslant \beta, 0 \leqslant r \leqslant r(\theta)$$

来表示,而公式(5)成为

$$\iint\limits_{D} f(r\cos\theta, r\sin\theta)r\mathrm{d}r\mathrm{d}\theta = \int_{\alpha}^{\beta}\mathrm{d}\theta\int_{0}^{r(\theta)} f(r\cos\theta, r\sin\theta)r\mathrm{d}r.$$

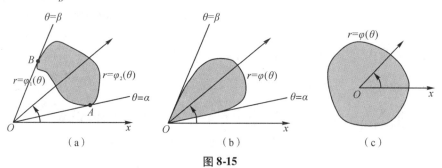

图 8-15

3. 如果极点 O 在积分区域 D 的内部,那么可以把区域 D (图 8-15(c))看作图 8-15(b)中当 $\alpha = 0, \beta = 2\pi$ 时的特例,这时闭区域 D 可以用不等式

$$0 \leqslant \theta \leqslant 2\pi, \quad 0 \leqslant r \leqslant r(\theta)$$

来表示,而公式(5)成为

$$\iint\limits_{D} f(r\cos\theta, r\sin\theta)r\mathrm{d}r\mathrm{d}\theta = \int_{0}^{2\pi}\mathrm{d}\theta\int_{0}^{r(\theta)} f(r\cos\theta, r\sin\theta)r\mathrm{d}r.$$

当积分区域是圆域、环域、扇形域或其一部分,而被积函数是 $f(x^2 + y^2)$, $f\left(\dfrac{x}{y}\right)$, $f\left(\dfrac{y}{x}\right)$ 等形式时,一般选择极坐标下计算二重积分会使计算简单.

例6 计算 $\iint\limits_{D} \arctan\dfrac{y}{x}\mathrm{d}\sigma$,其中 D 是由圆周 $x^2 + y^2 = 4, x^2 + y^2 = 1$ 及直线 $y = 0$, $y = x$ 所围成的在第一象限内的闭区域.

解 在极坐标系中,积分区域 D (图 8-16)可以表示为

$$0 \leqslant \theta \leqslant \frac{\pi}{4}, \quad 1 \leqslant r \leqslant 2.$$

由公式(4)及(5),有

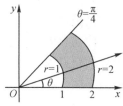

图 8-16

$$\iint_D \arctan \frac{y}{x} d\sigma = \int_0^{\frac{\pi}{4}} d\theta \int_1^2 \theta r dr = \int_0^{\frac{\pi}{4}} \theta d\theta \cdot \int_1^2 r dr$$

$$= \frac{1}{2}\theta^2 \Big|_0^{\frac{\pi}{4}} \cdot \frac{1}{2}r^2 \Big|_1^2 = \frac{\pi^2}{32} \cdot \frac{3}{2} = \frac{3\pi^2}{64}.$$

例 7 计算 $\iint_D e^{-(x^2+y^2)} dxdy$，其中 D 是由中心在原点，半径为 $a(>0)$ 的圆周所围成的闭区域.

解 在极坐标系中，积分区域 D（图 8-17）可表示为：
$$0 \le \theta \le 2\pi, \quad 0 \le r \le a.$$
由公式(4)及(5)，有

$$\iint_D e^{-(x^2+y^2)} dxdy = \int_0^{2\pi} d\theta \int_0^a e^{-r^2} r dr = 2\pi \int_0^a e^{-r^2} r dr$$

$$= -\pi e^{-r^2} \Big|_0^a = \pi(1 - e^{-a^2}).$$

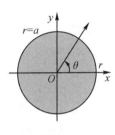

图 8-17

本题如果用直角坐标计算，由于积分 $\int e^{-x^2} dx$ 不能用初等函数表示，所以算不出来. 现在我们利用上面的结果来计算在概率统计及工程上常用的反常积分 $\int_0^{+\infty} e^{-x^2} dx$.

若 $a > 0$，令 $I = \int_0^a e^{-x^2} dx$. 由

$$I^2(a) = \int_0^a e^{-x^2} dx \cdot \int_0^a e^{-y^2} dy = \iint_D e^{-(x^2+y^2)} dxdy,$$

其中 $D:0 \le x \le a, 0 \le y \le a$.

考虑扇形区域（图 8-18）：
$$\sigma_1 : x^2 + y^2 \le a^2, x \ge 0, y \ge 0;$$
$$\sigma_2 : x^2 + y^2 \le 2a^2, x \ge 0, y \ge 0.$$
又 $e^{-(x^2+y^2)} > 0$，故有

$$\iint_{\sigma_1} e^{-(x^2+y^2)} dxdy \le I^2(a) \le \iint_{\sigma_2} e^{-(x^2+y^2)} dxdy.$$

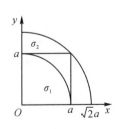

图 8-18

化为极坐标有

$$\int_0^{\frac{\pi}{2}} d\theta \int_0^a e^{-r^2} r dr \le I^2(a) \le \int_0^{\frac{\pi}{2}} d\theta \int_0^{\sqrt{2}a} e^{-r^2} r dr,$$

积分后有

$$\frac{\pi}{4}(1 - \mathrm{e}^{-a^2}) \leqslant I^2(a) \leqslant \frac{\pi}{4}(1 - \mathrm{e}^{-2a^2}).$$

当 $a \to +\infty$ 时,不等式两端极限均为 $\frac{\pi}{4}$,故

$$\lim_{a \to +\infty} I^2(a) = \frac{\pi}{4}.$$

这样

$$\int_0^{+\infty} \mathrm{e}^{-x^2}\mathrm{d}x = \frac{\sqrt{\pi}}{2}.$$

习题 8.2

1. 化二重积分 $I = \iint_D f(x,y)\mathrm{d}\sigma$ 为二次积分(分别列出对两个变量先后次序不同的两个二次积分),其中积分区域 D 是

(1) 由直线 $2x + y = 4$,x 轴及 y 轴所围成的闭区域;

(2) 由直线直线 $y = 2x$,$y = x$ 及 $x = 2$ 所围成的闭区域;

(3) 由 x 轴及半圆周 $x^2 + y^2 = r^2 (y \geqslant 0)$ 所围成的闭区域.

2. 画出积分区域,并计算下列二重积分:

(1) $\iint_D (x^2 + y^2 - x)\mathrm{d}\sigma$,其中 D 是由直线 $y = 2$,$y = x$ 及 $y = 2x$ 所围成的闭区域;

(2) $\iint_D \frac{x}{1+y}\mathrm{d}\sigma$,其中 D 由直线 $y = x$,$x = 2$ 及双曲线 $y = \frac{1}{x}$ 围成;

(3) $\iint_D xy^2\mathrm{d}\sigma$,其中 D 是由圆周 $x^2 + y^2 = 4$ 及 y 轴所围成的右半闭区域;

(4) $\iint_D \mathrm{e}^{x+y}\mathrm{d}\sigma$,其中 $D = \{(x,y) \mid |x| + |y| \leqslant 1\}$;

(5) $\iint_D \mathrm{e}^{-y^2}\mathrm{d}\sigma$,其中 D 是顶点为 $(0,0),(1,1),(0,1)$ 的三角形区域;

(6) $\iint_D y\sqrt{1 + x^2 - y^2}\mathrm{d}\sigma$,其中 D 是由直线 $y = x$,$x = -1$ 及 $y = 1$ 所围成的区域;

(7) $\iint_D \frac{\sin y}{y}\mathrm{d}\sigma$,其中 D 由直线 $y = x$ 及抛物线 $x = y^2$ 围成.

3. 如果二重积分 $\iint_D f(x,y)\mathrm{d}x\mathrm{d}y$ 的被积函数 $f(x,y)$ 是两个函数 $f_1(x)$ 及 $f_2(y)$ 的乘积,即 $f(x,y) = f_1(x) \cdot f_2(y)$,积分区域 $D = \{(x,y) \mid a \leqslant x \leqslant b, c \leqslant y \leqslant d\}$,证明这个

二重积分等于两个定积分的乘积,即

$$\iint\limits_{D} f(x,y)\mathrm{d}x\mathrm{d}y = \int_a^b f_1(x)\mathrm{d}x \cdot \int_c^d f_2(y)\mathrm{d}y.$$

4. 交换下列二次积分的积分次序:

(1) $\displaystyle\int_1^e \mathrm{d}x \int_0^{\ln x} f(x,y)\mathrm{d}y$;

(2) $\displaystyle\int_0^1 \mathrm{d}y \int_{1-y}^{1+y^2} f(x,y)\mathrm{d}x$;

(3) $\displaystyle\int_1^2 \mathrm{d}x \int_{2-x}^{\sqrt{2x-x^2}} f(x,y)\mathrm{d}y$;

(4) $\displaystyle\int_0^2 \mathrm{d}x \int_0^{\frac{x^2}{2}} f(x,y)\mathrm{d}y + \int_2^{2\sqrt{2}} \mathrm{d}x \int_0^{\sqrt{8-x^2}} f(x,y)\mathrm{d}y$.

5. 利用极坐标计算下列二重积分:

(1) $\displaystyle\iint\limits_{D} \ln(1+x^2+y^2)\mathrm{d}\sigma$, 其中是由圆周 $x^2+y^2=1$ 及坐标轴所围成的在第一象限的闭区域;

(2) $\displaystyle\iint\limits_{D} \sin\sqrt{x^2+y^2}\mathrm{d}\sigma$, 其中 $D = \{(x,y) \mid \pi^2 \leqslant x^2+y^2 \leqslant 4\pi^2\}$;

(3) $\displaystyle\iint\limits_{D} \frac{x}{y}\mathrm{d}\sigma$, 其中 $D = \{(x,y) \mid x^2+y^2 \leqslant 2ay, x \leqslant 0\}, a > 0$;

(4) $\displaystyle\iint\limits_{D} \sqrt{x^2+y^2}\mathrm{d}\sigma$, 其中 D 是由圆 $x^2+y^2=1$ 及 $x^2+y^2=x$ 所围成的第一象限部分的区域.

6. 把下列积分化为极坐标形式,并计算积分值:

(1) $\displaystyle\int_0^{2a} \mathrm{d}x \int_0^{\sqrt{2ax-x^2}} (x^2+y^2)\mathrm{d}y$;   (2) $\displaystyle\int_0^1 \mathrm{d}x \int_{x^2}^x \frac{1}{\sqrt{x^2+y^2}}\mathrm{d}y$;

(3) $\displaystyle\int_0^a \mathrm{d}y \int_0^{\sqrt{a^2-y^2}} (x^2+y^2)\mathrm{d}x$;   (4) $\displaystyle\int_0^a \mathrm{d}x \int_0^x \sqrt{x^2+y^2}\mathrm{d}y$.

7. 设 $f(x)$ 在 $[0,1]$ 连续, 证明:

$$\int_0^1 \mathrm{d}x \int_x^1 f(x)f(y)\mathrm{d}y = \frac{1}{2}\Big[\int_0^1 f(x)\mathrm{d}x\Big]^2.$$

8. 设 $f(x)$ 在 $[a,b]$ 上连续, 且 $f(x) > 0$, 证明:

$$\int_a^b f(x)\mathrm{d}x \int_a^b \frac{1}{f(x)}\mathrm{d}x \geqslant (b-a)^2.$$

第3节　三重积分

一、三重积分的概念

二重积分的概念不难推广到三元函数.

定义　设 $f(x,y,z)$ 是空间有界闭区域 Ω 上的有界函数. 把这区域任意分成 n 个小区域

$$\Delta v_1, \Delta v_2, \cdots, \Delta v_n,$$

其中 Δv_i 表示第 i 个小闭区域,也表示它的体积. 在每个 Δv_i 上任取一点 (ξ_i, η_i, ζ_i),作乘积 $f(\xi_i, \eta_i,, \zeta_i)\Delta v_i$ ($i = 1, 2, \cdots, n$),并作和

$$\sum_{i=1}^{n} f(\xi_i, \eta_i,, \zeta_i)\Delta v_i.$$

如果当各小闭区域的直径中的最大值 λ 趋于零时,这和的极限总存在,则称此极限为函数 $f(x,y,z)$ 在闭区域 Ω 上的**三重积分**,记作 $\iiint\limits_{\Omega} f(x,y,z)\,\mathrm{d}v$, 即

$$\iiint\limits_{\Omega} f(x,y,z)\,\mathrm{d}v = \lim_{\lambda \to 0} \sum_{i=1}^{n} f(\xi_i, \eta_i,, \zeta_i)\Delta v_i,$$

其中 $f(x,y,z)$ 叫作**被积函数**,$f(x,y,z)\,\mathrm{d}v$ 叫作**被积表达式**,$\mathrm{d}v$ 叫作**体积元素**,x,y 与 z 叫作**积分变量**,Ω 叫作**积分区域**.

如果 $f(x,y,z)$ 是一个在 Ω 上连续的函数,这个积分就一定存在,以后我们总假定函数 $f(x,y,z)$ 在闭区域 Ω 上是连续的. 三重积分的性质与二重积分的性质类似,这里不再重复了.

二、三重积分的计算

像二重积分一样,三重积分可以化为累次积分来计算. 下面我们按利用不同的坐标系来叙述方法.

1. 利用直角坐标系计算三重积分

在直角坐标系中,如果用平行于坐标面的平面来划分 Ω,那么除了包含 Ω 的边界上的点的一些不规则小闭区域外,得到的小闭区域 Δv_i 为长方体. 设长方体小闭区域 Δv_i 的边长为 Δx_j、Δy_k 与 Δz_l,则 $\Delta v_i = \Delta x_j \Delta y_k \Delta z_l$. 因此在直角坐标系中,有时也把体积元素 $\mathrm{d}v$ 记作 $\mathrm{d}x\mathrm{d}y\mathrm{d}z$,而把三重积分记作

$$\iiint\limits_{\Omega} f(x,y,z)\,\mathrm{d}x\mathrm{d}y\mathrm{d}z.$$

设空间闭区域 Ω 的边界曲面和任何平行于坐标轴 z 的直线至多相交于两点. 把闭区域投影到 xOy 平面上, 得一平面闭区域 D_{xy}（图 8-19）. 以 D_{xy} 的边界为准线作母线平行于 z 轴的柱面, 它与 Ω 的交线把 Ω 的表面分成上下两部分, 分别有方程 $z = z_2(x,y)$ 和 $z = z_1(x,y)$, 其中 $z_1(x,y), z_2(x,y)$ 都是连续函数.

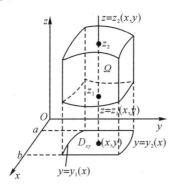

图 8-19

由 D_{xy} 内任意一点 (x,y) 作与 z 轴平行的直线, 使与下半个及上半个曲面分别相交于 $z_1(x,y)$ 和 $z_1(x,y)$. 于是

$$\iiint\limits_{\Omega} f(x,y,z)\,\mathrm{d}x\mathrm{d}y\mathrm{d}z = \iint\limits_{D_{xy}} \Big[\int_{z_1(x,y)}^{z_2(x,y)} f(x,y,z)\,\mathrm{d}z \Big]\mathrm{d}x\mathrm{d}y,$$

就是先把 x 与 y 看作常数对 z 积分, 然后再求 D_{xy} 上的二重积分. 又若 D_{xy} 由曲线所围成, 按照二重积分化为定积分的计算法得

$$y = y_1(x), y = y_2(x) \ (a \leqslant x \leqslant b)$$

$$\iiint\limits_{\Omega} f(x,y,z)\,\mathrm{d}x\mathrm{d}y\mathrm{d}z = \int_a^b \mathrm{d}x \int_{y_1(x)}^{y_2(x)} \mathrm{d}y \int_{z_1(x,y)}^{z_2(x,y)} f(x,y,z)\,\mathrm{d}z.$$

也可以这样理解, 积分限的安排是由以下不等式所描述确定的:

$$z_1(x,y) \leqslant z \leqslant z_2(x,y), y_1(x) \leqslant y \leqslant y_2(x), a \leqslant x \leqslant b.$$

要是想先对 x 积分, 那么应当把 Ω 投影到 yOz 平面. 累次积分的次序可以变更, 但结果总是一样的. 我们所采用的次序应当是计算最方便的.

例 1　计算三重积分 $\iiint\limits_{\Omega} x\,\mathrm{d}x\mathrm{d}y\mathrm{d}z$, 其中 Ω 由三个坐标面及平面 $x + 2y + z = 1$ 围成.

解　这个区域 Ω 可这样来表示（图 8-20）, 它的下底为平面 $z = 0$, 上底为平面 $z = 1 - x - 2y$, 它在 xOy 平面上的投影 D_{xy} 是由 $x = 0, y = 0$ 以及 $x + 2y = 1$ 所围成, 于是

$$\iiint\limits_{\Omega} x\,\mathrm{d}x\mathrm{d}y\mathrm{d}z = \iint\limits_{D_{xy}} \mathrm{d}x\mathrm{d}y \int_0^{1-x-2y} x\,\mathrm{d}z$$

$$= \int_0^1 dx \int_0^{\frac{1-x}{2}} dy \int_0^{1-x-2y} x dz$$

$$= \int_0^1 dx \int_0^{\frac{1-x}{2}} x(1 - x - 2y) dy$$

$$= \int_0^1 x(y - xy - y^2) \Big|_{y=0}^{y=\frac{1-x}{2}} dx$$

$$= \frac{1}{4} \int_0^1 (x - 2x^2 + x^3) dx = \frac{1}{48}.$$

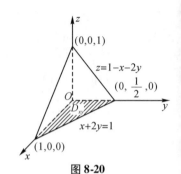

图 8-20

若将 Ω 投影在 yOz 平面上再进行计算,同理有

$$\iiint\limits_{\Omega} x dx dy dz = \int_0^{\frac{1}{2}} dy \int_0^{1-2y} dx \int_0^{1-2y-z} x dx = \frac{1}{48}.$$

2. 利用柱面坐标计算三重积分

设空间一点 $M(x,y,z)$ 在 xOy 平面上的投影为 $P(x,y)$,如点 P 的极坐标为 (r,θ),则 (r,θ,z) 叫作点 M 的**柱面坐标**,其中 r 是点 M 到 z 轴的距离($0 \leqslant r < +\infty$),θ 是两个平面 xOz 与 zOM 的交角($0 \leqslant \theta < 2\pi$),$z$ 是点 M 的竖坐标(图 8-21).

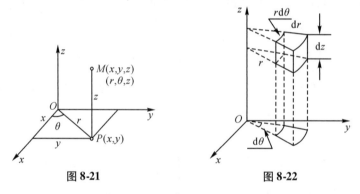

图 8-21   图 8-22

在柱面坐标系中,三族坐标面为:$r = $ 常数,即以 z 轴为轴的圆柱面,半径是 r;$\theta = $ 常数,即过 z 轴的半平面,它和 zOx 的夹角为 θ;$z = $ 常数,即平行于 xOy 平面的平面.这三族曲(平)面两两正交,所以柱面坐标系是正交坐标系.点 M 的直角坐标 (x,y,z) 与它的柱面坐标 (r,θ,z) 之间的关系为

$$\begin{cases} x = r\cos\theta, \\ y = r\sin\theta, \\ z = z. \end{cases}$$

这里 $0 < r < +\infty, 0 \leqslant \theta \leqslant 2\pi, -\infty < z < +\infty$.

现在要把三重积分 $\iiint\limits_{\Omega} f(x,y,z) dv$ 中的变量变换为柱面坐标.为此用三族坐标面 $r = $

常数, θ = 常数, z = 常数把 Ω 分成许多小闭区域. 考虑由两个半径 r 及 $r + dr$ 的圆柱面, 两个高为 z 及 $z + dz$ 的平面, 及两个通过 z 轴且与 xOz 平面的夹角为 θ 及 $\theta + d\theta$ 的半平面所围成的小块(图 8-22). 当 $dr, d\theta, dz$ 充分小时, 这小块可以近似地视为一块长方体, 其三边各为 $dr, rd\theta, dz$, 故体积元素为 $rdrd\theta dz$. 因此, 直角坐标系中三重积分变换为柱面坐标系中三重积分的计算公式就是

$$\iiint\limits_{\Omega} f(x,y,z)\, dv = \iiint\limits_{\Omega} f(r\cos\theta, r\sin\theta, z)\, rdrd\theta dz.$$

这个三重积分可以化为累次积分来计算. 一般总是将区域 Ω 投影在 (r,θ) 平面上, 记 Ω 在 (r,θ) 平面上的投影为 $D_{r\theta}$, 将三重积分化为

$$\iiint\limits_{\Omega} f(r\cos\theta, r\sin\theta, z)\, rdrd\theta dz = \iint\limits_{D_{r\theta}} rdrd\theta \int_{z_1(r,\theta)}^{z_2(r,\theta)} f(r\cos\theta, r\sin\theta, z)\, dz.$$

先对 z 积分, 然后再计算平面区域 $D_{r\theta}$ 上的二重积分, 而这个二重积分就是极坐标下的二重积分.

例 2　计算三重积分 $\iiint\limits_{\Omega} zdxdydz$, 其中 Ω 是由锥面 $z = \dfrac{h}{R}\sqrt{x^2 + y^2}$ 及平面 $z = h$ ($R > 0, h > 0$)所围成的闭区域.

解　Ω 如图 8-23 所示, 则它的上半部分是平面 $z = h$, 下半部分是锥面 $z = \dfrac{h}{R}\sqrt{x^2 + y^2}$. 锥面在柱面坐标下变换为 $z = \dfrac{h}{R}r$, Ω 在 (r, θ) 上的投影 $D_{r\theta}$ 为 $0 \leqslant \theta \leqslant 2\pi, 0 \leqslant r \leqslant R$. 于是

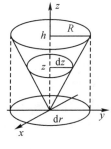

$$\iiint\limits_{\Omega} zdxdydz = \int_0^{2\pi} d\theta \int_0^R rdr \int_{\frac{h}{R}r}^{h} zdz$$

$$= \int_0^{2\pi} d\theta \int_0^R r \cdot \frac{1}{2}z^2 \Big|_{\frac{h}{R}r}^{h}\, dr$$

$$= \frac{h^2}{2} \int_0^{2\pi} d\theta \int_0^R \left(r - \frac{1}{R^2}r^3 \right) dr$$

图 8-23

$$= \frac{h^2}{2} \cdot 2\pi \cdot \left(\frac{1}{2}r^2 - \frac{1}{4R^2}r^4 \right) \Big|_0^R = \frac{\pi R^2 h^2}{4}.$$

这个积分用下面的方法来计算也比较简单.

由于整个 Ω 位于平面 $z = 0$ 和 $z = h$ 之间, 对任意 z($0 \leqslant z \leqslant h$), 平面 $z = z$ 和 Ω 截得的区域记为 D_z, 则 D_z 就是 $z = z$ 上的圆域 $x^2 + y^2 \leqslant \dfrac{R^2}{h^2}z^2$. 于是

$$\iiint\limits_{\Omega} zdxdydz = \int_0^h dz \iint\limits_{D_z} zdxdy.$$

由于 $\iint\limits_{D_z}\mathrm{d}x\mathrm{d}y$ 为 D_z 的面积,所以

$$\iiint\limits_{\Omega}z\mathrm{d}x\mathrm{d}y\mathrm{d}z = \int_0^h z\cdot\pi\frac{R^2}{h^2}z^2\mathrm{d}z = \frac{\pi R^2}{h^2}\int_0^h z^3\mathrm{d}z = \frac{\pi R^2 h^2}{4}.$$

3. 利用球面坐标计算三重积分

设空间一点 $M(x,y,z)$ 在 xOy 平面上的投影为 $P(x,y)$,$OM = \rho$($0 \leqslant \rho < +\infty$),$\varphi$ 是有向线段 OM 与 z 轴的正向之间的交角($0 \leqslant \varphi \leqslant \pi$),$\theta$ 是两平面 xOz 与 zOM 的交角($0 \leqslant \theta < 2\pi$),则 (ρ,φ,θ) 叫作点 M 的球面坐标(图 8-24).

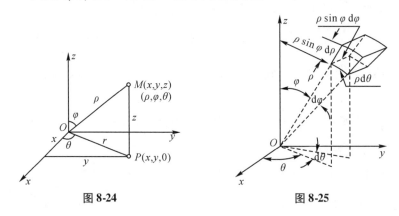

图 8-24　　　　　　　　图 8-25

在球面坐标中同样有三族坐标面:$\rho = $ 常数,即以原点为中心的球面;$\varphi = $ 常数,即以原点为顶点,z 轴为轴的圆锥面;$\theta = $ 常数,即过 z 轴的半平面. 这三族曲(面)两两正交,所以球面坐标系也是正交坐标系.

设 P 是点 M 在 xOy 平面的投影,并设 $OP = r$,则 P 点的极坐标为 $x = r\cos\theta$,$y = r\sin\theta$. 又从直角三角形 OMP 中,有 $r = \rho\sin\varphi$,$z = \rho\cos\varphi$. 所以,点 M 的直角坐标与它的球面坐标的关系为

$$\begin{cases} x = \rho\sin\varphi\cos\theta, \\ y = \rho\sin\varphi\sin\theta, \\ z = \rho\cos\varphi, \end{cases}$$

这里 $\rho \geqslant 0, 0 \leqslant \theta \leqslant 2\pi, 0 \leqslant \varphi \leqslant \pi$.

为了把三重积分中的变量从直角坐标变换为球面坐标,用三族坐标面 $\rho = $ 常数,$\varphi = $ 常数,$\theta = $ 常数把 Ω 分成许多小闭区域. 由 ρ,φ 和 θ 的微小增量 $\mathrm{d}\rho,\mathrm{d}\varphi$ 和 $\mathrm{d}\theta$ 所成的六面体的体积(图 8-25)可近似看作长方体,其经线方向的长为 $\rho\mathrm{d}\varphi$,纬线方向的宽为 $\rho\sin\varphi\mathrm{d}\theta$,向径方向的高为 $\mathrm{d}\rho$,于是得体积元素为 $\mathrm{d}v = \rho^2\sin\varphi\mathrm{d}\rho\mathrm{d}\varphi\mathrm{d}\theta$. 因此,直角坐标系中三重积分变换为球面坐标系中三重积分的计算公式就是

$$\iiint_{\Omega} f(x,y,z)\,\mathrm{d}v = \iiint_{\Omega} f(\rho\sin\varphi\cos\theta,\rho\sin\varphi\sin\theta,\rho\cos\varphi)\rho^2\sin\varphi\,\mathrm{d}\rho\,\mathrm{d}\varphi\,\mathrm{d}\theta.$$

要计算变量变换为球面坐标后的三重积分,可把它化为对 ρ, 对 φ 及对 θ 的三次积分.

例3 设 Ω 为球面 $x^2 + y^2 + z^2 = 2az$($a > 0$)和锥面(以 z 轴为轴,顶角为 2α)所围部分,求 Ω 的体积.

解 Ω 如图 8-26 所示. 利用球面坐标,则球面方程为 $\rho = 2a\cos\varphi$,锥面方程为 $\varphi = \alpha$. 因为 Ω 可用不等式

$$0 \leqslant \rho \leqslant 2a\cos\varphi, 0 \leqslant \varphi \leqslant \alpha, 0 \leqslant \theta \leqslant 2\pi$$

来表示,所以

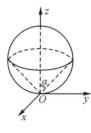

图 8-26

$$
\begin{aligned}
V &= \iiint_{\Omega}\mathrm{d}v = \int_0^{2\pi}\mathrm{d}\theta\int_0^{\alpha}\mathrm{d}\varphi\int_0^{2a\cos\varphi}\rho^2\sin\varphi\,\mathrm{d}\rho \\
&= 2\pi\int_0^{\alpha}\sin\varphi\cdot\frac{1}{3}\rho^3\Big|_0^{2a\cos\varphi}\mathrm{d}\varphi \\
&= \frac{16}{3}\pi a^3\int_0^{\alpha}\cos^3\varphi\sin\varphi\,\mathrm{d}\varphi = \frac{4}{3}\pi a^3(1 - \cos^4\alpha).
\end{aligned}
$$

习题 8.3

1. 化三重积分 $I = \iiint_{\Omega} f(x,y,z)\,\mathrm{d}x\mathrm{d}y\mathrm{d}z$ 为三次积分,其中积分区域 Ω 分别是

(1)由双曲抛物面 $z = xy$ 及平面 $x + y - 1 = 0, z = 0$ 所围成的闭区域;

(2)由曲面 $z = x^2 + y^2$ 及平面 $z = 1$ 所围成的闭区域;

(3)由曲面 $z = x^2 + 2y^2$ 及 $z = 2 - x^2$ 所围成的闭区域.

2. 计算 $\iiint_{\Omega} xy^2z^3\mathrm{d}x\mathrm{d}y\mathrm{d}z$,其中 Ω 是由曲面 $z = xy$,平面 $y = x, x = 1$ 和 $z = 0$ 所围成的闭区域.

3. 计算 $\iiint_{\Omega}\frac{1}{(1 + x + y + z)^3}\mathrm{d}x\mathrm{d}y\mathrm{d}z$,其中 Ω 为平面 $x = 0, y = 0, z = 0, x + y + z = 1$ 所围成的四面体.

4. 计算 $\iiint_{\Omega} xz\mathrm{d}x\mathrm{d}y\mathrm{d}z$,其中 Ω 是由平面 $z = 0, z = y, y = 1$ 以及抛物柱面 $y = x^2$ 所围成的闭区域.

5. 利用柱面坐标计算下列三重积分:

(1) $\iiint_{\Omega} z\mathrm{d}v$,其中 Ω 是由曲面 $z = \sqrt{2 - x^2 - y^2}$ 及 $z = x^2 + y^2$ 所围成的闭区域;

(2) $\iiint\limits_{\Omega}(x^2+y^2)\mathrm{d}v$, 其中 Ω 是由曲面 $x^2+y^2=2z$ 及平面 $z=2$ 所围成的闭区域.

6. 利用球面坐标计算下列三重积分:

(1) $\iiint\limits_{\Omega}(x^2+y^2+z^2)\mathrm{d}v$, 其中 Ω 是由球面 $x^2+y^2+z^2=1$ 所围成的闭区域;

(2) $\iiint\limits_{\Omega}z\mathrm{d}v$, 其中 Ω 由不等式 $x^2+y^2+(z-a)^2\leqslant a^2, x^2+y^2\leqslant z^2$ 所确定.

第4节　重积分的应用举例

本节中我们将把定积分应用中的元素法推广到重积分的应用中,利用重积分的元素法来讨论重积分在几何、物理上的一些其他应用.

一、曲面的面积

设曲面 S 由方程

$$z=f(x,y)$$

给出, D_{xy} 为曲面 S 在 xOy 面上的投影区域,函数 $f(x,y)$ 在 D 上具有连续偏导数.现要计算曲面 S 的面积.

在闭区域 D_{xy} 上任取一直径很小的闭区域 $\mathrm{d}\sigma$(这小闭区域的面积也记作 $\mathrm{d}\sigma$).在 $\mathrm{d}\sigma$ 上取一点 $P(x,y)$, 曲面 S 上对应地有一点 $M(x,y,f(x,y))$, 点 M 在 xOy 面上的投影即点 P. 点 M 处曲面 S 的切平面设为 T(图8-27).以小闭区域 $\mathrm{d}\sigma$ 的边界为准线作母线平行于 z 轴的柱面,这柱面在曲面 S 上截下一小片曲面,在切平面 T 上截下一小片平面.由于 $\mathrm{d}\sigma$ 的直径很小,切平面 T 上那小片平面的面积 $\mathrm{d}A$ 可以近似代替相应的那小片曲面 $\mathrm{d}\sigma$ 的面积.设点 M 处曲面 S 上的法线(指向朝上)与 z 轴所成的角为 γ, 则

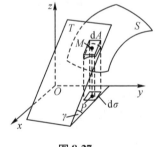

图 8-27

$$\mathrm{d}A=\frac{\mathrm{d}\sigma}{\cos\gamma}.$$

因为

$$\cos\gamma=\frac{1}{\sqrt{1+f_x^{\,2}(x,y)+f_y^{\,2}(x,y)}},$$

所以

$$\mathrm{d}A=\sqrt{1+f_x^{\,2}(x,y)+f_y^{\,2}(x,y)}\,\mathrm{d}\sigma.$$

这就是曲面 S 的面积元素, 以它为被积表达式在闭区域 D_{xy} 上积分, 得

$$A = \iint\limits_{D_{xy}} \sqrt{1 + f_x^2(x,y) + f_y^2(x,y)}\, \mathrm{d}\sigma.$$

上式也可写成

$$A = \iint\limits_{D_{xy}} \sqrt{1 + \left(\frac{\partial z}{\partial x}\right)^2 + \left(\frac{\partial z}{\partial y}\right)^2}\, \mathrm{d}x\mathrm{d}y.$$

这就是求曲面面积的公式.

若曲面的方程为 $x = g(y,z)$ 或 $y = h(z,x)$, 可分别把曲面投影到 yOz 面或 zOx 面上, 类似地可得

$$A = \iint\limits_{D_{yz}} \sqrt{1 + \left(\frac{\partial x}{\partial y}\right)^2 + \left(\frac{\partial x}{\partial z}\right)^2}\, \mathrm{d}y\mathrm{d}z,$$

或

$$A = \iint\limits_{D_{zx}} \sqrt{1 + \left(\frac{\partial y}{\partial z}\right)^2 + \left(\frac{\partial y}{\partial x}\right)^2}\, \mathrm{d}z\mathrm{d}x.$$

例 1 求球面 $x^2 + y^2 + z^2 = a^2$ 含在圆柱面 $x^2 + y^2 = ax$ 内部的那部分面积.

解 如图 8-28, 上半球面的方程为 $z = \sqrt{a^2 - x^2 - y^2}$, 由
由

$$\frac{\partial z}{\partial x} = \frac{-x}{\sqrt{a^2 - x^2 - y^2}}, \qquad \frac{\partial z}{\partial y} = \frac{-y}{\sqrt{a^2 - x^2 - y^2}},$$

得

$$\sqrt{1 + \left(\frac{\partial z}{\partial x}\right)^2 + \left(\frac{\partial z}{\partial y}\right)^2} = \frac{a}{\sqrt{a^2 - x^2 - y^2}}.$$

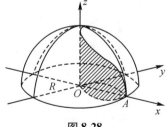

图 8-28

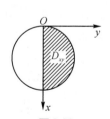

图 8-29

由对称性(图 8-29), 并利用极坐标有

$$A = 4\iint\limits_{D_{xy}} \sqrt{1 + \left(\frac{\partial z}{\partial x}\right)^2 + \left(\frac{\partial z}{\partial y}\right)^2}\, \mathrm{d}x\mathrm{d}y = 4\iint\limits_{D_{xy}} \frac{a}{\sqrt{a^2 - x^2 - y^2}}\, \mathrm{d}x\mathrm{d}y$$

$$= 4\int_0^{\frac{\pi}{2}} \mathrm{d}\theta \int_0^{a\cos\theta} \frac{a}{\sqrt{a^2 - r^2}} \cdot r\mathrm{d}r = 2a^2(\pi - 2).$$

二、质心

质心也称**重心**是"质量中心"的简称. 在物理学中已经知道有限个质点的重心位置的求法. 假如在平面上有 n 个质点 (x_i, y_i) $(i = 1, 2, \cdots, n)$，每一个质点的质量为 m_i，则这个质点系质心的坐标为

$$\bar{x} = \frac{M_y}{M} = \frac{\sum\limits_{i=1}^{n} m_i x_i}{\sum\limits_{i=1}^{n} m_i}, \qquad \bar{y} = \frac{M_x}{M} = \frac{\sum\limits_{i=1}^{n} m_i y_i}{\sum\limits_{i=1}^{n} m_i}.$$

其中 $M = \sum\limits_{i=1}^{n} m_i$ 为该质点系的总质量，$M_y = \sum\limits_{i=1}^{n} m_i x_i$，$M_x = \sum\limits_{i=1}^{n} m_i y_i$ 分别为该质点系对 y 轴和 x 轴的**静矩**.

设有一平面薄片，占有 xOy 面上的闭区域 D，在点 (x, y) 处的面密度为 $\rho(x, y)$，假定 $\rho(x, y)$ 在 D 上连续. 现在要找该薄片的质心的坐标.

用一组曲线网把 D 分成 n 个小闭区域 $\Delta\sigma_1, \Delta\sigma_2, \cdots, \Delta\sigma_n$，即把薄片分成许多小块，只要小块所占的小闭区域 $\Delta\sigma_i$ 的直径很小，这些小块就可以近似地看作均匀薄片. 在 $\Delta\sigma_i$ 上任取一点 (ξ_i, η_i)，则 $\rho(\xi_i, \eta_i)\Delta\sigma_i$ $(i = 1, 2, \cdots, n)$ 可看作第 i 个小块的质量的近似值. 于是这一平面薄片的质心坐标将分别近似地等于以下两个量：

$$\frac{\sum\limits_{i=1}^{n} x_i \rho(\xi_i, \eta_i)\Delta\sigma_i}{\sum\limits_{i=1}^{n} \rho(\xi_i, \eta_i)\Delta\sigma_i}, \qquad \frac{\sum\limits_{i=1}^{n} y_i \rho(\xi_i, \eta_i)\Delta\sigma_i}{\sum\limits_{i=1}^{n} \rho(\xi_i, \eta_i)\Delta\sigma_i}.$$

令 $d = \max\limits_{1 \leqslant i \leqslant n} \{\Delta\sigma_i$ 的直径$\} \to 0$，上述两个量的极限可用二重积分表示，它们正是平面薄片的质心的两个坐标：

$$\bar{x} = \frac{\iint\limits_D x\rho(x, y)\mathrm{d}\sigma}{\iint\limits_D \rho(x, y)\mathrm{d}\sigma}, \qquad \bar{y} = \frac{\iint\limits_D y\rho(x, y)\mathrm{d}\sigma}{\iint\limits_D \rho(x, y)\mathrm{d}\sigma}.$$

如果薄片是均匀的，即面密度为常量，那么上式中可把 ρ 提到积分号外面并从分子、分母中约去，这样便得均匀薄片的质心坐标为

$$\bar{x} = \frac{1}{A}\iint\limits_D x\mathrm{d}\sigma, \qquad \bar{y} = \frac{1}{A}\iint\limits_D y\mathrm{d}\sigma.$$

其中 $A = \iint\limits_{D} d\sigma$ 为闭区域 D 的面积. 这时薄片的质心完全由闭区域 D 的形状所决定, 所以均匀薄片的质心也叫**形心**.

类似地, 占有空间有界区域 Ω、在点 (x,y,z) 处的密度为 $\rho(x,y,z)$ (假定 $\rho(x,y,z)$ 在 Ω 上连续) 的物体的质心坐标是

$$\bar{x} = \frac{\iiint\limits_{\Omega} x\rho(x,y,z)\,dv}{\iiint\limits_{\Omega} \rho(x,y,z)\,dv}, \quad \bar{y} = \frac{\iiint\limits_{\Omega} y\rho(x,y,z)\,dv}{\iiint\limits_{\Omega} \rho(x,y,z)\,dv}, \quad \bar{z} = \frac{\iiint\limits_{\Omega} z\rho(x,y,z)\,dv}{\iiint\limits_{\Omega} \rho(x,y,z)\,dv}.$$

例2 求一均匀的球顶锥体 (图 8-30) 的质心.

解 设该球的球心在原点, 半径为 a. 锥体的顶点在原点, 轴为 z 轴, 锥面与 z 轴交角为 α ($0 < \alpha < \dfrac{\pi}{2}$), 由于这块立体 Ω 关于 z 轴对称, 并且密度 ρ 为常数, 所以 $\bar{x} = \bar{y} = 0$,

$$\bar{z} = \frac{\iiint\limits_{\Omega} z\rho\,dv}{\iiint\limits_{\Omega} \rho\,dv} = \frac{\iiint\limits_{\Omega} z\,dv}{\iiint\limits_{\Omega} dv}.$$

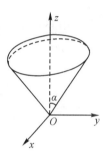

图 8-30

而

$$\iiint\limits_{\Omega} z\,dv = \int_0^{2\pi} d\theta \int_0^{\alpha} d\varphi \int_0^{a} r\cos\varphi \cdot r^2\sin\varphi\,dr$$

$$= \int_0^{2\pi} d\theta \cdot \int_0^{\alpha} \cos\varphi\sin\varphi\,d\varphi \cdot \int_0^{a} r^3\,dr$$

$$= 2\pi \cdot \frac{1}{2}\sin^2\varphi \,\Big|_0^{\alpha} \cdot \frac{1}{4}r^4 \,\Big|_0^{a} = \frac{1}{4}\pi a^4 \sin^2\alpha,$$

$$\iiint\limits_{\Omega} dv = \int_0^{2\pi} d\theta \int_0^{\alpha} d\varphi \int_0^{a} r^2\sin\varphi\,dr = \int_0^{2\pi} d\theta \cdot \int_0^{\alpha} \sin\varphi\,d\varphi \cdot \int_0^{a} r^2\,dr$$

$$= 2\pi \cdot -\cos\varphi \,\Big|_0^{\alpha} \cdot \frac{1}{3}r^3 \,\Big|_0^{a} = \frac{2}{3}\pi a^3 (1 - \cos\alpha),$$

于是 $\bar{z} = \dfrac{3}{8}a(1 + \cos\alpha)$.

三、转动惯量

设有一质量为 m 的质点, 它到一已知轴 l 的垂直距离为 r, 并绕该轴旋转的角速度为 ω. 由于质点的速度为 $v = \omega r$, 因而它的动能为

$$\frac{1}{2}mv^2 = \frac{1}{2}(mr^2)\omega^2.$$

括号内的量 $I_l = mr^2$ 与运动的速度无关. 将质点的转动动能公式 $E = \frac{1}{2}I_l\omega^2$ 与平移动能公式 $E = \frac{1}{2}mv^2$ 比较, 可知 I_l 相当于平移时的质量, 是质点在转动中惯性大小的量度, 称为质点对轴 l 的的**转动惯量**, 它是力学中研究转动时的一个重要概念. 对于分别具有质量 $m_1, m_2, \cdots, m_n$ 而到一已知轴 l 的垂直距离为 $r_1, r_2, \cdots, r_n$ 的质点系的转动惯量被定义为各质点对该轴的转动惯量的总和

$$I_l = \sum_{i=1}^{n} m_i r_i^2.$$

像前面处理质心那样, 不难求出占有 xOy 面上的闭区域 D 的一薄片对于 x 轴与 y 轴的转动惯量近似地等于

$$\sum_{i=1}^{n} \eta_i^2 \rho(\xi_i, \eta_i)\Delta\sigma_i \quad 与 \quad \sum_{i=1}^{n} \xi_i^2 \rho(\xi_i, \eta_i)\Delta\sigma_i.$$

令 $d = \max_{1\le i\le n}\{\Delta\sigma_i \text{ 的直径}\} \to 0$, 上述两个量的极限可用二重积分表示, 它们正是平面薄片对于 x 轴与 y 轴的转动惯量:

$$I_x = \iint_D y^2\rho(x,y)\mathrm{d}\sigma \quad 与 \quad I_y = \iint_D x^2\rho(x,y)\mathrm{d}\sigma.$$

例3 求半径为 a 的均匀半圆薄片(面密度为常量 μ)对于其直径边的转动惯量.

解 取坐标系如图 8-31 所示, 则薄片所占闭区域

$$D = \{(x,y) \mid x^2 + y^2 \le a^2, y \ge 0\},$$

而所求转动惯量即半圆薄片对于 x 轴的转动惯量

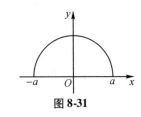

图 8-31

$$I_x = \iint_D \mu y^2 \mathrm{d}\sigma = \mu\int_0^\pi \mathrm{d}\theta\int_0^a r^2\sin^2\theta \cdot r\mathrm{d}r$$

$$= \mu\int_0^\pi \sin^2\theta\mathrm{d}\theta \cdot \int_0^a r^3\mathrm{d}r = \mu \cdot 2\int_0^{\frac{\pi}{2}} \sin^2\theta\mathrm{d}\theta \cdot \frac{1}{4}r^4\Big|_0^a$$

$$= \mu \cdot 2 \cdot \frac{1}{2} \cdot \frac{\pi}{2} \cdot \frac{1}{4}a^4 = \frac{1}{4}Ma^2,$$

其中 $M = \frac{1}{2}\pi a^2\mu.$

类似地, 占有空间有界闭区域 Ω, 密度为 $\rho(x,y,z)$ (假定 $\rho(x,y,z)$ 在 Ω 上连续)的物体对于 x, y 和 z 轴的转动惯量为

$$I_x = \iiint\limits_{\Omega} (y^2 + z^2)\rho(x,y,z)\,\mathrm{d}v,$$

$$I_y = \iiint\limits_{\Omega} (z^2 + x^2)\rho(x,y,z)\,\mathrm{d}v,$$

$$I_z = \iiint\limits_{\Omega} (x^2 + y^2)\rho(x,y,z)\,\mathrm{d}v.$$

例 4　求密度为 μ 的均匀球体对于过球心的一条轴 l 的转动惯量.

解　取球心为坐标原点, z 轴与轴 l 重合, 又设球的半径为 a, 则球所占空间闭区域

$$\Omega = \{(x,y,z) \mid x^2 + y^2 + z^2 \leqslant a^2\}.$$

所求转动惯量即球对于 z 轴的转动惯量为

$$I_z = \iiint\limits_{\Omega} (x^2 + y^2)\mu\,\mathrm{d}v$$

$$= \mu \int_0^{2\pi} \mathrm{d}\theta \int_0^{\pi} \mathrm{d}\varphi \int_0^a (\rho^2\sin^2\varphi\cos^2\theta + \rho^2\sin^2\varphi\sin^2\theta)\rho^2\sin\varphi\,\mathrm{d}\rho$$

$$= \mu \int_0^{2\pi} \mathrm{d}\theta \cdot \int_0^{\pi} \sin^3\varphi\,\mathrm{d}\varphi \cdot \int_0^a \rho^4\,\mathrm{d}\rho = \mu \int_0^{2\pi} \mathrm{d}\theta \cdot 2\int_0^{\frac{\pi}{2}} \sin^3\varphi\,\mathrm{d}\varphi \cdot \int_0^a \rho^4\,\mathrm{d}\rho$$

$$= \mu \cdot 2\pi \cdot 2 \cdot \frac{2}{3} \cdot \frac{1}{5}\rho^5 \Big|_0^a = \frac{2}{5}Ma^2,$$

其中 $M = \dfrac{4}{3}\pi a^3\mu$.

习题 8.4

1. 求锥面 $z = \sqrt{x^2 + y^2}$ 被柱面 $z^2 = 2x$ 所割下部分的曲面面积.

2. 求底圆半径相等的两个直交圆柱面 $x^2 + y^2 = R^2$ 及 $x^2 + z^2 = R^2$ 所围立体的表面积.

3. 求半径为 a 的球的表面积.

4. 设平面薄片所占的闭区域 D 由抛物线 $y = x^2$ 及直线 $y = x$ 所围成, 它的面密度 $\rho(x,y) = x^2 y$, 求该薄片的质心.

5. 求位于两圆 $r = 2\sin\theta$ 和 $r = 4\sin\theta$ 之间的均匀薄片的质心.

6. 求均匀半球体的质心.

7. 设均匀薄片(面密度为 1)所占区域 $D: \dfrac{x^2}{a^2} + \dfrac{y^2}{b^2} \leqslant 1$, 求它关于 y 轴的转动惯量.

8. 一均匀物体(密度 μ 为常数)占有的闭区域 Ω 由曲面 $z = x^2 + y^2$ 和平面 $z = 0, \mid x \mid = a, \mid y \mid = a$ 所围成, 求物体关于 z 轴的转动惯量.

9.求半径为 a, 高为 h 的均匀圆柱体对于过中心而平行于母线的轴的转动惯量(设密度 $\mu = 1$).

第5节 曲线积分

一、第一类曲线积分

第一类曲线积分是定积分的概念推广到积分范围为一段曲线弧的情形.

定义1 设平面曲线 L 是可求长的, 函数 $f(x,y)$ 在 L 上有界. 用 $n+1$ 个分点 M_0, M_1, $M_2, \cdots, M_n$ 将 L 分成 n 个小段, 并且记它们的弧长为 $\Delta s_1, \Delta s_2, \cdots, \Delta s_n$. 在每一小弧段 Δs_i 上任取一点 (ξ_i, η_i), 并作和

$$\sum_{i=1}^{\infty} f(\xi_i, \eta_i) \Delta s_i.$$

记 $\lambda = \max\{\Delta s_1, \Delta s_2, \cdots, \Delta s_n\}$, 若当 $\lambda \to 0$ 时, 和式极限存在, 且此极限值不依赖于对 L 的分法, 也不依赖于 (ξ_i, η_i) 的取法, 就称此极限为函数 $f(x,y)$ 在曲线弧 L 上**对弧长的曲线积分**或**第一类曲线积分**, 记作 $\int_L f(x,y)\,\mathrm{d}s$, 即

$$\int_L f(x,y)\,\mathrm{d}s = \lim_{\lambda \to 0} \sum_{i=1}^{\infty} f(\xi_i, \eta_i) \Delta s_i,$$

其中 $f(x,y)$ 叫作**被积函数**, L 叫作**积分弧段**.

比如, 已知曲线 L 上有质量分布, 其线密度函数为 $\rho(x,y)$, 计算 L 的质量显然就是计算 $\rho(x,y)$ 在 L 上的第一类曲线积分.

上述定义可以类似地推广到积分弧段为空间曲线弧 Γ 的情形, 即函数 $f(x,y,z)$ 在曲线弧 Γ 上对弧长的曲线积分

$$\int_\Gamma f(x,y,z)\,\mathrm{d}s = \lim_{\lambda \to 0} \sum_{i=1}^{\infty} f(\xi_i, \eta_i, \zeta_i) \Delta s_i.$$

第一类曲线积分有与定积分相当的那些性质, 这里就不再介绍了. 下面讲这种积分怎样计算.

二、第一类曲线积分的计算

设函数 $f(x,y)$ 在曲线弧 L 上有定义且连续, L 的参数方程为

$$\begin{cases} x = \varphi(t), \\ y = \psi(t) \end{cases} (\alpha \le t \le \beta),$$

利用弧长公式, 我们可以把第一类曲线积分化为定积分来计算.

在 $[\alpha,\beta]$ 中插入分点

$$\alpha = t_0 < t_1 < t_2 < \cdots < t_n = \beta,$$

这些分点将曲线 L 划分成许多小曲线段,记 Δs_i 为对应于区间 $[t_{i-1},t_i]$ 的一段弧长. 在区间 $[t_{i-1},t_i]$ 上任意取一点 ξ_i,并记 $\lambda = \max\limits_{1\le i\le n}\{t_i - t_{i-1}\}$,那么按定义,第一类曲线积分为

$$\int_L f(x,y)\,\mathrm{d}s = \lim\limits_{\lambda\to 0}\sum\limits_{i=1}^n f[\varphi(\xi_i),\psi(\xi_i)]\Delta s_i.$$

由弧长的公式及积分中值定理,有

$$\Delta s_i = \int_{t_{i-1}}^{t_i} \sqrt{\varphi'^2(t) + \psi'^2(t)}\,\mathrm{d}t = \sqrt{\varphi'^2(\xi_i^*) + \psi'^2(\xi_i^*)}\Delta t_i,$$

这里 $\Delta t_i = t_i - t_{i-1}$,$\xi_i^*$ 为 $[t_{i-1},t_i]$ 上的某点. 于是有

$$\int_L f(x,\dot y)\,\mathrm{d}s = \lim\limits_{\lambda\to 0}\sum\limits_{i=1}^n f[\varphi(\xi_i),\psi(\xi_i)]\sqrt{\varphi'^2(\xi_i^*) + \psi'^2(\xi_i^*)}\Delta t_i,$$

等式右端的和式不是一个积分和数(黎曼和数),利用第 5 章第 5 节中关于推导弧长公式的说明,可以将它化为黎曼和数来处理,即有

$$\begin{aligned}
\int_L f(x,y)\,\mathrm{d}s &= \lim\limits_{\lambda\to 0}\sum\limits_{i=1}^n f[\varphi(\xi_i),\psi(\xi_i)]\sqrt{\varphi'^2(\xi_i^*) + \psi'^2(\xi_i^*)}\Delta t_i\\
&= \lim\limits_{\lambda\to 0}\sum\limits_{i=1}^n f[\varphi(\xi_i),\psi(\xi_i)]\sqrt{\varphi'^2(\xi_i) + \psi'^2(\xi_i)}\Delta t_i\\
&= \int_\alpha^\beta f[\varphi(t),\psi(t)]\sqrt{\varphi'^2(t) + \psi'^2(t)}\,\mathrm{d}t\ (\alpha < \beta). \qquad (1)
\end{aligned}$$

特别地,如果曲线弧 L 由方程 $y = \varphi(x)$($a\le x\le b$)给出,那么由公式(1)有

$$\int_L f(x,y)\,\mathrm{d}s = \int_a^b f[x,\varphi(x)]\sqrt{1 + \varphi'^2(x)}\,\mathrm{d}x.$$

公式(1)可推广到空间曲线弧 Γ 由参数方程

$$x = \varphi(t),\quad y = \psi(t),\quad z = \omega(t)\quad(\alpha\le t\le\beta)$$

给出的情形,这时有

$$\int_L f(x,y,z)\,\mathrm{d}s = \int_a^b f[\varphi(t),\psi(t),\omega(t)]\sqrt{\varphi'^2(t) + \psi'^2(t) + \omega'^2(t)}\,\mathrm{d}t.$$

例 1　计算 $\oint_L \mathrm{e}^{\sqrt{x^2+y^2}}\,\mathrm{d}s$,其中 L 为圆周 $x^2 + y^2 = a^2$,直线 $y = x$ 及 x 轴在第一象限内所围成的扇形的整个边界.

解　L 由线段 $\overline{OA}$: $y = 0$($0\le x\le a$),圆弧 $\overparen{AB}$: $x = a\cos t$,$y = a\sin t$ $\left(0\le t\le\dfrac{\pi}{4}\right)$ 和线段 $\overline{OB}$: $y = x\left(0\le x\le\dfrac{a}{\sqrt{2}}\right)$ 组成(图 8-32).

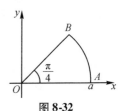

图 8-32

$$\int_{\overline{OA}} \mathrm{e}^{\sqrt{x^2+y^2}} \mathrm{d}s = \int_0^a \mathrm{e}^{\sqrt{x^2+0^2}} \sqrt{1+(0)'^2} \mathrm{d}x = \int_0^a \mathrm{e}^x \mathrm{d}x = \mathrm{e}^a - 1,$$

$$\int_{\overparen{AB}} \mathrm{e}^{\sqrt{x^2+y^2}} \mathrm{d}s = \int_0^{\frac{\pi}{4}} \mathrm{e}^{\sqrt{(a\cos t)^2+(a\sin t)^2}} \sqrt{(a\cos t)'^2 + (a\sin t)'^2} \mathrm{d}t = \int_0^{\frac{\pi}{4}} a\mathrm{e}^a \mathrm{d}t = \frac{\pi}{4} a\mathrm{e}^a,$$

$$\int_{\overline{OB}} \mathrm{e}^{\sqrt{x^2+y^2}} \mathrm{d}s = \int_0^{\frac{a}{\sqrt{2}}} \mathrm{e}^{\sqrt{x^2+x^2}} \sqrt{1+(x)'^2} \mathrm{d}x = \int_0^{\frac{a}{\sqrt{2}}} \sqrt{2} \mathrm{e}^{\sqrt{2}x} \mathrm{d}x = \mathrm{e}^a - 1.$$

于是

$$\oint_L \mathrm{e}^{\sqrt{x^2+y^2}} \mathrm{d}s = \int_{\overline{OA}} \mathrm{e}^{\sqrt{x^2+y^2}} \mathrm{d}s + \int_{\overparen{AB}} \mathrm{e}^{\sqrt{x^2+y^2}} \mathrm{d}s + \int_{\overline{OB}} \mathrm{e}^{\sqrt{x^2+y^2}} \mathrm{d}s = \mathrm{e}^a \left(2 + \frac{\pi a}{4}\right) - 2.$$

例2 设 L 是 x 轴上方的一条(可求长)平面曲线(图 8-33),使 L 绕 x 轴旋转得一旋转面,我们来计算这旋转面的面积. 将 L 用 $n+1$ 个分点 $N_0, N_1, \cdots, N_n$ 分成 n 个小段,并且记它们的弧长为 $\Delta s_1, \Delta s_2, \cdots, \Delta s_n$. 视弧段 $\overparen{N_{i-1}N_i}$ 为直线段 $\overline{N_{i-1}N_i}$,而由 $\overline{N_{i-1}N_i}$ 旋转所成的圆台的侧面积为

$$\pi(y_{i-1} + y_i)\Delta s_i,$$

此处 y_{i-1} 和 y_i 是 N_{i-1} 和 N_i 的纵坐标.

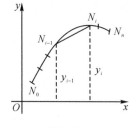

图 8-33

记 $\lambda = \max_{1 \leqslant i \leqslant n} \{\Delta s_i\}$,则 L 绕 x 轴旋转所成的旋转面当定义为

$$\lim_{\lambda \to 0} \sum_{i=1}^n \pi(y_{i-1} + y_i)\Delta s_i.$$

但根据第一类曲线积分的定义就有

$$\lim_{\lambda \to 0} \sum_{i=1}^n y_{i-1}\Delta s_i = \lim_{\lambda \to 0} \sum_{i=1}^n y_i\Delta s_i = \int_L y \mathrm{d}s,$$

所以 L 绕 x 轴旋转所成旋转面面积为 $2\pi\int_L y\mathrm{d}s$.

三、第二类曲线积分

在物理、力学等很多问题中,还会常常用到另一种曲线积分,它是直角坐标系内关于曲线在坐标轴上投影的积分,叫作第二类曲线积分.

先看变力沿曲线做功的问题. 设平面上有一质点 M 受外力 $\mathbf{F}$ 作用,从点 A 沿曲线 $\overparen{AB}$ 移动到 B. 若 $\mathbf{F}$ 是恒力,也就是它在 $\overparen{AB}$ 上每一点的大小相同且保持定向,那么质点 M 在力 $\mathbf{F}$ 作用下从点 A 移动到点 B 所作的功等于向量 $\mathbf{F}$ 与向量 $\overrightarrow{AB}$ 的数量积,即

$$W = \mathbf{F} \cdot \overrightarrow{AB}.$$

假若力 $\mathbf{F}$ 不是恒力,也就是它在 $\overparen{AB}$ 上不仅随点的位置 (x,y) 改变其大小,而且也改变它的方向. 在这种情况下,就不能用上述公式来计算了.

我们这样来处理:将曲线 $\overset{\frown}{AB}$ 从点 A 至 B 顺次用 $n+1$ 个分点

$$A = M_0 < M_1 < \cdots < M_n = B$$

分成 n 个有向小弧段,其方向与 A 到 B 的方向相一致(图 8-34).在有向小弧段 $\overset{\frown}{M_{i-1}M_i}$ 上任取一点 (ξ_i, η_i),则当分得很细时,把变力 $\boldsymbol{F}(x,y)$ 沿有向小弧段 $\overset{\frown}{M_{i-1}M_i}$ 所做功 ΔW_i 可以认为近似地等于恒力 $\boldsymbol{F}(\xi_i,\eta_i)$ 沿有向线段 $\overrightarrow{M_{i-1}M_i}$ 所做的功:

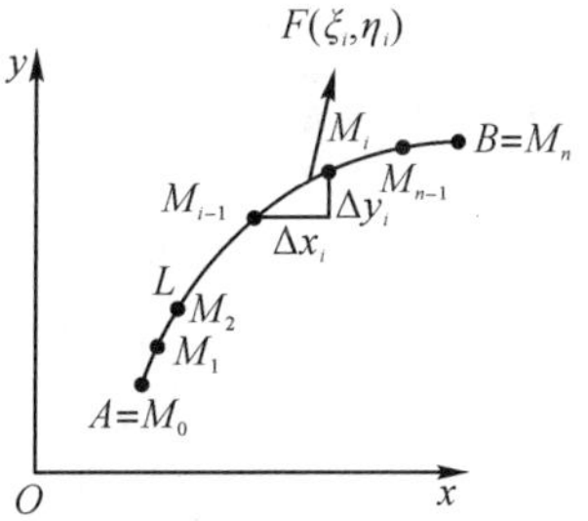

图 8-34

$$\Delta W_i \approx \boldsymbol{F}(\xi_i, \eta_i) \cdot \overrightarrow{M_{i-1}M_i}.$$

设力 $\boldsymbol{F}$ 的表达式为

$$\boldsymbol{F}(x,y) = P(x,y)\boldsymbol{i} + Q(x,y)\boldsymbol{j},$$

再记 $\overrightarrow{M_{i-1}M_i}$ 的表示式为

$$\overrightarrow{M_{i-1}M_i} = \Delta x_i \boldsymbol{i} + \Delta y_i \boldsymbol{j}.$$

则

$$\Delta W_i \approx P(\xi_i, \eta_i) \Delta x_i + Q(\xi_i, \eta_i) \Delta y_i.$$

于是

$$W = \sum_{i=1}^{n} \Delta W_i \approx \sum_{i=1}^{n} \Big[P(\xi_i, \eta_i) \Delta x_i + Q(\xi_i, \eta_i) \Delta y_i \Big].$$

用 λ 表示 n 个小弧段的最大长度,令 $\lambda \to 0$ 取上述和的极限,所得到的极限自然地定义为变力 $\boldsymbol{F}$ 沿有向曲线弧 $\overset{\frown}{AB}$ 所作的功,即

$$W = \lim_{\lambda \to 0} \sum_{i=1}^{n} \Big[P(\xi_i, \eta_i) \Delta x_i + Q(\xi_i, \eta_i) \Delta y_i \Big].$$

有很多物理量的确定,都要求计算上述形式的极限.因此有必要引进下面一般的定义:

定义 2　设 L 为 xOy 上一条有向光滑曲线,其方向由 A 到 B.函数 $\boldsymbol{F}(x,y)$ 是定义在 L 上的向量函数,表达式为

$$\boldsymbol{F}(x,y) = P(x,y)\boldsymbol{i} + Q(x,y)\boldsymbol{j}.$$

又设 $P(x,y)$ 与 $Q(x,y)$ 都是有界函数.将 L 自 A 到 B 分成 n 个有向小弧段

$$\overset{\frown}{M_{i-1}M_i} \ (i = 1,2,\cdots,n; M_0 = A, M_n = B).$$

设 $\overrightarrow{M_{i-1}M_i} = \Delta x_i \boldsymbol{i} + \Delta y_i \boldsymbol{j}$,点 (ξ_i, η_i) 为 $\overset{\frown}{M_{i-1}M_i}$ 上任意取定的点,作和式(它也是黎曼和)

$$\sum_{i=1}^{n} \boldsymbol{F}(\xi_i, \eta_i) \cdot \overrightarrow{M_{i-1}M_i} = \sum_{i=1}^{n} \Big[P(\xi_i, \eta_i) \Delta x_i + Q(\xi_i, \eta_i) \Delta y_i \Big],$$

如果当各小弧段长度的最大值 $\lambda \to 0$ 时,这和式的极限存在,且与曲线弧 L 的分法及点 (ξ_i, η_i) 的选取无关,则称此极限为 $\boldsymbol{F}(x,y)$ 在 L 上的**对坐标的曲线积分**或**第二类曲线积分**,记为

$$\int_L \boldsymbol{F}(x,y) \cdot \mathrm{d}\boldsymbol{s} = \lim_{\lambda \to 0} \sum_{i=1}^n \left[P(\xi_i, \eta_i) \Delta x_i + Q(\xi_i, \eta_i) \Delta y_i \right],$$

或

$$\int_L P(x,y)\mathrm{d}x + Q(x,y)\mathrm{d}y = \lim_{\lambda \to 0} \sum_{i=1}^n \left[P(\xi_i, \eta_i) \Delta x_i + Q(\xi_i, \eta_i) \Delta y_i \right].$$

其中 L 的方向从 A 到 B,$\mathrm{d}\boldsymbol{s} = \mathrm{d}x\boldsymbol{i} + \mathrm{d}y\boldsymbol{j}$,$\mathrm{d}x, \mathrm{d}y$ 理解为 $\mathrm{d}\boldsymbol{s}$ 在 x 轴,y 轴上的投影,是带符号的.

由定义立即可以知道:第二类曲线积分是与沿曲线的方向有关的. 即从点 A 到点 B 沿曲线 L 的曲线积分的值与从点 B 到点 A 的曲线积分的值有不同符号(因这时 $\Delta x_i, \Delta y_i$ 都改变了符号),但它们的绝对值相等. 这是第二类曲线积分的一个很重要的性质,也是它区别于第一类曲线积分的一个特征.

上述定义可以类似地推广到积分弧段为空间有向曲线弧 $\varGamma$ 的情形,就有下面的曲线积分

$$\int_\varGamma \boldsymbol{F}(x,y,z) \cdot \mathrm{d}\boldsymbol{s} \text{ 或 } \int_\varGamma P(x,y,z)\mathrm{d}x + Q(x,y,z)\mathrm{d}y + R(x,y,z)\mathrm{d}y.$$

其中 $\boldsymbol{F}(x,y,z) = P(x,y,z)\boldsymbol{i} + Q(x,y,z)\boldsymbol{j} + R(x,y,z)\boldsymbol{k}$,$\mathrm{d}\boldsymbol{r} = \mathrm{d}x\boldsymbol{i} + \mathrm{d}y\boldsymbol{j} + \mathrm{d}z\boldsymbol{k}$.

平面或空间的第二类曲线积分都与沿曲线的方向有关. 但如果是闭路,自然不能用起点和终点来说明方向. 这时在每一种情况都要说明积分是沿什么方向的. 而在平面情况,我们规定:一人站在平面上沿闭路循一方向环行时,若闭路所围成的区域总在他的左方,则这个方向就作为正向,否则作负向. 在平面闭路的情况,还有一个要注意的事实:只要方向不变,第二类曲线积分的值与起点位置无关的. 因此在计算时取闭路上任一点作为起点都不会改变积分值.

四、第二类曲线积分的计算

设有向曲线 L 自身不相交,其参数方程为

$$x = \varphi(t), y = \psi(t) \ (\alpha \leqslant t \leqslant \beta),$$

且设 L 是光滑的,即 $x = \varphi(t), y = \psi(t)$ 在 $[\alpha, \beta]$ 上都有连续函数. 参数 t 由 α 增加到 β 时,曲线从起点 A 沿 L 运动到终点 B. 设向量函数 $\boldsymbol{F}(x,y) = P(x,y)\boldsymbol{i} + Q(x,y)\boldsymbol{j}$ 在 L 上有定义且连续. 在这些假定下,可以证明第二类曲线积分 $\int_L \boldsymbol{F}(x,y) \cdot \mathrm{d}\boldsymbol{s}$ 存在,且可以把它化为定积分计算:

$$\int_L \boldsymbol{F}(x,y) \cdot \mathrm{d}\boldsymbol{s}$$

$$= \int_L P(x,y)\mathrm{d}x + Q(x,y)\mathrm{d}y$$

$$= \int_\alpha^\beta \left\{ P[\varphi(t),\psi(t)]\varphi'(t) + Q[\varphi(t),\psi(t)]\psi'(t) \right\}\mathrm{d}t.$$

必须注意的是,定积分上、下限的配置应该与曲线积分所沿的曲线方向一致,即下限是对应于起点的参数值,上限是对应于终点的参数值.

要注意的是,$\int_L P(x,y)\mathrm{d}x$ 或者 $\int_L Q(x,y)\mathrm{d}y$ 都是第二类曲线积分.

同样,在空间情况,设光滑曲线 Γ 的参数方程为

$$x = \varphi(t), y = \psi(t), z = \omega(t) \ (\alpha \leqslant t \leqslant \beta),$$

且设当 t 从 α 增加到 β 时,点 (x,y,z) 从起点 A 沿 Γ 连续地移动到终点 B,且设曲线自身不相交,那么

$$\int_\Gamma \boldsymbol{F}(x,y,z) \cdot \mathrm{d}\boldsymbol{r}$$

$$\int_\Gamma P(x,y,z)\mathrm{d}x + Q(x,y,z)\mathrm{d}y + R(x,y,z)\mathrm{d}y$$

$$\int_\alpha^\beta \left\{ P[\varphi(t),\psi(t),\omega(t)]\varphi'(t) + Q[\varphi(t),\psi(t),\omega(t)]\psi'(t) + R[\varphi(t),\psi(t),\omega(t)]\omega'(t) \right\}\mathrm{d}t.$$

例 3 计算 $\int_L xy\mathrm{d}x$,其中 L 为抛物线 $y^2 = x$ 上从 $A(1,-1)$ 到点 $B(1,1)$ 的一段弧.

解 先作积分弧段 L 的图形,并标出方向如图 8-35.

法 1 化为对 x 的定积分来计算. 由于积分路径的方程 $y = \pm\sqrt{x}$ 不是单值函数,所以要把 L 分成 AO 和 OB 两部分,其方程各为 AO:$y = -\sqrt{x}$;OB:$y = \sqrt{x}$. 再由点 A 对应 $x = 1$;点 O 对应 $x = 0$;点 B 对应 $x = 1$ 来定积分限.
因此

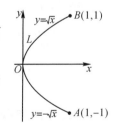

图 8-35

$$\int_L xy\mathrm{d}x = \int_{AO} xy\mathrm{d}x + \int_{OB} xy\mathrm{d}x$$

$$= \int_1^0 x(-\sqrt{x})\mathrm{d}x + \int_0^1 x\sqrt{x}\mathrm{d}x = 2\int_0^1 x^{3/2}\mathrm{d}x = \frac{4}{5}.$$

法 2 化为对 y 的定积分来计算. 现在积分路径的方程 $x = y^2$,而点 A 对应 $y = -1$;点 B 对应 $y = 1$. 因此

$$\int_L xy\mathrm{d}x = \int_{-1}^1 y^2 y \cdot (y^2)'\mathrm{d}y = \int_{-1}^1 2y^4\mathrm{d}y = \frac{2}{5}y^5 \bigg|_{-1}^1 = \frac{4}{5}.$$

例 4 计算 $\oint_L \dfrac{(x+y)\,\mathrm{d}x-(x-y)\,\mathrm{d}y}{x^2+y^2}$，其中 L 为圆周 $x^2+y^2=a^2$，方向为正向.

解 将圆周方程写成参数形式：

$$x=a\cos t,\ y=a\sin t\ (\,0\leqslant t\leqslant 2\pi\,).$$

由于是闭路，不妨取圆周与 x 轴正向的交点 $A(1,0)$ 作为起点. 沿圆周正向也就是点 A 依逆时针方向环行一周回到点 A，从而参数 t 从 0 单调地增加至 2π. 因此

$$\oint_L \frac{(x+y)\,\mathrm{d}x-(x-y)\,\mathrm{d}y}{x^2+y^2}$$

$$=\int_0^{2\pi}\frac{\Big[(a\cos t+a\sin t)(a\cos t)'-(a\cos t-a\sin t)(a\sin t)'\Big]\mathrm{d}t}{(a\cos t)^2+(a\sin t)^2}$$

$$=\int_0^{2\pi}(-1)\,\mathrm{d}t=-2\pi.$$

例 5 在一质点沿螺旋线 $\varGamma:\begin{cases}x=a\cos t,\\y=a\sin t,\\z=bt\end{cases}$（常数 $a>0,b>0$）从点 $A(a,0,0)$ 移动到点 $B(a,0,2b\pi)$ 的过程中，有一变力 $\boldsymbol{F}$ 作用着，$\boldsymbol{F}$ 的方向始终指向原点，而大小和作用点与原点间的距离成正比，比例系数为 $k>0$，求力 $\boldsymbol{F}$ 对质点所作的功.

解 按假设有 $\boldsymbol{F}=-k(x\boldsymbol{i}+y\boldsymbol{j}+z\boldsymbol{k})$，于是功

$$W=\int_{\varGamma}\boldsymbol{F}(x,y,z)\cdot\mathrm{d}\boldsymbol{r}=-k\int_{\varGamma}x\mathrm{d}x+y\mathrm{d}y+z\mathrm{d}z.$$

利用螺旋线的参数方程，起点 A 对应参数 $t=0$；终点 B 对应参数 $t=2\pi$. 因此

$$W=-k\int_0^{2\pi}\Big[a\cos t\cdot(a\cos t)'+a\sin t\cdot(a\sin t)'+bt\cdot(bt)'\Big]\mathrm{d}t$$

$$=-k\int_0^{2\pi}b^2t\mathrm{d}t=-kb^2\cdot\frac{t^2}{2}\Big|_0^{2\pi}=-2kb^2\pi^2.$$

五、两类曲线积分的联系

第一类与第二类曲线积分的定义是不同的，由于都是沿曲线的积分，两者之间又有密切的关系.

设有向曲线弧 L 由参数方程

$$x=\varphi(t),\ y=\psi(t)$$

给出，起点 A 对应参数 α；终点 B 对应参数 β，不妨设 $\alpha<\beta$. 并设 $\varphi(t)$ 与 $\psi(t)$ 在 $[\alpha,\beta]$ 上具有一阶连续导数. 取 t 从 α 单调地增加到 β 的方向为曲线的正向，且在曲线上每一点的切线的正向取作与曲线的正向一致，于是由对坐标的曲线积分计算公式有

$$\int_L P(x,y)\mathrm{d}x + Q(x,y)\mathrm{d}y$$

$$= \int_\alpha^\beta \left\{ P[\varphi(t),\psi(t)]\varphi'(t) + Q[\varphi(t),\psi(t)]\psi'(t) \right\}\mathrm{d}t$$

$$= \int_\alpha^\beta \left\{ P[\varphi(t),\psi(t)] \frac{\varphi'(t)}{\sqrt{\varphi'^2(t) + \psi'^2(t)}} + \right.$$

$$\left. Q[\varphi(t),\psi(t)] \frac{\psi'(t)}{\sqrt{\varphi'^2(t) + \psi'^2(t)}} \right\}\sqrt{\varphi'^2(t) + \psi'^2(t)}\,\mathrm{d}t$$

$$= \int_L \left[P(x,y)\cos\alpha + Q(x,y)\cos\beta \right]\mathrm{d}s,$$

其中 $\alpha(x,y)$ 与 $\beta(x,y)$ 为有向曲线弧 L 在点 (x,y) 处的切向量的方向角.

类似地,空间曲线弧 Γ 上的两类曲线积分之间有如下联系:

$$\int_\Gamma P\mathrm{d}x + Q\mathrm{d}y + R\mathrm{d}z = \int_\Gamma (P\cos\alpha + Q\cos\beta + R\cos\gamma)\mathrm{d}s,$$

其中 $\alpha(x,y,z),\beta(x,y,z),\gamma(x,y,z)$ 为有向曲线弧 Γ 上在点 (x,y,z) 处的切向量的方向角.

六、格林公式

1. 格林公式

首先引进一个重要概念,即单连通区域的概念. 设 D 为平面区域,若 D 内任何一条封闭曲线都可以不经过 D 以外的点而连续地收缩为一点,则称 D 为平面**单连通区域**,否则称为**复连通区域**. 通俗地说,单连通区域也就是不含有"洞"甚至不含有"点洞"的区域. 例如,平面上圆形区域 $\{(x,y) \mid x^2 + y^2 < 1\}$、上半平面 $\{(x,y) \mid y > 0\}$ 都是单连通区域,而圆环形区域 $\{(x,y) \mid 1 < x^2 + y^2 < 4\}$、$\{(x,y) \mid 0 < x^2 + y^2 < 4\}$ 都是复连通区域.

定理 1(格林公式) 设 D 是由光滑曲线 L 为边界的平面单连通区域,若函数 $P(x,y)$ 及 $Q(x,y)$ 在 D 上具有一阶连续偏导数,则有

$$\iint\limits_D \left(\frac{\partial Q}{\partial x} - \frac{\partial P}{\partial y}\right)\mathrm{d}x\mathrm{d}y = \oint_L P\mathrm{d}x + Q\mathrm{d}y,$$

其中 L 是 D 的取正向的边界曲线.

证 设 L 由两曲线 $y = y_1(x), y = y_2(x), a \leqslant x \leqslant b$ 或 $x = x_1(y), x = x_2(y),$ $c \leqslant y \leqslant d$ 组成(图 8-36). 由于 $\dfrac{\partial P}{\partial y}$ 连续,所以

$$\iint\limits_D \frac{\partial P}{\partial y}\mathrm{d}x\mathrm{d}y = \int_a^b \mathrm{d}x \int_{y_1(x)}^{y_2(x)} \frac{\partial P}{\partial y}\mathrm{d}y = \int_a^b \left\{ P[x,y_2(x)] - P[x,y_1(x)] \right\}\mathrm{d}x$$

$$= \int_a^b P[x, y_2(x)] \mathrm{d}x - \int_a^b P[x, y_1(x)] \mathrm{d}x$$

$$= \int_{\overline{AEB}} P(x, y) \mathrm{d}x - \int_{\overline{AFB}} P(x, y) \mathrm{d}x$$

$$= -\int_{\overline{BEA}} P(x, y) \mathrm{d}x - \int_{\overline{AFB}} P(x, y) \mathrm{d}x = -\oint_L P(x, y) \mathrm{d}x.$$

同样有

$$\iint_D \frac{\partial Q}{\partial x} \mathrm{d}x\mathrm{d}y = \int_c^d \mathrm{d}y \int_{x_1(x)}^{x_2(x)} \frac{\partial Q}{\partial x} \mathrm{d}x = \oint_L Q(x, y) \mathrm{d}y.$$

所以

$$\iint_D \left(\frac{\partial Q}{\partial x} - \frac{\partial P}{\partial y} \right) \mathrm{d}x\mathrm{d}y = \oint_L P\mathrm{d}x + Q\mathrm{d}y.$$

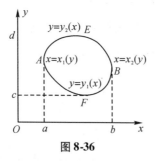

图 8-36

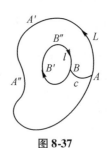

图 8-37

再考虑复连通区域的情形. 若复连通区域 D 的边界由两条曲线 L 和 l 组成(图 8-37),用一条曲线 c 把区域 D 的边界 L 和 l 联接起来,那么 L, l 及 c 为边界的区域就成了一个单连通区域,应用定理 1:

$$\iint_D \left(\frac{\partial Q}{\partial x} - \frac{\partial P}{\partial y} \right) \mathrm{d}x\mathrm{d}y = \int_{\overline{AA'A''A}} P\mathrm{d}x + Q\mathrm{d}y + \int_{\overline{AB}} P\mathrm{d}x + Q\mathrm{d}y + \int_{\overline{BB'B''B}} P\mathrm{d}x + Q\mathrm{d}y$$

$$+ \int_{\overline{BA}} P\mathrm{d}x + Q\mathrm{d}y$$

$$= \int_L P\mathrm{d}x + Q\mathrm{d}y - \int_l P\mathrm{d}x + Q\mathrm{d}y,$$

其中 L 及 l 的方向取法和区域正向联系. 由此可知,格林公式对于复连通区域也成立.

下面说明格林公式的一个简单应用.

在格林公式中取 $P = -y, Q = x$,即得

$$2\iint_D \mathrm{d}x\mathrm{d}y = \int_L P\mathrm{d}x + Q\mathrm{d}y.$$

上式左端是闭区域 D 的面积 A 的两倍,因此有

$$A = \frac{1}{2}\int_L x\mathrm{d}x - y\mathrm{d}y.$$

例 6 计算 $\iint\limits_D \mathrm{e}^{-y^2}\mathrm{d}x\mathrm{d}y$，其中 D 是以 $O(0,0),A(1,1),B(0,1)$ 为顶点的三角形区域（图 8-38）.

解 取 $P = 0, Q = x\mathrm{e}^{-y^2}$，则

$$\frac{\partial Q}{\partial x} - \frac{\partial P}{\partial y} = \mathrm{e}^{-y^2}.$$

因此，按格林公式有

$$\iint\limits_D \mathrm{e}^{-y^2}\mathrm{d}x\mathrm{d}y = \oint_L x\mathrm{e}^{-y^2}\mathrm{d}y$$

$$= \int_{\overline{OA}} x\mathrm{e}^{-y^2}\mathrm{d}y + \int_{\overline{AB}} x\mathrm{e}^{-y^2}\mathrm{d}y + \int_{\overline{BO}} x\mathrm{e}^{-y^2}\mathrm{d}y$$

$$= \int_{\overline{OA}} x\mathrm{e}^{-y^2}\mathrm{d}y = \int_0^1 y\mathrm{e}^{-y^2}\mathrm{d}y = \frac{1}{2} - \frac{1}{2\mathrm{e}}.$$

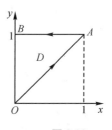

图 8-38

例 7 计算 $\int_{\widehat{AMO}} (\mathrm{e}^x\sin y - my)\mathrm{d}x + (\mathrm{e}^x\cos y - m)\mathrm{d}y$（$m$ 为常数），$\widehat{AMO}$ 为由点 $A(a,0)$ 至点 $O(0,0)$ 的上半圆 $x^2 + y^2 = ax$（图 8-39）.

解 令 $P = \mathrm{e}^x\sin y - my, Q = \mathrm{e}^x\cos y - m$，按格林公式有

$$\int_{\widehat{AMO}+\overline{OA}} (\mathrm{e}^x\sin y - my)\mathrm{d}x + (\mathrm{e}^x\cos y - m)\mathrm{d}y$$

$$= \iint\limits_D \left(\frac{\partial Q}{\partial x} - \frac{\partial P}{\partial y}\right)\mathrm{d}x\mathrm{d}y = \iint\limits_D m\mathrm{d}x\mathrm{d}y = m \cdot \frac{1}{2}\pi\left(\frac{a}{2}\right)^2 = \frac{1}{8}\pi a^2 m.$$

而

$$\int_{\overline{OA}} (\mathrm{e}^x\sin y - my)\mathrm{d}x + (\mathrm{e}^x\cos y - m)\mathrm{d}y = 0,$$

所以

$$\int_{\widehat{AMO}} (\mathrm{e}^x\sin y - my)\mathrm{d}x + (\mathrm{e}^x\cos y - m)\mathrm{d}y$$

$$= \int_{\widehat{AMO}+\overline{OA}} (\mathrm{e}^x\sin y - my)\mathrm{d}x + (\mathrm{e}^x\cos y - m)\mathrm{d}y$$

$$- \int_{\overline{OA}} (\mathrm{e}^x\sin y - my)\mathrm{d}x + (\mathrm{e}^x\cos y - m)\mathrm{d}y$$

$$= \frac{1}{8}\pi a^2 m - 0 = \frac{1}{8}\pi a^2 m.$$

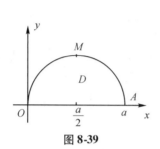

图 8-39

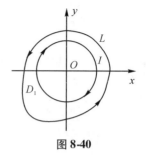

图 8-40

例8 在下面两种情形下计算 $\oint_L \dfrac{x\mathrm{d}y - y\mathrm{d}x}{x^2 + y^2}$：(1) L 是一条光滑闭曲线,原点在其围成的闭区域之外;(2) L 是一条光滑闭曲线,原点在其围成的闭区域之内.

解 令 $P = \dfrac{-y}{x^2 + y^2}, Q = \dfrac{x}{x^2 + y^2}$, 则当 $x^2 + y^2 \neq 0$ 时,有

$$\frac{\partial Q}{\partial x} = \frac{y^2 - x^2}{x^2 + y^2} = \frac{\partial P}{\partial y}.$$

记 L 所围成的闭区域为 D.

(1)当 L 不包围原点时,按格林公式有

$$\oint_L \frac{x\mathrm{d}y - y\mathrm{d}x}{x^2 + y^2} = \iint_D \left(\frac{\partial Q}{\partial x} - \frac{\partial P}{\partial y}\right)\mathrm{d}x\mathrm{d}y = 0.$$

(2)当 L 包围原点时,有以原点为圆心作一半径为 r 的小圆 l. 记 L 和 l 所围成的区域为 D_1 (图 8-40). 在复连通区域 D_1 应用格林公式得

$$\oint_L \frac{x\mathrm{d}y - y\mathrm{d}x}{x^2 + y^2} - \oint_l \frac{x\mathrm{d}y - y\mathrm{d}x}{x^2 + y^2} = \iint_{D_1} \left(\frac{\partial Q}{\partial x} - \frac{\partial P}{\partial y}\right)\mathrm{d}x\mathrm{d}y = 0.$$

其中 l 的方向取逆时针的方向.

l 的参数方程为 $x = r\cos\theta, y = r\sin\theta$, 于是

$$\oint_l \frac{x\mathrm{d}y - y\mathrm{d}x}{x^2 + y^2} = \int_0^{2\pi} \frac{r\cos\theta \cdot r\sin\theta - r\sin\theta(-r\sin\theta)}{(r\cos\theta)^2 + (r\sin\theta)^2}\mathrm{d}\theta = \int_0^{2\pi} \mathrm{d}\theta = 2\pi.$$

从而

$$\oint_L \frac{x\mathrm{d}y - y\mathrm{d}x}{x^2 + y^2} = \oint_l \frac{x\mathrm{d}y - y\mathrm{d}x}{x^2 + y^2} = 2\pi.$$

2. 平面上曲线积分和路径的无关性

在力学上,我们知道质点在保守力场中移动时,力场所作的功与路径无关. 比如,在重力作用下,一个质点由点 A 移动到点 B, 重力所作的功与路径无关;只要起点是 A 终点是 B, 不管中间经过的路径是怎样的,所做的功都一样. 而质点运动时力场所作的功可用第二类曲线积分来表示,因此我们有必要来一般地讨论这样一个问题:在什么条件下,第

二类曲线积分 $\int_L P\mathrm{d}x + Q\mathrm{d}y$ 与积分路径无关(只依赖曲线的端点)?

我们先来证明下面的定理.

定理 2 在区域 D 内曲线积分与路径无关,相当于在区域 D 内的任意闭曲线的曲线积分为零.

证 先设 $\int_L P\mathrm{d}x + Q\mathrm{d}y$ 在区域 D 内与路径无关,我们来说明在 D 内任何闭曲线上的曲线积分都等于零. 在区域 D 内任取一条闭曲线 C,在这闭曲线上任取两点 P_1 与 P_2(图 8-41). 由已知

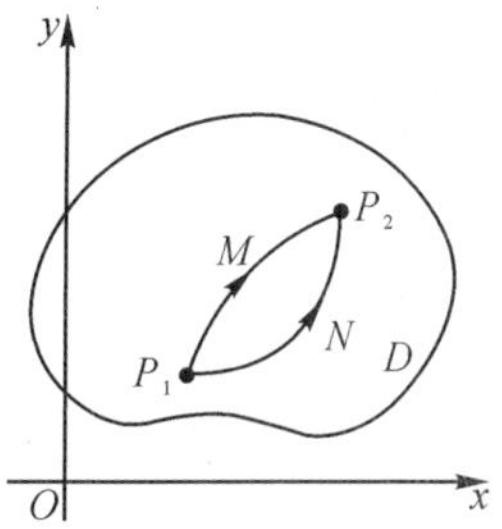

$$\int_{P_1NP_2} P\mathrm{d}x + Q\mathrm{d}y = \int_{P_1MP_2} P\mathrm{d}x + Q\mathrm{d}y,$$

就是

$$\int_{P_1NP_2} P\mathrm{d}x + Q\mathrm{d}y - \int_{P_1MP_2} P\mathrm{d}x + Q\mathrm{d}y = 0.$$

改变第二个积分中路径的方向,则

$$\oint_C P\mathrm{d}x + Q\mathrm{d}y = 0.$$

图 8-41

反过来,设已知对于任何闭曲线 C 有 $\oint_C P\mathrm{d}x + Q\mathrm{d}y = 0$. 我们来说明曲线积分是不取决于积分路径的. 在区域 D 内任取两点 P_1,P_2,任作两路径 $\overparen{P_1NP_2}$ 及 $\overparen{P_1MP_2}$. 因为已知

$$\int_{P_1NP_2MP_1} P\mathrm{d}x + Q\mathrm{d}y = 0,$$

即

$$\int_{P_1NP_2} P\mathrm{d}x + Q\mathrm{d}y + \int_{P_2MP_1} P\mathrm{d}x + Q\mathrm{d}y = 0,$$

亦即

$$\int_{P_1NP_2} P\mathrm{d}x + Q\mathrm{d}y = \int_{P_1MP_2} P\mathrm{d}x + Q\mathrm{d}y.$$

现在我们证明曲线积分与路径无关的充分必要条件.

定理 3 设区域 D 是一个单连通区域,若函数 $P(x,y)$ 和 $Q(x,y)$ 在 D 上有连续的偏导数,则曲线积分 $\int_L P\mathrm{d}x + Q\mathrm{d}y$ 在 D 内与路径无关的充分必要条件是

$$\frac{\partial P}{\partial y} = \frac{\partial Q}{\partial x}$$

在 D 内处处成立.

证 先证充分性. 在 D 内任取一条闭曲线 C,因为 D 是单连通的,所以闭曲线 C 所围

成的闭区域 G 全部在 D 内. 对 G 应用格林公式, 有

$$\int_C P\mathrm{d}x + Q\mathrm{d}y = \iint_G \left(\frac{\partial Q}{\partial x} - \frac{\partial P}{\partial y} \right) \mathrm{d}x\mathrm{d}y = \iint_G 0\mathrm{d}x\mathrm{d}y = 0.$$

再证必要性. 设已知沿区域 D 内任何闭曲线的曲线积分都等于零, 而在 D 内

$$\frac{\partial Q}{\partial x} - \frac{\partial P}{\partial y} \neq 0,$$

则在 D 内至少有一点 M_0, 使

$$\left(\frac{\partial Q}{\partial x} - \frac{\partial P}{\partial y} \right) \Big|_{M_0} \neq 0.$$

不妨假设

$$\left(\frac{\partial Q}{\partial x} - \frac{\partial P}{\partial y} \right) \Big|_{M_0} = \mu > 0.$$

由于 $\dfrac{\partial P}{\partial y}$ 和 $\dfrac{\partial Q}{\partial x}$ 在 D 内是连续的, 故可作一以 M_0 为中心的小圆 K 使得在 K 上

$$\frac{\partial Q}{\partial x} - \frac{\partial P}{\partial y} > \frac{\mu}{2}.$$

利用格林公式和二重积分的估值定理, 有

$$\oint_{C^*} P\mathrm{d}x + Q\mathrm{d}y = \iint_K \left(\frac{\partial Q}{\partial x} - \frac{\partial P}{\partial y} \right) \mathrm{d}x\mathrm{d}y > \frac{\mu}{2} \cdot \sigma > 0,$$

这里 C^* 是 K 的正向边界曲线, σ 是 K 的面积.

这结果与沿区域 D 内任何闭曲线的曲线积分为零的假设相矛盾, 可见 $\dfrac{\partial P}{\partial y} = \dfrac{\partial Q}{\partial x}$ 在 D 内处处成立.

定理 3 中区域 D 是单连通的假设是重要的. 在例 6 中我们还可以看到, 在复连通区域内, 曲线积分不一定与路径无关.

3. 二元函数的全微分求和

曲线积分与路径无关的问题还跟二元函数全微分的求积问题有着密切的联系.

定理 4 设区域 D 是一个单连通区域, 若函数 $P(x,y)$ 和 $Q(x,y)$ 在 D 上有连续的偏导数, 则 $P(x,y)\mathrm{d}x + Q(x,y)\mathrm{d}y$ 在 D 内为某一函数 $u(x,y)$ 的全微分的充分必要条件是

$$\frac{\partial P}{\partial y} = \frac{\partial Q}{\partial x}$$

在 D 内处处成立.

证 先证必要性. 假设存在某一函数 $u(x,y)$, 使得

$$\mathrm{d}u = P(x,y)\mathrm{d}x + Q(x,y)\mathrm{d}y,$$

则必有

$$\frac{\partial u}{\partial x} = P(x,y), \frac{\partial u}{\partial y} = Q(x,y).$$

由于 $P(x,y)$ 和 $Q(x,y)$ 具有一阶连续偏导数,所以 $\frac{\partial^2 u}{\partial x \partial y}$ 和 $\frac{\partial^2 u}{\partial y \partial x}$ 连续,且 $\frac{\partial^2 u}{\partial x \partial y} = \frac{\partial^2 u}{\partial y \partial x}$,即 $\frac{\partial P}{\partial y} = \frac{\partial Q}{\partial x}$.

再证充分性. 这时已知条件 $\frac{\partial P}{\partial y} = \frac{\partial Q}{\partial x}$ 在 D 内处处成立,则由定理 3 知,起点为 $M_0(x_0, y_0)$,终点 $M(x,y)$ 的曲线积分在区域 D 内与路径无关,于是可把这曲线积分写作

$$\int_{(x_0,y_0)}^{(x,y)} Pdx + Qdy.$$

当起点 $M_0(x_0, y_0)$ 固定时,这个积分值取决于终点 $M(x,y)$,因此它是关于 x, y 的函数,把这个函数记作 $u(x,y)$,即

$$u(x,y) = \int_{(x_0,y_0)}^{(x,y)} Pdx + Qdy.$$

固定 y,作为 x 的函数,有

$$u(x + \Delta x, y) - u(x,y) = \int_{(x_0,y_0)}^{(x+\Delta x,y)} Pdx + Qdy - \int_{(x_0,y_0)}^{(x,y)} Pdx + Qdy.$$

由于积分与路径无关的,于是选取路径为联结 (x,y) 与 $(x + \Delta x, y)$ 的直线段,得到

$$u(x + \Delta x, y) - u(x,y) = \int_{(x,y)}^{(x+\Delta x,y)} Pdx + Qdy = \int_x^{x+\Delta x} Pdx,$$

即得

$$\frac{\partial u}{\partial x} = \lim_{\Delta x \to 0} \frac{u(x + \Delta x, y) - u(x,y)}{\Delta x} = P(x,y).$$

同法可得

$$\frac{\partial u}{\partial y} = Q(x,y).$$

所以

$$du = P(x,y)dx + Q(x,y)dy.$$

例 9　计算 $\int_L (x^2 - y)dx - (x + \sin^2 y)dy$,其中 L 是圆周 $y = \sqrt{2x - x^2}$ 从点 $O(0,0)$ 到点 $A(2,0)$ 的一段弧.

解　令 $P = x^2 - y, Q = -(x + \sin^2 y)$,则有

$$\frac{\partial P}{\partial y} = -1 = \frac{\partial Q}{\partial x},$$

因此所给积分与路径无关.

为简便计算,积分路径改取线段 $\overline{OA}$(图 8-42). 在 $\overline{OA}$ 上,$y = 0, x$ 从 0 单调地增加到

2,于是

$$\int_L (x^2 - y)\mathrm{d}x - (x + \sin^2 y)\mathrm{d}y = \int_{OA} (x^2 - y)\mathrm{d}x - (x + \sin^2 y)\mathrm{d}y$$

$$= \int_0^2 \left[(x^2 - 0) - (x + \sin^2 0) \cdot 0 \right] \mathrm{d}x$$

$$= \int_0^2 x^2 \mathrm{d}x = \frac{8}{3}.$$

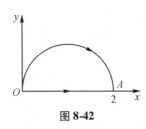

图 8-42

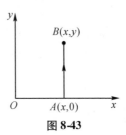

图 8-43

例 10 验证:在整个 xOy 面内,$xy^2\mathrm{d}x + x^2 y\mathrm{d}y$ 是某个函数的全微分,并求出一个这样的函数.

解 令 $P = xy^2, Q = x^2 y$. 因为

$$\frac{\partial P}{\partial y} = 2xy = \frac{\partial Q}{\partial x},$$

在整个 xOy 面内恒成立,因此 $xy^2\mathrm{d}x + x^2 y\mathrm{d}y$ 是某个函数的全微分.

取积分路径为折线段 OAB(图 8-43),则所求函数为

$$u(x,y) = \int_{(0,0)}^{(x,y)} xy^2\mathrm{d}x + x^2 y\mathrm{d}y = \int_{OA} xy^2\mathrm{d}x + x^2 y\mathrm{d}y + \int_{AB} xy^2\mathrm{d}x + x^2 y\mathrm{d}y$$

$$= 0 + \int_0^y x^2 y\mathrm{d}y = \frac{1}{2}x^2 y^2.$$

习题 8.5

1.计算下列对弧长的曲线积分:

(1) $\int_L \sqrt{y}\mathrm{d}s$,其中 L 是抛物线 $y = x^2$ 上点 $O(0,0)$ 与点 $B(1,1)$ 之间的一段弧;

(2) $\oint_L x\mathrm{d}s$,其中 L 为由直线 $y = x$ 及抛物线 $y = x^2$ 所围成的区域的整个边界;

(3) $\int_L y\mathrm{d}s$,其中 L 是摆线 $x = a(t - \sin t), y = a(1 - \cos t)$ 的一拱($0 \leqslant t \leqslant 2\pi$);

(4) $\int_\Gamma (x^2 + y^2 + z^2)\mathrm{d}s$,其中 Γ 为螺旋线 $x = a\cos t, y = a\sin t, z = kt$ 上相应于 t 从 0 到 2π 的一段弧.

2. 计算 $\int_L y^2 \mathrm{d}x$, 其中 L 为:

(1) 半径为 a、圆心为原点、按逆时针方向绕行的上半圆周;

(2) 从点 $A(a,0)$ 沿 x 轴到点 $B(-a,0)$ 的直线段.

3. 计算 $\int_L 2xy\mathrm{d}x + x^2\mathrm{d}y$, 其中 L 为:

(1) 抛物线 $y = x^2$ 上从 $O(0,0)$ 到 $B(1,1)$ 的一段弧;

(2) 抛物线 $x = y^2$ 上从 $O(0,0)$ 到 $B(1,1)$ 的一段弧;

(3) 有向折线 OAB, 这里 O,A,B 依次是点 $(0,0),(1,0),(1,1)$.

4. 计算下列对坐标的曲线积分:

(1) $\int_L \dfrac{y}{x+1}\mathrm{d}x + 2xy\mathrm{d}y$, 其中 L 是沿 $y = x^2$ 由 $A(0,0)$ 到 $B(1,1)$ 的那一段;

(2) $\int_L (x^2 + y^2)\mathrm{d}x + (x^2 - y^2)\mathrm{d}y$, 其中 L 是沿折线 $y = 1 - |1 - x|$ ($0 \leqslant x \leqslant 2$)从原点经过点 $P(1,1)$ 到点 $B(2,0)$ 的那一段;

(3) $\int_L y\mathrm{d}x + x\mathrm{d}y$, 其中 L 是圆周 $x = R\cos t, y = R\sin t$ 上对应 t 从 0 到 $\dfrac{\pi}{2}$ 的一段弧;

(4) $\int_\Gamma x^2\mathrm{d}x + z\mathrm{d}y - y\mathrm{d}z$, 其中 Γ 是曲线 $x = k\theta, y = a\cos\theta, z = a\sin\theta$ 上对应 θ 从 0 到 π 的一段弧;

(5) $\int_\Gamma x^3\mathrm{d}x + 3zy^2\mathrm{d}y - x^2\mathrm{d}z$, 其中 Γ 是从点 $A(3,2,1)$ 到点 $B(0,0,0)$ 的直线段 AB.

5. 设一个质点在点 $M(x,y)$ 处受到力 $\boldsymbol{F}$ 的作用, $\boldsymbol{F}$ 的大小与点 M 到原点 O 的距离成正比, $\boldsymbol{F}$ 的方向恒指向原点. 此质点由点 $A(a,0)$ 沿椭圆 $\dfrac{x^2}{a^2} + \dfrac{y^2}{b^2} = 1$ 按逆时针方向移动到点 $A(0,b)$, 求力 $\boldsymbol{F}$ 所做的功.

6. 在过点 $O(0,0)$ 和 $A(\pi,0)$ 的曲线族 $y = a\sin x$ ($a > 0$)中, 求一条曲线 L, 使沿该曲线从 O 到 A 的积分 $\int_L (1 + y^3)\mathrm{d}x + (2x + y)\mathrm{d}y$ 的值最小.

7. 利用曲线积分计算下列曲线所围成的图形的面积:

(1) 椭圆 $\dfrac{x^2}{a^2} + \dfrac{y^2}{b^2} = 1$;   (2) 星形线 $x = a\cos^3 t, y = a\sin^3 t$.

8. 利用格林公式, 计算下列曲线积分:

(1) $\oint_C y(2x - 1)\mathrm{d}x - x(x + 1)\mathrm{d}y$, 其中 C 是正向的椭圆 $\dfrac{x^2}{a^2} + \dfrac{y^2}{b^2} = 1$;

(2) $\oint_L (x^2 - 2y)\mathrm{d}x + (3x + ye^y)\mathrm{d}y$, 其中 L 为由直线 $y = 0, x + 2y = 2$ 及圆弧 $x^2 + y^2$

= 1 所围成的区域 D 的正向边界.

9. 求 $I = \int_L [e^x \sin y - b(x + y)]dx + (e^x \cos y - ax)dy$,其中 a,b 为正的常数,L 为从点 $A(2a,0)$ 沿曲线 $y = \sqrt{2ax - x^2}$ 到点 $O(0,0)$ 的弧.

10. 计算 $\int_L (2xy^3 - y^2 \cos x)dx + (1 - 2y\sin x + 3x^2 y^2)dy$,其中 L 为抛物线 $2x = \pi y^2$ 上由点 $O(0,0)$ 到 $(\frac{\pi}{2},1)$ 的一段弧.

11. 设曲线积分 $\int_C xy^2 dx + y\varphi(x)dy$ 与路径无关,其中 $\varphi(x)$ 具有连续的导数,且 $\varphi(0) = 0$. 计算 $\int_{(0,0)}^{(1,1)} xy^2 dx + y\varphi(x)dy$ 的值.

12. 验证 $\dfrac{xdy - ydx}{x^2 + y^2}$ 在右半平面($x > 0$)内是某个函数的全微分,并求出一个这样的函数.

13. 求微分方程 $(x + y + 1)dx + (x - y^2 + 3)dy = 0$ 的通解.

第6节　曲面积分

一、第一类曲面积分

第一类曲面积分是同第一类曲线积分相当的概念.

定义1　设曲面 Σ 是可求面积的,函数 $f(x,y,z)$ 在 Σ 上有界. 把曲面 Σ 分为 n 个小曲面块 $\Delta S_1, \Delta S_2, \cdots, \Delta S_n$,同时将它们的面积也记为 $\Delta S_1, \Delta S_2, \cdots, \Delta S_n$. 在每块 ΔS_i 上任取一点 (ξ_i, η_i, ζ_i),并作和

$$\sum_{i=1}^{n} (\xi_i, \eta_i, \zeta_i) \Delta S_i.$$

若当各小块曲面的直径的最大者 $\lambda \to 0$ 时,这和式的极限总存在,且此极限值不依赖于对 Σ 的分法,也不依赖于 (ξ_i, η_i, ζ_i) 的取法,就称此极限为函数 $f(x,y,z)$ 在曲面 Σ 上**对面积的曲面积分**或**第一类曲面积分**,记作 $\iint_\Sigma f(x,y,z)dS$,即

$$\iint_\Sigma f(x,y,z)dS = \lim_{\lambda \to 0} \sum_{i=1}^{n} f(\xi_i, \eta_i, \zeta_i) \Delta S_i,$$

其中 $f(x,y,z)$ 叫作被积函数,Σ 叫作积分曲面.

同第一类曲线积分一样,比如已知曲面 Σ 上有质量分布,其面密度为 $\rho(x,y,z)$,计算

Σ 的质量就是计算 $\rho(x,y,z)$ 在 Σ 上的第一类曲面积分.

二、第一类曲面积分的计算

设积分曲面 Σ 由方程 $z = z(x,y)$ 给出, Σ 在 xOy 面上的投影区域为 D_{xy}, 函数 $z = z(x,y)$ 在 D_{xy} 上具有连续偏导数, 被积函数 $f(x,y,z)$ 在 Σ 上连续. 将区域 D_{xy} 划分成若干可求面积的小区域 $\Delta\sigma_1, \Delta\sigma_2, \cdots, \Delta\sigma_n$, 令 $\lambda = \max\limits_{1 \le i \le n} \{ \Delta\sigma_i$ 的直径$\}$ [①]. 在这一划分下, 相应的曲面 Σ 亦被划分为若干可求面积的小块 $\Delta S_1, \Delta S_2, \cdots, \Delta S_n$, 并把它们的面积仍记为 $\Delta S_1, \Delta S_2, \cdots, \Delta S_n$, 那么按照定义就有

$$\iint\limits_{\Sigma} f(x,y,z)\,\mathrm{d}S = \lim_{\lambda \to 0} \sum_{i=1}^{n} f(\xi_i, \eta_i, \zeta_i) \Delta S_i.$$

这里点 (ξ_i, η_i, ζ_i) 为 ΔS_i 上的任意一点, 也就是说 (ξ_i, η_i) 为 $\Delta\sigma_i$ 上的任意一点, 而 $\zeta_i = z(\xi_i, \eta_i)$.

再由曲面面积元素的表达式及二重积分的中值定理, 有

$$\Delta S_i = \iint\limits_{\Delta\sigma_i} \sqrt{1 + z_x^2 + z_y^2}\,\mathrm{d}x\mathrm{d}y = \sqrt{1 + z_x^2(\xi_i^*, \eta_i^*) + z_y^2(\xi_i^*, \eta_i^*)}\,\Delta\sigma_i,$$

这里点 (ξ_i^*, η_i^*) 为 $\Delta\sigma_i$ 上一点.

于是

$$\sum_{i=1}^{n} f(\xi_i, \eta_i, \zeta_i) \Delta S_i = \sum_{i=1}^{n} f(\xi_i, \eta_i, \zeta_i) \sqrt{1 + z_x^2(\xi_i^*, \eta_i^*) + z_y^2(\xi_i^*, \eta_i^*)}\,\Delta\sigma_i.$$

由于函数 $f[x,y,z(x,y)], z_x(x,y), z_y(x,y)$ 都在闭区域 D_{xy} 上连续, 可以证明, 当 $\lambda \to 0$ 时, 上式两端的极限相等, 即有

$$\iint\limits_{\Sigma} f(x,y,z)\,\mathrm{d}S = \iint\limits_{D_{xy}} f[x,y,z(x,y)] \sqrt{1 + z_x^2(x,y) + z_y^2(x,y)}\,\mathrm{d}x\mathrm{d}y.$$

这样就将第一类曲面积分化为了二重积分.

如果积分曲面 Σ 由方程 $x = x(y,z)$ 或 $y = y(z,x)$ 给出, 也可类似地把第一类曲面化为相应的二重积分.

例1　计算曲面积分 $\iint\limits_{\Sigma} z\mathrm{d}S$, 其中 Σ 为锥面 $z = \sqrt{x^2 + y^2}$ 在柱体 $x^2 + y^2 \le 2x$ 内的部分.

解　Σ 的方程为

$$z = \sqrt{x^2 + y^2},$$

Σ 在 xOy 面上的投影区域 D_{xy} 为圆形闭区域: $\{(x,y) \mid x^2 + y^2 \le 2x\}$. 又

---

① 曲面的直径是指曲面上任意两点间距离的最大者.

$$dS = \sqrt{1 + z_x^2 + z_y^2}\,dxdy = \sqrt{2}\,dxdy.$$

根据公式有

$$\iint\limits_{\Sigma} z\,dS = \iint\limits_{D_{xy}} \sqrt{x^2 + y^2}\,\sqrt{2}\,dxdy.$$

利用极坐标,得

$$\iint\limits_{\Sigma} z\,dS = \sqrt{2}\int_{\frac{\pi}{2}}^{\frac{\pi}{2}} d\theta \int_0^{2\cos\theta} r \cdot rdr = \frac{16\sqrt{2}}{3}\int_0^{\frac{\pi}{2}} \cos^3\theta d\theta = \frac{16\sqrt{2}}{3} \cdot \frac{2}{3} = \frac{32}{9}\sqrt{2}.$$

三、第二类曲面积分

像对坐标的曲线积分一样,也有对坐标的曲面积分.在对坐标的曲线积分中,我们给积分路径规定了正负方向.同样,在对坐标的曲面积分中,也需对积分曲面规定正负方向.

通常我们所遇到的曲面都是双侧的:如果曲面是闭合的,它就有外侧与内侧之分;如果不是闭合的,就有上侧与下侧或左侧与右侧或前侧与后侧之分.双侧曲面的特征是:一点如果在某侧移动而不越过边界,就不能移动到另一侧去.至于单侧曲面也是存在的,例如莫比乌斯带就是这类曲面的一个典型例子.将长方形纸条 ABCD 先扭转一次,然后使 B 与 D 及 A 与 C 粘合起来(图8-44),构成一非闭的环带.假如用一种颜色涂这个环带,则可以不越过边缘而涂遍它的全部.以后我们遇到的曲面都是指双侧的.

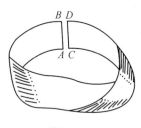

图 8-44

对于双侧曲面,我们通过曲面上法向量的指向来规定曲面的正负方向.对于有上下两侧的曲面,取它的法向量指向朝上的一侧为正向(上侧);对于闭合的曲面,取它的法向量指向朝外的一侧为正向(外侧).

如果曲面的正向朝上,即曲面上任意一点的正法线与 z 轴的夹角是锐角,那么规定曲面在 xOy 面上的投影是正的;反之,是负的.曲面在其他坐标面上的投影的正负也同样规定.因此,当曲面的方向改变时,它在坐标面上的投影也要改变正负号.

现在我们来讨论一个涉及对坐标的曲面积分概念的具体问题.在中学物理里我们已经知道什么叫定常流.设想有速度为 v 的不可压缩的液体(假定密度等于 1)的定常流经过一个有向曲面 Σ,求在单位时间内由负侧流向正侧的总流量.由于流体经 Σ 上各点处的速度是不同的,且 Σ 是一片曲面,因此要采用积分的思想来解决.

将 Σ 划分为许多小块 ΔS_i ($i = 1,2,\cdots,n$),每一小块的面积仍记为 ΔS_i. 只要每个小块的直径都很小,从而可近似地把它看做为一小片平面.在每一个小块内任取一点

(ξ_i,η_i,ζ_i)，在该点处的流速为 $\boldsymbol{v}_i$，曲面在该点的单位法向量为 $\boldsymbol{n}_i$（图 8-45），那么在单位时间内，经过 ΔS_i 的流量可以近似看做以 ΔS_i 为底以 $\boldsymbol{v}$ 为母线的斜柱体的体积，这柱体又等于以 ΔS_i 为底 $\boldsymbol{v}_i \cdot \boldsymbol{n}_i$ 为高的正柱体的体积. 于是，在 Σ 是光滑的和 $\boldsymbol{v}$ 是连续的前提下，在单位时间内从负侧经过 Σ 流向正侧的总流量

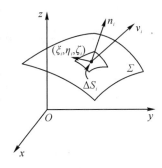

图 8-45

$$\varPhi \approx \sum_{i=1}^{n} \boldsymbol{v}_i \cdot \boldsymbol{n}_i \Delta S_i.$$

设 $\boldsymbol{v}$ 在坐标轴上的投影分别是 $P(x,y,z),Q(x,y,z)$，$R(x,y,z)$，即

$$\boldsymbol{v} = P(x,y,z)\boldsymbol{i} + Q(x,y,z)\boldsymbol{j} + R(x,y,z)\boldsymbol{k}.$$

又设 $\boldsymbol{n}_i$ 的方向角为 $\alpha_i,\beta_i,\gamma_i$，即

$$\boldsymbol{n}_i = \cos\alpha_i\boldsymbol{i} + \cos\beta_i\boldsymbol{j} + \cos\gamma_i\boldsymbol{k}.$$

$$\begin{aligned}\varPhi &\approx \sum_{i=1}^{n} \boldsymbol{v}_i \cdot \boldsymbol{n}_i \Delta S_i \\ &= \sum_{i=1}^{n} \Big[P(\xi_i,\eta_i,\zeta_i)\cos\alpha_i + Q(\xi_i,\eta_i,\zeta_i)\cos\beta_i + R(\xi_i,\eta_i,\zeta_i)\cos\gamma_i \Big] \Delta S_i,\end{aligned}$$

但 $\Delta S_i\cos\alpha_i, \Delta S_i\cos\beta_i, \Delta S_i\cos\gamma_i$ 分别是近似地等于小曲面 ΔS_i 在 yOz 面，zOx 面和 xOy 面上的投影，记作 $(\Delta S_i)_{yz}, (\Delta S_i)_{zx}, (\Delta S_i)_{xy}$. 于是上式可以写成

$$\varPhi \approx \sum_{i=1}^{n} \Big[P(\xi_i,\eta_i,\zeta_i)(\Delta S_i)_{yz} + Q(\xi_i,\eta_i,\zeta_i)(\Delta S_i)_{zx} + R(\xi_i,\eta_i,\zeta_i)(\Delta S_i)_{xy} \Big].$$

当各小块曲面的直径的最大值 $\lambda \to 0$ 时，上述和式的极限就是总流量的精确值了.

由于还有一些其他的问题也会引出类似的和式极限，所以我们一般地引入下面的定义.

定义 2　设 Σ 为光滑的有向曲面，向量函数

$$\boldsymbol{f}(x,y,z) = P(x,y,z)\boldsymbol{i} + Q(x,y,z)\boldsymbol{j} + R(x,y,z)\boldsymbol{k},$$

其中 P,Q,R 都在 Σ 上有界. 将 Σ 划分成 n 块小曲面 ΔS_i（$i = 1,2,\cdots,n$），每一小块的面积仍记为 ΔS_i. ΔS_i 在 yOz 面，zOx 面和 xOy 面上的投影分别为 $(\Delta S_i)_{yz}, (\Delta S_i)_{zx}$ 和 $(\Delta S_i)_{xy}$. 在 ΔS_i 内任取一点 (ξ_i,η_i,ζ_i)，作乘积

$$P(\xi_i,\eta_i,\zeta_i)(\Delta S_i)_{yz} + Q(\xi_i,\eta_i,\zeta_i)(\Delta S_i)_{zx} + R(\xi_i,\eta_i,\zeta_i)(\Delta S_i)_{xy},$$

并作和式

$$\sum_{i=1}^{n} \Big[P(\xi_i,\eta_i,\zeta_i)(\Delta S_i)_{yz} + Q(\xi_i,\eta_i,\zeta_i)(\Delta S_i)_{zx} + R(\xi_i,\eta_i,\zeta_i)(\Delta S_i)_{xy} \Big].$$

如果当各小块曲面的直径的最大值 $\lambda \to 0$ 时，这和式的极限总存在，并且此极限与 Σ 的划

分无关,也与点 (ξ_i, η_i, ζ_i) 的选取无关,那么称此极限为函数 $f(x,y,z)$ 在有向曲面 Σ 上的对坐标的曲面积分或第二类曲面积分,记作

$$\iint\limits_{\Sigma} P(x,y,z)\mathrm{d}y\mathrm{d}z + Q(x,y,z)\mathrm{d}z\mathrm{d}x + Q(x,y,z)\mathrm{d}x\mathrm{d}y,$$

即

$$\iint\limits_{\Sigma} P(x,y,z)\mathrm{d}y\mathrm{d}z + Q(x,y,z)\mathrm{d}z\mathrm{d}x + Q(x,y,z)\mathrm{d}x\mathrm{d}y$$

$$= \lim_{\lambda \to 0} \sum_{i=1}^{n} \left[P(\xi_i, \eta_i, \zeta_i)(\Delta S_i)_{yz} + Q(\xi_i, \eta_i, \zeta_i)(\Delta S_i)_{zx} + R(\xi_i, \eta_i, \zeta_i)(\Delta S_i)_{xy} \right].$$

应当指出,当 $P(x,y,z)$ 、$Q(x,y,z)$ 和 $R(x,y,z)$ 在有向光滑曲面 Σ 上连续时,对坐标的曲面积分是存在的,以后总假定 P 、Q 和 R 在 Σ 上连续.

由定义立即可以知道:如果设 Σ 是有向曲面,Σ^- 表示与 Σ 取相反侧的有向曲面,则

$$\iint\limits_{\Sigma^-} P(x,y,z)\mathrm{d}y\mathrm{d}z + Q(x,y,z)\mathrm{d}z\mathrm{d}x + Q(x,y,z)\mathrm{d}x\mathrm{d}y$$

$$= - \iint\limits_{\Sigma} P(x,y,z)\mathrm{d}y\mathrm{d}z + Q(x,y,z)\mathrm{d}z\mathrm{d}x + Q(x,y,z)\mathrm{d}x\mathrm{d}y,$$

即第二类曲面积分沿不同的侧将改变符号.

四、第二类曲面积分的计算

计算第二类曲面积分

$$\iint\limits_{\Sigma} P(x,y,z)\mathrm{d}y\mathrm{d}z + Q(x,y,z)\mathrm{d}z\mathrm{d}x + Q(x,y,z)\mathrm{d}x\mathrm{d}y,$$

需视积分曲面 Σ 如何表示而定.

1. 设积分曲面 Σ 由 $z = z(x,y)$,$(x,y) \in D_{xy}$ 给出,按对坐标的曲面积分的定义有

$$\iint\limits_{\Sigma} R(x,y,z)\mathrm{d}x\mathrm{d}y = \lim_{\lambda \to 0} \sum_{i=1}^{n} R(\xi_i, \eta_i, \zeta_i)(\Delta S_i)_{xy}.$$

如果 Σ 取上侧,$\cos\gamma > 0$,所以

$$(\Delta S_i)_{xy} = (\Delta \sigma_i)_{xy}.$$

又因 (ξ_i, η_i, ζ_i) 是 Σ 上的一点,故 $\zeta_i = z(\xi_i, \eta_i)$. 从而有

$$\sum_{i=1}^{n} R(\xi_i, \eta_i, \zeta_i)(\Delta S_i)_{xy} = \sum_{i=1}^{n} R[\xi_i, \eta_i, z(\xi_i, \eta_i)](\Delta \sigma_i)_{xy}.$$

令各小块曲面的直径的最大值 $\lambda \to 0$,取上式两边的极限,有

$$\iint\limits_{\Sigma} R(x,y,z)\mathrm{d}x\mathrm{d}y = \iint\limits_{D_{xy}} R[x,y,z(x,y)]\mathrm{d}x\mathrm{d}y.$$

这样就把对坐标的曲面积分化成了二重积分.

需要注意的是,如果积分曲面 Σ 取下侧,这时 $\cos\gamma < 0$,那么

$$(\Delta S_i)_{xy} = - (\Delta\sigma_i)_{xy}.$$

从而有

$$\iint\limits_{\Sigma} R(x,y,z)\,\mathrm{d}x\mathrm{d}y = - \iint\limits_{D_{xy}} R[x,y,z(x,y)]\,\mathrm{d}x\mathrm{d}y.$$

类似地,

2. 如果 Σ 由 $y = y(x,z)$,$(x,z) \in D_{zx}$ 给出,则

$$\iint\limits_{\Sigma} Q(x,y,z)\,\mathrm{d}z\mathrm{d}x = \pm \iint\limits_{D_{zx}} Q[x,y(z,x),z]\,\mathrm{d}z\mathrm{d}x,$$

等式右端的符号选取为:若 Σ 取右侧,应取正号;反之,Σ 取左侧,则取负号.

3. 如果 Σ 由 $x = x(y,z)$,$(y,z) \in D_{yz}$ 给出,则

$$\iint\limits_{\Sigma} P(x,y,z)\,\mathrm{d}y\mathrm{d}z = \pm \iint\limits_{D_{yz}} P[z(y,z),y,z]\,\mathrm{d}y\mathrm{d}z,$$

等式右端的符号选取为:若 Σ 取前侧,应取正号;反之,Σ 取后侧,则取负号.

以上所得的结果都可推广到更一般的情形,即积分曲面 Σ 为一片一片的有限个光滑曲面所合成,这时沿曲面 Σ 的积分等于沿这有限个光滑曲面的积分之和.

例 2　计算曲面积分

$$\iint\limits_{\Sigma} (x^2 - yz)\,\mathrm{d}y\mathrm{d}z + (y^2 - zx)\,\mathrm{d}z\mathrm{d}x + (z^2 - xy)\,\mathrm{d}x\mathrm{d}y,$$

其中 Σ 是三个坐标面与平面 $x = a$,$y = a$,$z = a$($a > 0$)所围成的正方体表面的外侧.

解　把有向曲面 Σ 分成以下六部分:

$$\Sigma_1 : z = a\,(0 \leqslant x \leqslant a, 0 \leqslant y \leqslant a)\text{的上侧};$$

$$\Sigma_2 : z = 0\,(0 \leqslant x \leqslant a, 0 \leqslant y \leqslant a)\text{的下侧};$$

$$\Sigma_3 : x = a\,(0 \leqslant y \leqslant a, 0 \leqslant z \leqslant a)\text{的前侧};$$

$$\Sigma_4 : x = 0\,(0 \leqslant y \leqslant a, 0 \leqslant z \leqslant a)\text{的后侧};$$

$$\Sigma_5 : y = a\,(0 \leqslant x \leqslant a, 0 \leqslant z \leqslant a)\text{的右侧};$$

$$\Sigma_6 : y = 0\,(0 \leqslant x \leqslant a, 0 \leqslant z \leqslant a)\text{的左侧}.$$

除了 Σ_3、Σ_4 外,其余四片曲面在 yOz 面的投影为 0,因此

$$\iint\limits_{\Sigma} (x^2 - yz)\,\mathrm{d}y\mathrm{d}z = \iint\limits_{\Sigma_3} (x^2 - yz)\,\mathrm{d}y\mathrm{d}z + \iint\limits_{\Sigma_4} (x^2 - yz)\,\mathrm{d}y\mathrm{d}z$$

$$= \iint\limits_{D_{yz}} (a^2 - yz)\,\mathrm{d}y\mathrm{d}z - \iint\limits_{D_{yz}} (0^2 - yz)\,\mathrm{d}y\mathrm{d}z = a^2 \iint\limits_{D_{yz}} \mathrm{d}y\mathrm{d}z = a^4.$$

因为在第一个积分中,把 x,y,z 轮换一下就得到后面两个积分,所以后两个积分也都是 a^4.

所以

$$\iint\limits_{\Sigma}(x^2 - yz)\,\mathrm{d}y\mathrm{d}z + (y^2 - zx)\,\mathrm{d}z\mathrm{d}x + (z^2 - xy)\,\mathrm{d}x\mathrm{d}y = 3a^4.$$

例 3　计算曲面积分 $\iint\limits_{\Sigma}(2x + z)\,\mathrm{d}y\mathrm{d}z + z\mathrm{d}x\mathrm{d}y$,其中 Σ 为有向曲面 $z = x^2 + y^2$（$0 \leqslant z \leqslant 1$）,其法向量与 z 轴正向的夹角为锐角.

解　Σ 在 yOz 面上投影 $D_{yz}: y^2 \leqslant z \leqslant 1,\ -1 \leqslant y \leqslant 1$. 它对应两个曲面,一是 Σ_1: $x = -\sqrt{z - y^2},\ 0 \leqslant z \leqslant 1$,其方向指向前侧,因此积分取正号;一是 $\Sigma_2: x = \sqrt{z - y^2}$, $0 \leqslant z \leqslant 1$,其方向指向后侧,因此积分取负号. 于是

$$\begin{aligned}
\iint\limits_{\Sigma}(2x + z)\,\mathrm{d}y\mathrm{d}z &= \iint\limits_{\Sigma_1}(2x + z)\,\mathrm{d}y\mathrm{d}z + \iint\limits_{\Sigma_2}(2x + z)\,\mathrm{d}y\mathrm{d}z \\
&= \iint\limits_{D_{yz}}(-2\sqrt{z - y^2} + z)\,\mathrm{d}y\mathrm{d}z - \iint\limits_{D_{yz}}(2\sqrt{z - y^2} + z)\,\mathrm{d}y\mathrm{d}z \\
&= -4\iint\limits_{D_{yz}}\sqrt{z - y^2}\,\mathrm{d}y\mathrm{d}z = -4\int_{-1}^{1}\mathrm{d}y\int_{y^2}^{1}\sqrt{z - y^2}\,\mathrm{d}z \\
&= -\frac{16}{3}\int_{0}^{1}(1 - y^2)^{\frac{3}{2}}\,\mathrm{d}y \xlongequal{y = \sin t} -\frac{16}{3}\int_{0}^{\frac{\pi}{2}}\cos^4 t\,\mathrm{d}t \\
&= -\frac{16}{3} \cdot \frac{3}{4} \cdot \frac{1}{2} \cdot \frac{\pi}{2} = -\pi.
\end{aligned}$$

Σ 在 xOy 面上投影 $D_{xy}: x^2 + y^2 \leqslant 1$. 于是

$$\iint\limits_{\Sigma}z\mathrm{d}x\mathrm{d}y = \iint\limits_{D_{xy}}(x^2 + y^2)\,\mathrm{d}x\mathrm{d}y = \int_{0}^{2\pi}\mathrm{d}\theta\int_{0}^{1}r^2 \cdot r\mathrm{d}r = \frac{\pi}{2}.$$

所以

$$\iint\limits_{\Sigma}(2x + z)\,\mathrm{d}y\mathrm{d}z + z\mathrm{d}x\mathrm{d}y = -\pi + \frac{\pi}{2} = -\frac{\pi}{2}.$$

五、两类曲面积分的联系

在讨论计算流体通过有限曲面的流量的问题中,我们还可以知道第一类曲面积分与第二类曲面积分有下面的关系式:

$$\iint\limits_{\Sigma}P\mathrm{d}y\mathrm{d}z + Q\mathrm{d}z\mathrm{d}x + R\mathrm{d}x\mathrm{d}y = \iint\limits_{\Sigma}(P\cos\alpha + Q\cos\beta + R\cos\gamma)\,\mathrm{d}S,$$

其中 $\cos\alpha,\cos\beta$ 与 $\cos\gamma$ 是有向曲面 Σ 在点 (x,y,z) 处的法向量的方向余弦.

两类曲面积分之间的联系也可写成如下的向量形式：

$$\iint\limits_{\Sigma} \boldsymbol{f} \cdot \mathrm{d}\boldsymbol{S} = \iint\limits_{\Sigma} \boldsymbol{f} \cdot \boldsymbol{n}\mathrm{d}S,$$

其中 $\boldsymbol{f} = (P,Q,R), \boldsymbol{n} = (\cos\alpha,\cos\beta,\cos\gamma)$ 为有向曲面 Σ 在点 (x,y,z) 处的单位向量，$\mathrm{d}\boldsymbol{S} = \boldsymbol{n}\mathrm{d}S = (\mathrm{d}y\mathrm{d}z,\mathrm{d}z\mathrm{d}x,\mathrm{d}x\mathrm{d}y)$ 称为**有向曲面元**.

例 4　计算曲面积分

$$\iint\limits_{\Sigma}[f(x,y,z) + x]\mathrm{d}y\mathrm{d}z + [2f(x,y,z) + y]\mathrm{d}z\mathrm{d}x + [f(x,y,z) + z]\mathrm{d}x\mathrm{d}y,$$

其中 $f(x,y,z)$ 为连续函数，Σ 是平面 $x - y + z = 1$ 在第四卦限部分的上侧.

解　在 Σ 上，$z = 1 - x + y$. 由于 Σ 取上侧，故 Σ 在点 (x,y,z) 处的单位法向量为

$$\boldsymbol{n} = (\cos\alpha,\cos\beta,\cos\gamma) = \frac{1}{\sqrt{1 + z_x^2 + z_y^2}}(-z_x, -z_y, 1) = \left(\frac{1}{\sqrt{3}}, -\frac{1}{\sqrt{3}}, \frac{1}{\sqrt{3}}\right).$$

由两类曲面积分之间的联系，得

$$\iint\limits_{\Sigma}[f(x,y,z) + x]\mathrm{d}y\mathrm{d}z + [2f(x,y,z) + y]\mathrm{d}z\mathrm{d}x + [f(x,y,z) + z]\mathrm{d}x\mathrm{d}y$$

$$= \iint\limits_{\Sigma}[(f + x)\cos\alpha + (2f + y)\cos\beta + (f + z)\cos\gamma]\mathrm{d}S$$

$$= \frac{1}{\sqrt{3}}\iint\limits_{\Sigma}[(f + x) - (2f + y) + (f + z)]\mathrm{d}S = \frac{1}{\sqrt{3}}\iint\limits_{\Sigma}(x - y + z)\mathrm{d}S$$

$$= \frac{1}{\sqrt{3}}\iint\limits_{\Sigma}1 \cdot \mathrm{d}S = \frac{1}{\sqrt{3}} \cdot (\Sigma \text{ 的面积}) = \frac{1}{\sqrt{3}} \cdot \frac{\sqrt{3}}{2} = \frac{1}{2}.$$

六、高斯公式

格林(Green)公式表达了平面闭区域上的一个二重积分与其边界曲线上的曲线积分之间的关系，而高斯(Gauss)公式表达空间闭区域上的一个三重积分与其边界曲面上的曲面积分之间的关系.

定理 1(高斯公式)　设空间闭区域 Ω 是由分片光滑的闭曲面 Σ 所围，若函数 $P(x,y,z), Q(x,y,z), R(x,y,z)$ 在 Ω 及 Σ 上具有关于 x,y,z 的一阶连续偏导数，则有

$$\iiint\limits_{\Omega}\left(\frac{\partial P}{\partial x} + \frac{\partial Q}{\partial y} + \frac{\partial R}{\partial z}\right)\mathrm{d}v = \oiint\limits_{\Sigma}P\mathrm{d}y\mathrm{d}z + Q\mathrm{d}z\mathrm{d}x + R\mathrm{d}x\mathrm{d}y,$$

或

$$\iiint\limits_{\Omega}\left(\frac{\partial P}{\partial x} + \frac{\partial Q}{\partial y} + \frac{\partial R}{\partial z}\right)\mathrm{d}v = \oiint\limits_{\Sigma}(P\cos\alpha + Q\cos\beta + R\cos\gamma)\mathrm{d}S,$$

这里 Σ 是 Ω 的整个边界曲面的外侧，$\cos\alpha,\cos\beta,\cos\gamma$ 是 Σ 在点 (x,y,z) 处的法向量的方

向余弦.

证 假设任一平行于坐标轴的直线和边界曲面 Σ 至多只有两个交点. 这时 Σ 可分成 Σ_1,Σ_2 和 Σ_3 三部分,其中 Σ_1 和 Σ_2 分别由方程 $z = z_1(x,y)$ 和 $z = z_2(x,y)$ 给定,这里 $z_1(x,y) \leqslant z_2(x,y)$;$\Sigma_3$ 是以 Ω 在 xOy 面上投影 D_{xy} 的边界曲线为准线而母线平行于 z 轴的柱面上的一部分(图 8-46). 那么

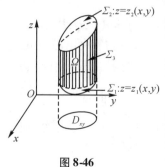

图 8-46

$$
\iiint_{\Omega} \frac{\partial R}{\partial z} \mathrm{d}v
$$

$$
= \iint_{D_{xy}} \left\{ \int_{z_1(x,y)}^{z_2(x,y)} \frac{\partial R}{\partial z} \mathrm{d}z \right\} \mathrm{d}x\mathrm{d}y
$$

$$
= \iint_{D_{xy}} R[x,y,z_2(x,y)] \mathrm{d}x\mathrm{d}y - \iint_{D_{xy}} R[x,y,z_1(x,y)] \mathrm{d}x\mathrm{d}y.
$$

由于 Σ 是 Ω 的整个边界曲面的外侧,所以 Σ_1 取下侧,Σ_2 取上侧,Σ_3 取外侧. 于是

$$
\iint_{\Sigma_1} R(x,y,z) \mathrm{d}x\mathrm{d}y = - \iint_{D_{xy}} R[x,y,z_1(x,y)] \mathrm{d}x\mathrm{d}y,
$$

$$
\iint_{\Sigma_2} R(x,y,z) \mathrm{d}x\mathrm{d}y = \iint_{D_{xy}} R[x,y,z_2(x,y)] \mathrm{d}x\mathrm{d}y.
$$

因为 Σ_3 在 xOy 面的投影为 0,所以 $\displaystyle\iint_{\Sigma_3} R(x,y,z) \mathrm{d}x\mathrm{d}y = 0$.

从而

$$
\iint_{\Sigma} R(x,y,z) \mathrm{d}x\mathrm{d}y
$$

$$
= \iint_{\Sigma_1} R(x,y,z) \mathrm{d}x\mathrm{d}y + \iint_{\Sigma_2} R(x,y,z) \mathrm{d}x\mathrm{d}y + \iint_{\Sigma_3} R(x,y,z) \mathrm{d}x\mathrm{d}y
$$

$$
= - \iint_{D_{xy}} R[x,y,z_1(x,y)] \mathrm{d}x\mathrm{d}y + \iint_{D_{xy}} R[x,y,z_2(x,y)] \mathrm{d}x\mathrm{d}y.
$$

比较可知

$$
\iiint_{\Omega} \frac{\partial R}{\partial z} \mathrm{d}v = \oiint_{\Sigma} R(x,y,z) \mathrm{d}x\mathrm{d}y.
$$

类似地可得

$$
\iiint_{\Omega} \frac{\partial P}{\partial x} \mathrm{d}v = \oiint_{\Sigma} P(x,y,z) \mathrm{d}y\mathrm{d}z,
$$

$$
\iiint_{\Omega} \frac{\partial Q}{\partial y} \mathrm{d}v = \oiint_{\Sigma} Q(x,y,z) \mathrm{d}z\mathrm{d}x.
$$

把以上式子两端相加,即得高斯公式.

根据两类曲面积分的联系式,高斯公式也可写作

$$\iiint\limits_{\Omega} \Big(\frac{\partial P}{\partial x} + \frac{\partial Q}{\partial y} + \frac{\partial R}{\partial z} \Big) \mathrm{d}v = \oiint\limits_{\Sigma} (P\cos\alpha + Q\cos\beta + R\cos\gamma)\,\mathrm{d}S.$$

在上面的证明中,我们假设了穿过 Ω 内部且平行于坐标轴的直线与 Ω 的边界曲面 Σ 的交点至多只有两个. 如果不满足这样的条件,可以引进几张辅助曲面将区域 Ω 分为几个区域,使每个区域的边界曲面和平行于坐标轴的直线交点至多两个,或者边界曲面上含有平行于坐标轴的某些直线,然后在这些部分区域内应用高斯公式. 由于沿辅助曲面相反两侧的两个曲面积分的绝对值相等而符号相反,相加时正好抵消,因此高斯公式仍旧成立.

例 5　利用高斯公式计算曲面积分

$$\oiint\limits_{\Sigma} xy\mathrm{d}y\mathrm{d}z + yz\mathrm{d}z\mathrm{d}x + xz\mathrm{d}x\mathrm{d}y,$$

其中 Σ 是由平面 $x = 0, y = 0, z = 0, x + y + z = 1$ 所围成的四面体 Ω 的整个边界曲面的外侧.

解　因 $P = xy, Q = yz, R = xz$, 则

$$\frac{\partial P}{\partial x} + \frac{\partial Q}{\partial y} + \frac{\partial R}{\partial z} = y + z + x.$$

利用高斯公式把所给的曲面积分化为三重积分,再利用直角坐标计算这三重积分,得

$$\oiint\limits_{\Sigma} xy\mathrm{d}y\mathrm{d}z + yz\mathrm{d}z\mathrm{d}x + xz\mathrm{d}x\mathrm{d}y$$

$$= \iiint\limits_{\Omega} (y + z + x)\,\mathrm{d}v \xrightarrow{\text{利用对称性}} 3\iiint\limits_{\Omega} z\mathrm{d}v = 3\int_0^1 \mathrm{d}x \int_0^{1-x} \mathrm{d}y \int_0^{1-x-y} z\mathrm{d}z$$

$$= 3\int_0^1 \mathrm{d}x \int_0^{1-x} \frac{1}{2}(1 - x - y)^2 \mathrm{d}y = 3\int_0^1 \frac{1}{6}(1 - x)^3 \mathrm{d}x = 3 \times \frac{1}{24} = \frac{1}{8}.$$

例 6　利用高斯公式计算曲面积分

$$\iint\limits_{\Sigma} (x^3 + az^2)\mathrm{d}y\mathrm{d}z + (y^3 + ax^2)\mathrm{d}z\mathrm{d}x + (z^3 + ay^2)\mathrm{d}x\mathrm{d}y,$$

其中 Σ 为上半球面 $z = \sqrt{a^2 - x^2 - y^2}$ 的上侧.

解　因曲面 Σ 不是封闭曲面,故不能直接利用高斯公式. 若设 Σ_1 为 $z = 0$（$x^2 + y^2 \leqslant a^2$）的下侧,则 Σ 与 Σ_1 一起构成一个封闭曲面,记它们围成的空间区域为 Ω,利用高斯公式把所给的曲面积分化为三重积分,再利用球面坐标计算这三重积分,得

$$\iint\limits_{\Sigma+\Sigma_1} (x^3 + az^2)\,dydz + (y^3 + ax^2)\,dzdx + (z^3 + ay^2)\,dxdy$$

$$= \iiint\limits_{\Omega} 3(x^2 + y^2 + z^2)\,dv = 3\int_0^{2\pi}d\theta\int_0^{\frac{\pi}{2}}d\varphi\int_0^a \rho^2 \cdot \rho^2\sin\varphi d\rho = \frac{6}{5}\pi a^5.$$

而

$$\iint\limits_{\Sigma_1} (x^3 + az^2)\,dydz + (y^3 + ax^2)\,dzdx + (z^3 + ay^2)\,dxdy$$

$$= 0 + 0 + \iint\limits_{\Sigma_1} (z^3 + ay^2)\,dxdy = -\iint\limits_{D_{xy}} (0^3 + ay^2)\,dxdy,$$

其中 $D_{xy} = \{(x,y) \mid x^2 + y^2 \leqslant a^2\}$. 注意到所补曲面 Σ_1 为 $z = 0$ ($x^2 + y^2 \leqslant a^2$) 的下侧, 故等号前取"$-$",利用极坐标便得

$$\iint\limits_{\Sigma_1} (x^3 + az^2)\,dydz + (y^3 + ax^2)\,dzdx + (z^3 + ay^2)\,dxdy$$

$$= -\int_0^{2\pi}d\theta\int_0^a a \cdot r^2\sin^2\theta \cdot rdr = -\frac{1}{4}\pi a^5.$$

因此

$$\iint\limits_{\Sigma} (x^3 + az^2)\,dydz + (y^3 + ax^2)\,dzdx + (z^3 + ay^2)\,dxdy$$

$$= \iint\limits_{\Sigma+\Sigma_1} (x^3 + az^2)\,dydz + (y^3 + ax^2)\,dzdx + (z^3 + ay^2)\,dxdy$$

$$- \iint\limits_{\Sigma_1} (x^3 + az^2)\,dydz + (y^3 + ax^2)\,dzdx + (z^3 + ay^2)\,dxdy$$

$$= \frac{6}{5}\pi a^5 + \frac{1}{4}\pi a^5 = \frac{29}{20}\pi a^5.$$

七、斯托克斯公式

斯托克斯(Stokes)公式把格林(Green)由平面推广到曲面,使在曲面 Σ 上的曲面积分与沿着 Σ 的边界曲线的曲线积分联系起来. 这个联系叙述如下:

定理 2(斯托克斯公式) 设光滑曲面 Σ 的边界为光滑曲线 Γ,若函数 $P(x,y,z)$, $Q(x,y,z)$ 与 $R(x,y,z)$ 在曲面 Σ 及曲线 Γ 上具有对 x,y,z 的一阶连续偏导数,则有

$$\oint_{\Gamma} Pdx + Qdy + Rdz = \iint\limits_{\Sigma} \left(\frac{\partial R}{\partial y} - \frac{\partial Q}{\partial z}\right)dydz + \left(\frac{\partial P}{\partial z} - \frac{\partial R}{\partial x}\right)dzdx + \left(\frac{\partial Q}{\partial x} - \frac{\partial P}{\partial y}\right)dxdy,$$

其中曲线积分的方向和曲面的侧按右手法则联系,就是说,当右手除拇指外的四指依 Γ

的绕行方向时,拇指所指的方向与 Σ 上法向量的指向相同.

　　证　设光滑曲面 Σ 在 xOy 面上的投影为 D_{xy},并假定通过 D_{xy} 上的一点平行于 z 轴的直线与 Σ 只有一个点,Σ 的边界 Γ 在 xOy 面上的投影为 C(图 8-47).

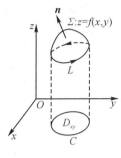

图 8-47

　　先考虑曲面积分 $\displaystyle\iint_{\Sigma}\frac{\partial P}{\partial z}\mathrm{d}z\mathrm{d}x - \frac{\partial P}{\partial y}\mathrm{d}x\mathrm{d}y.$

根据两类曲面积分之间的联系有

$$\iint_{\Sigma}\frac{\partial P}{\partial z}\mathrm{d}z\mathrm{d}x - \frac{\partial P}{\partial y}\mathrm{d}x\mathrm{d}y = \iint_{\Sigma}\left(\frac{\partial P}{\partial z}\cos\beta - \frac{\partial P}{\partial y}\cos\gamma\right)\mathrm{d}S.$$

不妨设 Σ 为曲面 $z = f(x,y)$ 的上侧,则它的法向量的方向余弦为

$$\cos\alpha = \frac{-f_x}{\sqrt{1+f_x^2+f_y^2}},\cos\beta = \frac{-f_y}{\sqrt{1+f_x^2+f_y^2}},\cos\gamma = \frac{1}{\sqrt{1+f_x^2+f_y^2}}.$$

于是

$$\iint_{\Sigma}\frac{\partial P}{\partial z}\mathrm{d}z\mathrm{d}x - \frac{\partial P}{\partial y}\mathrm{d}x\mathrm{d}y = -\iint_{\Sigma}\left(\frac{\partial P}{\partial y} + \frac{\partial P}{\partial z}f_y\right)\cos\gamma\mathrm{d}S,$$

　　上式右端的曲面积分可以化为二重积分,这时应把 $P(x,y,z)$ 中的 z 用 $f(x,y)$ 来代替,即有

$$\iint_{\Sigma}\frac{\partial P}{\partial z}\mathrm{d}z\mathrm{d}x - \frac{\partial P}{\partial y}\mathrm{d}x\mathrm{d}y = -\iint_{D_{xy}}\left(\frac{\partial P}{\partial z} + \frac{\partial P}{\partial y}f_y\right)\mathrm{d}x\mathrm{d}y.$$

　　再考虑积分 $\displaystyle\oint_{\Gamma}P\mathrm{d}x.$ 注意到

$$\oint_{\Gamma}P\mathrm{d}x = \oint_{C}P[x,y,f(x,y)]\mathrm{d}x.$$

　　对上式右端应用格林公式,得

$$\oint_{C}P[x,y,f(x,y)]\mathrm{d}x = -\iint_{D_{xy}}\frac{\partial}{\partial y}P[x,y,f(x,y)]\mathrm{d}x\mathrm{d}y = -\iint_{D_{xy}}\left(\frac{\partial P}{\partial y} + \frac{\partial P}{\partial z}f_y\right)\mathrm{d}x\mathrm{d}y.$$

因此

$$\oint_{\Gamma}P\mathrm{d}x = \iint_{\Sigma}\frac{\partial P}{\partial z}\mathrm{d}z\mathrm{d}x - \frac{\partial P}{\partial y}\mathrm{d}x\mathrm{d}y.$$

同样可证

$$\oint_{\Gamma}Q\mathrm{d}y = \iint_{\Sigma}\frac{\partial Q}{\partial x}\mathrm{d}x\mathrm{d}y - \frac{\partial Q}{\partial z}\mathrm{d}y\mathrm{d}z,$$

$$\oint_{\Gamma}R\mathrm{d}z = \iint_{\Sigma}\frac{\partial R}{\partial y}\mathrm{d}y\mathrm{d}z - \frac{\partial R}{\partial x}\mathrm{d}z\mathrm{d}x.$$

三式相加便得斯托克斯公式.

像前面一样,当曲面和 z 轴的平行直线的交点不止一个时,可以将曲面分成若干块,使每一块和 z 轴的平行直线的交点不多于一个. 不难验证,对这种曲面,斯托克斯公式仍然成立.

为了便于记忆,斯托克斯可以写成

$$\oint_{\Gamma} P\mathrm{d}x + Q\mathrm{d}y + R\mathrm{d}z = \iint_{\Sigma} \begin{vmatrix} \mathrm{d}y\mathrm{d}z & \mathrm{d}z\mathrm{d}x & \mathrm{d}x\mathrm{d}y \\ \dfrac{\partial}{\partial x} & \dfrac{\partial}{\partial y} & \dfrac{\partial}{\partial z} \\ P & Q & R \end{vmatrix},$$

其中的行列式按第一行展开,并把 $\dfrac{\partial}{\partial y}$ 与 R 的"积"理解为 $\dfrac{\partial R}{\partial y}$,$\dfrac{\partial}{\partial z}$ 与 Q 的"积"理解为 $\dfrac{\partial Q}{\partial z}$,等等.

利用两类曲面积分之间的联系,还可得斯托克斯公式的另一形式:

$$\oint_{\Gamma} P\mathrm{d}x + Q\mathrm{d}y + R\mathrm{d}z = \iint_{\Sigma} \begin{vmatrix} \cos\alpha & \cos\beta & \cos\gamma \\ \dfrac{\partial}{\partial x} & \dfrac{\partial}{\partial y} & \dfrac{\partial}{\partial z} \\ P & Q & R \end{vmatrix} \mathrm{d}S,$$

其中 $\boldsymbol{n} = (\cos\alpha,\cos\beta,\cos\gamma)$ 为有向曲面 Σ 在点 (x,y,z) 处的单位法向量.

例 7 利用斯托克斯公式计算曲线积分

$$\oint_{\Gamma} y\mathrm{d}x + z\mathrm{d}y + x\mathrm{d}z,$$

其中 Γ 是以 $A_1(a,0,0)$,$A_2(0,a,0)$,$A_3(0,0,a)$ 为顶点的三角形($a > 0$)的整个边界,方向由 A_1 经 A_2,A_3 再回到 A_1 (图 8-48).

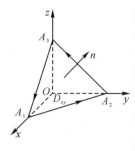

图 8-48

解 按斯托克斯公式,有

$$\oint_{\Gamma} y\mathrm{d}x + z\mathrm{d}y + x\mathrm{d}z = -\iint_{\Sigma} \mathrm{d}x\mathrm{d}y + \mathrm{d}y\mathrm{d}z + \mathrm{d}z\mathrm{d}x.$$

其中 Σ 是由 A_1,A_2 和 A_3 构成的平面三角形,按右手法则取上侧. 而

$$\iint_{\Sigma} \mathrm{d}y\mathrm{d}z = \iint_{D_{yz}} \mathrm{d}y\mathrm{d}z = \frac{1}{2}a^2,$$

$$\iint_{\Sigma} \mathrm{d}z\mathrm{d}x = \iint_{D_{zx}} \mathrm{d}z\mathrm{d}x = \frac{1}{2}a^2,$$

$$\iint_{\Sigma} \mathrm{d}x\mathrm{d}y = \iint_{D_{xy}} \mathrm{d}x\mathrm{d}y = \frac{1}{2}a^2,$$

其中 D_{yz}, D_{zx} 与 D_{xy} 分别为 Σ 在 yOz 面, zOx 面与 xOy 面上的投影区域, 因此

$$\oint_{\Gamma} y\mathrm{d}x + z\mathrm{d}y + x\mathrm{d}z = -\frac{3}{2}a^2.$$

习题 8.6

1. 设有一分布着质量的曲面 Σ, 在点 (x,y,z) 处它的面密度为 $\mu(x,y,z)$, 用对面积的曲面积分表示这曲面对于 x 轴的转动惯量.

2. 计算下列第一类曲面积分:

(1) $\iint\limits_{\Sigma} (x + y + z)\mathrm{d}S$, 其中 Σ 是球面 $x^2 + y^2 + z^2 = a^2, z \geq 0$;

(2) $\oiint\limits_{\Sigma} z\mathrm{d}S$, 其中 Σ 是由平面 $x = 0, y = 0, z = 0$ 及 $x + y + z = 1$ 所围成的四面体的整个边界曲面;

(3) $\iint\limits_{\Sigma} (xy + yz + zx)\mathrm{d}S$, 其中 Σ 为锥面 $z = \sqrt{x^2 + y^2}$ 被柱面 $x^2 + y^2 = 2ax$ 所截得的有限部分;

(4) $\iint\limits_{\Sigma} \frac{1}{x^2 + y^2 + z^2}\mathrm{d}S$, 其中 Σ 是介于平面 $z = 0$ 及 $z = H$ 之间的圆柱面 $x^2 + y^2 = R^2$.

3. 计算下列第二类曲面积分:

(1) $\iint\limits_{\Sigma} xyz\mathrm{d}x\mathrm{d}y$, 其中 Σ 是球面 $x^2 + y^2 + z^2 = 1$ 外侧在 $x \geq 0, y \geq 0$ 的部分;

(2) $\iint\limits_{\Sigma} z\mathrm{d}x\mathrm{d}y + x\mathrm{d}y\mathrm{d}z + y\mathrm{d}z\mathrm{d}x$, 其中 Σ 是柱面 $x^2 + y^2 = 1$ 被平面 $z = 0$ 及 $z = 3$ 所截得的在第一卦限内的部分的前侧;

(3) $\iint\limits_{\Sigma} (z^2 + x)\mathrm{d}y\mathrm{d}z - z\mathrm{d}x\mathrm{d}y$, 其中 Σ 是旋转抛物面 $z = \frac{1}{2}(x^2 + y^2)$ 介于平面 $z = 0$ 及 $z = 2$ 之间的部分的下侧.

4. 利用高斯公式计算曲面积分:

(1) $\oiint\limits_{\Sigma} \left(x^3 + \frac{x}{a^2}\right)\mathrm{d}y\mathrm{d}z + (y^3 - xz)\mathrm{d}z\mathrm{d}x + \left(z^3 - \frac{z}{a^2}\right)\mathrm{d}x\mathrm{d}y$, 其中 Σ 为球面 $x^2 + y^2 + z^2 = 2z$ 所围成的空间闭区域 Ω 的整个边界的外侧, a 为常数;

(2) $\oiint\limits_{\Sigma} (x - y)\mathrm{d}x\mathrm{d}y + (y - z)x\mathrm{d}y\mathrm{d}z$, 其中 Σ 为柱面 $x^2 + y^2 = 1$ 及平面 $z = 0, z = 3$ 所围成的空间闭区域 Ω 的整个边界曲面的外侧;

(3) $\iint\limits_{\Sigma}(x^3\cos\alpha + y^3\cos\beta + z^3\cos\gamma)\,\mathrm{d}S$，其中 Σ 为锥面 $x^2 + y^2 = z^2$ 介于平面 $z = 0$ 及平面 $z = h$（$h > 0$）之间的部分下侧，$\cos\alpha,\cos\beta$ 与 $\cos\gamma$ 是 Σ 在点 (x,y,z) 处的法向量的方向余弦;

(4) $\iint\limits_{\Sigma}x\mathrm{d}y\mathrm{d}z + y\mathrm{d}z\mathrm{d}x + z\mathrm{d}x\mathrm{d}y$，其中 Σ 为半球面 $z = \sqrt{R^2 - x^2 - y^2}$ 的上侧.

5. 利用斯托克斯公式,计算下列曲线积分:

(1) $\oint_{\Gamma}y\mathrm{d}x + z\mathrm{d}y + x\mathrm{d}z$，其中 Γ 为圆周 $x^2 + y^2 + z^2 = a^2, x + y + z = 0$，若从 x 轴的正向看去,这圆周是取逆时针方向;

(2) $\oint_{\Gamma}(y - z)\mathrm{d}x + (z - x)\mathrm{d}y + (x - y)\mathrm{d}z$，其中 Γ 为椭圆 $x^2 + y^2 = a^2, \dfrac{x}{a} + \dfrac{z}{b} = 1$（$a > 0, b > 0$）,若从 x 轴正向看去,这椭圆是取逆时针方向;

(3) $\oint_{\Gamma}3y\mathrm{d}x - xz\mathrm{d}y + yz^2\mathrm{d}z$，其中 Γ 是圆周 $x^2 + y^2 = 2z, z = 2$，若从 z 轴正向看去,这圆周是取逆时针方向;

(4) $\oint_{\Gamma}2y\mathrm{d}x + 3x\mathrm{d}y - z^2\mathrm{d}z$，其中 Γ 是圆周 $x^2 + y^2 + z^2 = 9, z = 0$，若从 z 轴正向看去,这圆周是取逆时针方向.

复习题八

一、单项选择题

1. 设 $I = \iint\limits_{|x|+|y|\leqslant 2}\dfrac{\mathrm{d}x\mathrm{d}y}{2 + \cos^2 x + \cos^2 y}$，则（   ）.

(A) $\dfrac{1}{4} < I < \dfrac{1}{2}$ (B) $\dfrac{1}{2} < I < 1$

(C) $1 < I < 2$ (D) $2 < I < 4$

2. 设函数 $f(x)$ 在区间 $[0,1]$ 上连续，$0 < f(x) < 1$，且 $\int_0^1 f(x)\mathrm{d}x < \dfrac{1}{2}$，记

$I_1 = \int_0^1\int_0^1 \sqrt{f(x)(1 - f(y))}\,\mathrm{d}x\mathrm{d}y, I_2 = \int_0^1\int_0^1 f(x)\sqrt{1 - f(y)}\,\mathrm{d}x\mathrm{d}y, I_3 = \int_0^1\int_0^1 f(x)f(y)\mathrm{d}x\mathrm{d}y$，则（   ）.

(A) $I_1 < I_2 < I_3$ (B) $I_1 < I_3 < I_2$

(C) $I_2 < I_1 < I_3$ (D) $I_3 < I_2 < I_1$

3. 设函数 $f(x)$ 连续,记 $I = \int_{-1}^{1} f(x)\,dx, D = \left\{(x,y) \mid |x| \leqslant 2, |y| \leqslant \dfrac{1}{3}\right\}$, 则 $\iint\limits_{D} f(\dfrac{x}{2}) f(3y)\,dxdy = ($ $)$.

(A) $\dfrac{2}{3} I$　　　(B) $\dfrac{2}{3} I^2$　　　(C) $\dfrac{3}{2} I$　　　(D) $\dfrac{3}{2} I^2$

4. 设函数 $f(x,y)$ 连续,交换二次积分次序得 $\int_0^1 dy \int_{2y-2}^0 f(x,y)\,dx = ($ $)$.

(A) $\int_{-2}^0 dx \int_0^{1+\frac{x}{2}} f(x,y)\,dy$　　　(B) $\int_{-2}^0 dx \int_{1+\frac{x}{2}}^0 f(x,y)\,dy$

(C) $\int_0^2 dx \int_0^{1-\frac{x}{2}} f(x,y)\,dy$　　　(D) $\int_0^2 dx \int_{1-\frac{x}{2}}^0 f(x,y)\,dy$

5. 设 D 是 xOy 平面上以 $(1,1),(-1,1)$ 和 $(-1,-1)$ 为顶点的三角形区域, D_1 是 D 在第一象限的部分,则 $\iint\limits_{D}(xy + \cos x \sin y)\,dxdy$ 等于$($ $)$.

(A) $2\iint\limits_{D_1} \cos x \sin y\,dxdy$　　　(B) $2\iint\limits_{D_1} xy\,dxdy$

(C) $4\iint\limits_{D_1}(xy + \cos x \sin y)\,dxdy$　　　(D) 0

6. 累次积分 $\int_0^{\frac{\pi}{2}} d\theta \int_0^{\cos\theta} f(r\cos\theta, r\sin\theta) r\,dr$ 可以写成$($ $)$.

(A) $\int_0^1 dy \int_0^{\sqrt{y-y^2}} f(x,y)\,dx$　　　(B) $\int_0^1 dy \int_0^{\sqrt{1-y^2}} f(x,y)\,dx$

(C) $\int_0^1 dx \int_0^1 f(x,y)\,dy$　　　(D) $\int_0^1 dx \int_0^{\sqrt{x-x^2}} f(x,y)\,dy$

7. 设有空间区域 $\Omega_1: x^2 + y^2 + z^2 \leqslant R^2, z \geqslant 0$ 及 $\Omega_2: x^2 + y^2 + z^2 \leqslant R^2, x \geqslant 0, y \geqslant 0, z \geqslant 0$, 则$($ $)$.

(A) $\iiint\limits_{\Omega_1} x\,dv = 4\iiint\limits_{\Omega_2} x\,dv$　　　(B) $\iiint\limits_{\Omega_1} y\,dv = 4\iiint\limits_{\Omega_2} y\,dv$

(C) $\iiint\limits_{\Omega_1} z\,dv = 4\iiint\limits_{\Omega_2} z\,dv$　　　(D) $\iiint\limits_{\Omega_1} xyz\,dv = 4\iiint\limits_{\Omega_2} xyz\,dv$

*8. 设 S 是平面 $x + y + z = 4$ 被圆柱面 $x^2 + y^2 = 1$ 截出的有限部分,则曲面积分 $\iint\limits_{S} y\,dS$ 的值是$($ $)$.

(A) 0　　　(B) $\dfrac{4}{3}\sqrt{3}$　　　(C) $4\sqrt{3}$　　　(D) π

*9. 设 $S: x^2 + y^2 + z^2 = a^2 (z \geqslant 0)$，$S_1$ 为 S 在第一卦限中的部分，则有（　　）.

(A) $\iint\limits_{S} x \mathrm{d}S = 4\iint\limits_{S_1} x \mathrm{d}S$　　　　(B) $\iint\limits_{S} y \mathrm{d}S = 4\iint\limits_{S_1} y \mathrm{d}S$

(C) $\iint\limits_{S} z \mathrm{d}S = 4\iint\limits_{S_1} x \mathrm{d}S$　　　　(D) $\iint\limits_{S} xyz \mathrm{d}S = 4\iint\limits_{S_1} xyz \mathrm{d}S$

二、填空题

1. 交换积分次序 $\int_0^1 \mathrm{d}y \int_{\sqrt{y}}^{\sqrt{2-y^2}} f(x,y) \mathrm{d}x = $ _____.

2. 交换积分次序：$\int_0^{\frac{1}{4}} \mathrm{d}y \int_y^{\sqrt{y}} f(x,y) \mathrm{d}x + \int_{\frac{1}{4}}^{\frac{1}{2}} \mathrm{d}y \int_y^{\frac{1}{2}} f(x,y) \mathrm{d}x = $ _____.

3. 交换二次积分的积分次序：$\int_{-1}^0 \mathrm{d}y \int_2^{1-y} f(x,y) \mathrm{d}x = $ _____.

4. 积分 $\int_0^2 \mathrm{d}x \int_x^2 \mathrm{e}^{-y^2} \mathrm{d}y = $ _____.

5. 设 $D = \{(x,y) \mid x^2 + y^2 \leqslant 1, 0 \leqslant y \leqslant x\}$，则 $\iint\limits_{D} \mathrm{e}^{x^2+y^2} \mathrm{d}x\mathrm{d}y = $ _____.

6. 设区域 D 为 $x^2 + y^2 \leqslant R^2$，则 $\iint\limits_{D} \left(\dfrac{x^2}{a^2} + \dfrac{y^2}{b^2}\right) \mathrm{d}x\mathrm{d}y = $ _____.

*7. 设 L 为取正向的圆周 $x^2 + y^2 = 9$，则曲线积分 $\oint_L (2xy - 2y) \mathrm{d}x + (x^2 - 4x) \mathrm{d}y$ 的值是_____.

*8. 设平面曲线 L 为下半圆周 $y = -\sqrt{1-x^2}$，则曲线积分 $\int_L (x^2 + y^2) \mathrm{d}s = $ _____.

*9. 设 l 为椭圆 $\dfrac{x^2}{4} + \dfrac{y^2}{3} = 1$，其周长为 a，则 $\oint_L (2xy + 3x^2 + 4y^2) \mathrm{d}s = $ _____.

*10. 设 S 为球面 $x^2 + y^2 + z^2 = 9$ 的外侧面，则曲面积分 $\iint\limits_{S} z \mathrm{d}x\mathrm{d}y$ 的值是_____.

三、解答题

1. 证明：$\int_0^a \mathrm{d}y \int_0^y \mathrm{e}^{m(a-x)} f(x) \mathrm{d}x = \int_0^a (a-x) \mathrm{e}^{m(a-x)} f(x) \mathrm{d}x$.

2. 计算二重积分 $I = \iint\limits_{D} \sqrt{x} \mathrm{e}^{-y^2} \mathrm{d}x\mathrm{d}y$，其中有界区域 D 由直线 $x = 0, y = 1$ 及曲线 $y = \sqrt{x}$ 围成.

3. 计算二重积分 $\iint\limits_{D} (x-1) y \mathrm{d}x\mathrm{d}y$，其中区域 D 由曲线 $x = 1 + \sqrt{y}$ 和直线 $y = 1 - x$ 及 $y = 1$ 围成.

4. 计算 $\iint\limits_{D}|\,y-x^2\,|\,\mathrm{d}\sigma$,其中 D 是由 $x=-1,x=1,y=0$ 及 $y=1$ 所围成的区域.

5. 计算 $\iint\limits_{D}\sqrt{\dfrac{1-x^2-y^2}{1+x^2+y^2}}\mathrm{d}x\mathrm{d}y$,其中 $D:x^2+y^2\leqslant 1$.

6. 计算 $I=\iint\limits_{D}\sqrt{x^2+y^2}\mathrm{d}x\mathrm{d}y$,其中区域 D 由曲线 $y=\sqrt{2x-x^2}$,$y=\sqrt{4-x^2}$ 及直线 $x=0$ 围成.

7. 计算 $I=\iint\limits_{D}[\,x+\sin(xy)\,]\mathrm{d}x\mathrm{d}y$,其中区域 $D=\{(x,y)\mid x^2+y^2\leqslant 2,x\geqslant 1\}$.

8. 设 $f(x)$ 为 $[0,+\infty)$ 上的可导函数,且 $f(0)=0,f'_{+}(0)=3$. 又设
$$g(t)=\iint\limits_{x^2+y^2\leqslant t^2}f(\sqrt{x^2+y^2})\mathrm{d}\sigma,$$
求 $\lim\limits_{t\to 0^{+}}\dfrac{g(t)}{\pi t^3}$.

9. 设闭区域 $D:x^2+y^2\leqslant 2y,x\geqslant 0$. $f(x,y)$ 为 D 上的连续函数,且
$$f(x,y)=\sqrt{1-x^2-y^2}-\frac{8}{\pi}\iint\limits_{D}f(u,v)\mathrm{d}u\mathrm{d}v.$$
求 $f(x,y)$.

10. 计算三重积分 $I=\iiint\limits_{\Omega}y\cos(x+z)\mathrm{d}v$,其中 Ω 是由抛物柱面 $y=\sqrt{x}$ 及平面 $y=0$, $z=0,x+z=\dfrac{\pi}{2}$ 所围成的区域.

11. 计算三重积分 $I=\iiint\limits_{\Omega}\dfrac{z\ln(x^2+y^2+z^2+1)}{x^2+y^2+z^2+1}\mathrm{d}v$,其中 Ω 是由球面 $x^2+y^2+z^2=1$ 所围成的闭区域.

12. 计算三重积分 $I=\iiint\limits_{\Omega}(y^2+z^2)\mathrm{d}v$,其中 Ω 是由 xOy 平面上曲线 $y^2=2x$ 绕 x 轴旋转而成的曲面与平面 $x=5$ 所围成的闭区域.

13. 计算三重积分 $I=\iiint\limits_{\Omega}(x+y+z)\mathrm{d}v$,其中 Ω 是 $z=h(>0)$,$x^2+y^2=z^2$ 所围成的区域.

14. 设有半球体 $x^2+y^2+z^2\leqslant 4,z\geqslant 0$,其各点密度 $\mu=z$,求此半球体的质量.

15. 求圆锥 $z^2=a^2(x^2+y^2)$ 截圆柱面 $x^2+y^2=2y$ 所得立体体积.

16. 求由曲面 $z=6-x^2-y^2$ 和 $z=\sqrt{x^2+y^2}$ 所围成的立体的体积.

17. 设有一高度为 $h(t)$(t 为时间)的雪堆在融化过程中,其侧面满足方程 $z=h(t)$

$-\dfrac{2(x^2+y^2)}{h(t)}$（设长度单位为厘米,时间单位为小时）,已知体积减少的速率与侧面积成正比(比例系数 0.9),问高度为 130 （厘米）的雪堆全部融化需多少小时?

18. 设有一半径为 R 的球体, P_0 是此球的表面上的一个定点,球体上任一点的密度与该点到 P_0 距离的平方成正比(比例常数 $k > 0$),求球体的重心位置.

*19. 图 8-49 为某一建筑物的屋顶示意图,它由曲面 S_1 和 S_2 拼接而成. S_1 是半径为 1 的半球面, S_2 是半径为 2 的半球面的一部分.问该屋顶的表面积为多少?

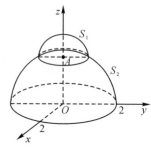

图 8-49

*20. 计算 $\oint_\Gamma xyz\,\mathrm{d}z$,其中 Γ 是用平面 $y = z$ 截球面 $x^2 + y^2 + z^2 = 1$ 所得的截痕,从 z 轴的正向看去,沿逆时针方向.

*21. 设函数 $Q(x,y)$ 在 xOy 平面上具有一阶连续偏导数,曲线积分

$$\int_L 2xy\,\mathrm{d}x + Q(x,y)\,\mathrm{d}y$$

与路径无关,并且对任意 t 恒有

$$\int_{(0,0)}^{(t,1)} 2xy\,\mathrm{d}x + Q(x,y)\,\mathrm{d}y = \int_{(0,0)}^{(1,t)} 2xy\,\mathrm{d}x + Q(x,y)\,\mathrm{d}y,$$

求 $Q(x,y)$.

*22. 设函数 $f(x)$ 在 $(-\infty, +\infty)$ 内具有一阶连续导数, L 是上半平面($y > 0$)内的有向分段光滑曲线,其起点为 (a,b) ,终点为 (c,d) . 记

$$I = \int_L \frac{1}{y}[1 + y^2 f(xy)]\,\mathrm{d}x + \frac{x}{y^2}[y^2 f(xy) - 1]\,\mathrm{d}y,$$

(1)证明曲线积分 I 与路径 L 无关;

(2)当 $ab = cd$ 时,求 I 的值.

*23. 计算 $I = \oint_L (y^2 - z^2)\,\mathrm{d}x + (2z^2 - x^2)\,\mathrm{d}y + (3x^2 - y^2)\,\mathrm{d}z$,其中 L 是平面 $x + y + z = 2$ 与柱面 $|x| + |y| = 1$ 的交线,从 z 轴正向看去, L 为逆时针方向.

*24. 利用斯托克斯公式计算曲线积分 $\oint_\Gamma z^2\,\mathrm{d}x + x^2\,\mathrm{d}y + y^2\,\mathrm{d}z$,其中 Γ 是球面 $x^2 + y^2 + z^2 = 4$ 位于第一卦限那部分的边界线,从 z 轴的正向看去, Γ 取逆时针方向.

*25. 设 S 为椭球面 $\dfrac{x^2}{2} + \dfrac{y^2}{2} + z^2 = 1$ 的上半部分,点 $P(x,y,z) \in S$, π 为 S 在点 P 处的切平面, $\rho(x,y,z)$ 为点 $O(0,0,0)$ 到平面 π 的距离,求 $\iint_S \dfrac{z}{\rho(x,y,z)}\mathrm{d}S$.

*26. 设 Σ 为上半球壳 $z = \sqrt{a^2 - x^2 - y^2}$,其上任一点的面密度与该点到 z 轴的距

离平方成正比(比例系数为 k),求 Σ 的质心及关于 z 轴的转动惯量.

*27. 计算 $\oiint\limits_{\Sigma} 2xz\mathrm{d}y\mathrm{d}z + yz\mathrm{d}z\mathrm{d}x - x^2\mathrm{d}x\mathrm{d}y$,其中 Σ 是由曲面 $z = \sqrt{2 - x^2 - y^2}$ 与 $z = \sqrt{x^2 + y^2}$ 所围立体的表面外侧.

*28. 计算曲面积分 $I = \iint\limits_{S}(8y + 1)x\mathrm{d}y\mathrm{d}z + 2(1 - y^2)\mathrm{d}z\mathrm{d}x - 4yz\mathrm{d}x\mathrm{d}y$,其中 S 是由曲线 $\begin{cases} z = \sqrt{y - 1}, \\ x = 0 \end{cases}$ ($1 \leqslant y \leqslant 3$)绕 y 轴旋转一周所成的曲面,它的法向量与 y 轴正向的夹角恒大于 $\dfrac{\pi}{2}$.

*29. 计算曲面积分 $\iint\limits_{S} \dfrac{x\mathrm{d}y\mathrm{d}z + z^2\mathrm{d}x\mathrm{d}y}{x^2 + y^2 + z^2}$,其中 S 是由曲面 $x^2 + y^2 = R^2$ 及两平面 $z = R, z = -R$ ($R > 0$)所围成立体表面的外侧.

第9章 无穷级数

无穷级数是微积分学的一个重要组成部分,是研究函数的性质以及进行数值计算的一种工具. 本章中先讨论常数项级数,介绍无穷级数的一些内容,然后讨论函数项级数,着重讨论幂级数和如何将函数表示成幂级数.

第1节 常数项级数的概念和性质

一、常数项级数的概念

定义 1 给定数列 $\{u_n\}$,则由这数列构成的表达式

$$u_1 + u_2 + \cdots + u_n + \cdots$$

称为(**常数项**)**无穷级数**,简称**级数**,记作 $\sum\limits_{n=1}^{\infty} u_n$,即

$$\sum_{n=1}^{\infty} u_n = u_1 + u_2 + \cdots + u_n + \cdots,$$

其中第 n 项 u_n 称为级数的**通项**或**一般项**.

上述级数的定义只是一个形式上的定义,如何理解无穷级数中无穷多个数相加呢?我们可以从有限项的和出发,考察它们的变化趋势,由此来理解无穷多个数相加的含义.

级数 $\sum\limits_{n=1}^{\infty} u_n$ 的前 n 项的和

$$s_n = u_1 + u_2 + \cdots + u_n$$

称为级数的**部分和**. 当 n 依次取 $1,2,3,\cdots$ 时,它们构成一个新的数列,根据这个数列有没有极限,我们引进无穷级数的收敛与发散的概念.

定义 2 若级数 $\sum\limits_{n=1}^{\infty} u_n$ 的部分和数列 $\{s_n\}$ 有极限 s,则称级数 $\sum\limits_{n=1}^{\infty} u_n$ **收敛**,极限值 $s = \lim\limits_{n \to \infty} s_n$ 称为此级数的**和**,并记 $s = \sum\limits_{n=1}^{\infty} u_n$. 若部分和数列 $\{s_n\}$ 没有极限,则称级数 $\sum\limits_{n=1}^{\infty} u_n$ **发散**,即发散级数没有和.

当级数收敛时,其部分和 s_n 是级数的和 s 的近似值,它们之间的差值

$$r_n = s - s_n = u_{n+1} + u_{n+2} + \cdots + u_n + \cdots$$

称为级数的 **余项**. 当级数收敛时,它对应的余项 r_n 趋于零.

从上述定义可知,无穷级数从形式上看是加法运算,但实际上是极限运算下的等式,也就是说无穷级数是以加法形式出现的极限问题.

例 1　讨论几何级数(等比级数)

$$\sum_{n=1}^{\infty} aq^{n-1} = a + aq + aq^2 + \cdots + aq^{n-1} + \cdots \quad (a \neq 0)$$

的敛散性.

解　如果 $q \neq 1$, 则部分和

$$s_n = a + aq + aq^2 + \cdots + aq^{n-1} = \frac{a(1 - q^n)}{1 - q}.$$

当 $|q| < 1$ 时,有 $\lim\limits_{n \to \infty} s_n = \dfrac{a}{1-q}$, 所以级数收敛,其和为 $\dfrac{a}{1-q}$. 当 $|q| > 1$ 时,由于 $\lim\limits_{n \to \infty} s_n = \infty$, 这时级数发散.

如果 $q = 1$, 则 $s_n = na \to \infty (n \to \infty)$, 因此级数发散.

如果 $q = -1$, 则级数成为

$$a - a + a - a + \cdots,$$

显然 s_n 随着 n 为奇数或为偶数而等于 a 或等于零,从而 s_n 的极限不存在,这时级数也发散.

综合上述结果,如果几何级数 $\sum\limits_{n=1}^{\infty} aq^{n-1}$ 的公比绝对值 $|q| < 1$, 则级数收敛;如果 $|q| \geqslant 1$, 则级数发散.

例 2　讨论级数 $\sum\limits_{n=1}^{\infty} \dfrac{1}{n(n+1)}$ 的收敛性. 若收敛,求其和.

解　由于

$$u_n = \frac{1}{n(n+1)} = \frac{1}{n} - \frac{1}{n+1},$$

因此

$$
\begin{aligned}
s_n &= \frac{1}{1 \cdot 2} + \frac{1}{2 \cdot 3} + \cdots + \frac{1}{n(n+1)} \\
&= \left(1 - \frac{1}{2}\right) + \left(\frac{1}{2} - \frac{1}{3}\right) + \cdots + \left(\frac{1}{n} - \frac{1}{n+1}\right) \\
&= 1 - \frac{1}{n+1}.
\end{aligned}
$$

从而

$$\lim_{n \to \infty} s_n = \lim_{n \to \infty} \left(1 - \frac{1}{n+1} \right) = 1,$$

所以这级数收敛,它的和是 1.

例 3 讨论级数 $\sum_{n=1}^{\infty} \ln \left(1 + \frac{1}{n} \right)$ 的收敛性.

解 这级数的部分和为

$$
\begin{aligned}
s_n &= \ln \left(1 + \frac{1}{1} \right) + \ln \left(1 + \frac{1}{2} \right) + \cdots + \ln \left(1 + \frac{1}{n} \right) \\
&= \ln \frac{2}{1} + \ln \frac{3}{2} + \cdots + \ln \frac{n+1}{n} \\
&= (\ln 2 - \ln 1) + (\ln 3 - \ln 2) + \cdots + \left[\ln(n+1) - \ln n \right] \\
&= \ln(n+1).
\end{aligned}
$$

显然 $\lim_{n \to \infty} s_n = \infty$,因此所给级数发散.

二、收敛级数的性质

根据无穷级数收敛、发散及和的概念,可以得出收敛级数的几个基本性质.

性质 1 若 $k \neq 0$,则级数 $\sum_{n=1}^{\infty} u_n$ 和 $\sum_{n=1}^{\infty} k u_n$ 具有相同的敛散性. 特别地,若收敛级数 $\sum_{n=1}^{\infty} u_n = s$,则 $\sum_{n=1}^{\infty} k u_n = ks$.

证 (1)先考虑 $\sum_{n=1}^{\infty} u_n$ 是收敛的情形,设级数 $\sum_{n=1}^{\infty} u_n$ 与 $\sum_{n=1}^{\infty} k u_n$ 的部分和分别为 s_n 与 σ_n,则

$$\sigma_n = k u_1 + k u_2 + \cdots k u_n = k(u_1 + u_2 + \cdots u_n) = k s_n,$$

于是

$$\lim_{n \to \infty} \sigma_n = \lim_{n \to \infty} k s_n = k \lim_{n \to \infty} s_n = ks,$$

这表明级数 $\sum_{n=1}^{\infty} k u_n$ 收敛,且和为 ks.

(2)当 $k \neq 0$,若 $\sum_{n=1}^{\infty} u_n$ 发散,即部分和 $\{s_n\}$ 没有极限,由关系式 $\sigma_n = k s_n$ 知,$\sum_{n=1}^{\infty} k u_n$ 的部分和 $\{\sigma_n\}$ 也没极限,即它是发散的.

性质 1 表明,级数的每一项同乘一个不为零的常数后,它的敛散性不会改变.

性质 2 若级数 $\sum_{n=1}^{\infty} u_n$,$\sum_{n=1}^{\infty} v_n$ 分别收敛于和 s, σ,则级数 $\sum_{n=1}^{\infty} (u_n \pm v_n)$ 也收敛,且其

和为 $s \pm \sigma$.

证 设级数 $\sum\limits_{n=1}^{\infty} u_n, \sum\limits_{n=1}^{\infty} v_n$ 的部分和分别为 s_n, σ_n, 则级数 $\sum\limits_{n=1}^{\infty} (u_n \pm v_n)$ 的部分和

$$\tau_n = (u_1 \pm v_1) + (u_2 \pm v_2) + \cdots + (u_n \pm v_n)$$
$$= (u_1 + u_2 + \cdots + u_n) \pm (v_1 + v_2 + \cdots + v_n)$$

于是

$$\lim_{n \to \infty} \tau_n = \lim_{n \to \infty} (s_n \pm \sigma_n) = s \pm \sigma.$$

这就表明级数 $\sum\limits_{n=1}^{\infty} (u_n \pm v_n)$ 收敛, 且其和为 $s \pm \sigma$.

性质 2 也可以说成: 两个收敛级数可以逐项相加与逐项相减.

性质 3 添加、去掉或改变级数的有限项, 不会改变级数的敛散性.

证 我们先证明"在级数的前面部分去掉有限项, 不会改变级数的敛散性". 设级数 $\sum\limits_{n=1}^{\infty} u_n$ 的部分和为 s_n, 将 $\sum\limits_{n=1}^{\infty} u_n$ 的前 k 项去掉, 得新级数

$$\sum_{n=k+1}^{\infty} u_n = u_{k+1} + u_{k+2} + \cdots + u_{k+n} + \cdots.$$

于是新级数的部分和为

$$\sigma_n = u_{k+1} + u_{k+2} + \cdots + u_{k+n} = s_{k+n} - s_k.$$

因为 s_k 是常数, 所以当 $n \to \infty$ 时, σ_n 与 s_{k+n} 或者同时具有极限, 或者同时没有极限.

类似地, 可以证明在级数的前面加上有限项, 不会改变级数的敛散性. 至于其他情形 (即在级数中任意去掉、加上或改变有限项的情形) 都可以看成在级数的前面部分先去掉有限项, 然后再加上有限项的结果.

性质 4 若级数 $\sum\limits_{n=1}^{\infty} u_n$ 收敛, 则对该级数的项任意加括号后所成的级数仍收敛, 且其和不变.

证 将原收敛级数 $\sum\limits_{n=1}^{\infty} u_n$ 不改变各项次序而插入括号得另一新级数

$$(u_1 + u_2 + \cdots u_{n_1}) + (u_{n_1+1} + u_{n_1+2} + \cdots + u_{n_2}) + (u_{n_2+1} + u_{n_2+2} + \cdots + u_{n_3}) + \cdots.$$

设新级数的部分和为 σ_n, 而 $\sum\limits_{n=1}^{\infty} u_n$ 的部分和为 s_n, 则

$$\sigma_1 = s_{n_1}, \sigma_2 = s_{n_2}, \cdots, \sigma_k = s_{n_k}, \cdots, \quad (n_1 < n_2 < \cdots < n_k < \cdots).$$

可见, 数列 $\{\sigma_k\}$ 是数列 $\{s_n\}$ 的一个子数列. 由数列 $\{s_n\}$ 的收敛性以及收敛数列与其子数列的关系可知, 数列 $\{\sigma_k\}$ 必定收敛, 且有

$$\lim_{k \to \infty} \sigma_k = \lim_{n \to \infty} s_n,$$

即加括号后所成的级数收敛,且其和不变.

注意 如果加括号后所成的级数收敛,则不能断定去括号后原来的级数也收敛.例如,级数

$$(1 - 1) + (1 - 1) + \cdots + (1 - 1) + \cdots$$

收敛于零,但去括号后的级数

$$1 - 1 + 1 - 1 + \cdots + 1 - 1 + \cdots$$

却是发散的.

根据性质4可得如下推论.

推论 如果加括号后所成的级数发散,则原来级数也发散.

事实上,倘若原来级数收敛,则根据性质4,加括号后的级数就应该收敛了.

性质5(级数收敛的必要条件) 如果级数 $\sum\limits_{n=1}^{\infty} u_n$ 收敛,则 $\lim\limits_{n \to \infty} u_n = 0$.

证 设级数 $\sum\limits_{n=1}^{\infty} u_n$ 的部分和为 s_n,且 $\lim\limits_{n \to \infty} s_n = s$,则

$$\lim_{n \to \infty} u_n = \lim_{n \to \infty}(s_n - s_{n-1}) = \lim_{n \to \infty} s_n - \lim_{n \to \infty} s_{n-1} = s - s = 0.$$

性质5告诉我们:如果级数的一般项不趋于零,则该级数必定发散.例如级数

$$\frac{1}{2} - \frac{2}{3} + \frac{3}{4} - \cdots + (-1)^{n-1} \frac{n}{n+1} + \cdots,$$

它的一般项 $u_n = (-1)^{n-1} \dfrac{n}{n+1}$ 当 $n \to \infty$ 时不趋于零,因此,该级数是发散的.

注意 级数的一般项趋于零并不是级数收敛的充分条件.有些级数虽然一般项趋于零,但仍然是发散的.例如,级数 $\sum\limits_{n=1}^{\infty} \ln\left(1 + \dfrac{1}{n}\right)$,虽然它的一般项 $u_n = \ln\left(1 + \dfrac{1}{n}\right) \to 0$ $(n \to \infty)$,但是由例3知道它是发散的.下面再看一个重要的例子.

例4 证明调和级数

$$\sum_{n=1}^{\infty} \frac{1}{n} = 1 + \frac{1}{2} + \frac{1}{3} + \cdots + \frac{1}{n} + \cdots$$

是发散的.

证 反证法.假设调和级数 $\sum\limits_{n=1}^{\infty} \dfrac{1}{n}$ 收敛且其和为 s,s_n 是它的部分和.显然有

$$\lim_{n \to \infty} s_n = s \ \text{及} \ \lim_{n \to \infty} s_{2n} = s.$$

于是

$$\lim_{n \to \infty}(s_{2n} - s_n) = 0.$$

但另一方面

$$s_{2n} - s_n = \frac{1}{n+1} + \frac{1}{n+2} + \cdots + \frac{1}{2n} > \frac{1}{2n} + \frac{1}{2n} + \cdots + \frac{1}{2n} = \frac{1}{2},$$

故

$$\lim_{n \to \infty}(s_{2n} - s_n) \neq 0,$$

与假设矛盾. 因此调和级数 $\sum\limits_{n=1}^{\infty} \frac{1}{n}$ 必定发散.

将判断数列收敛性的柯西收敛准则转化到级数中来, 就得到判断级数敛散性的一个基本原理.

定理(柯西收敛原理) 级数 $\sum\limits_{n=1}^{\infty} u_n$ 收敛的充分必要条件是: 对于任意给定的正数 ε, 总存在正整数 N, 使得当 $n > N$ 时, 对于任意的正整数 p, 都有

$$| u_{n+1} + u_{n+2} + \cdots + u_{n+p} | < \varepsilon$$

成立.

例 5 利用柯西收敛原理判别 $\sum\limits_{n=1}^{\infty} \frac{1}{n^2}$ 的收敛性.

解 对于任意的正整数 p,

$$| u_{n+1} + u_{n+2} + \cdots + u_{n+p} |$$

$$= \frac{1}{(n+1)^2} + \frac{1}{(n+2)^2} + \cdots + \frac{1}{(n+p)^2}$$

$$< \frac{1}{n(n+1)} + \frac{1}{(n+1)(n+2)} + \cdots + \frac{1}{(n+p-1)(n+p)}$$

$$= \left(\frac{1}{n} - \frac{1}{n+1} \right) + \left(\frac{1}{n+1} - \frac{1}{n+2} \right) + \cdots + \left(\frac{1}{n+p-1} - \frac{1}{n+p} \right)$$

$$= \frac{1}{n} - \frac{1}{n+p} < \frac{1}{n},$$

因此, 对 $\forall \varepsilon > 0$, 取 $N = \left[\frac{1}{\varepsilon} \right]$, 则当 $n > N$ 时, 都有

$$| u_{n+1} + u_{n+2} + \cdots + u_{n+p} | < \varepsilon$$

成立, 按柯西收敛原理, 级数 $\sum\limits_{n=1}^{\infty} \frac{1}{n^2}$ 收敛.

习题 9.1

1. 写出下列级数的前五项:

(1) $\sum\limits_{n=1}^{\infty} \frac{1 \cdot 3 \cdot \cdots \cdot (2n-1)}{2 \cdot 4 \cdot \cdots \cdot 2n}$;

(2) $\sum\limits_{n=1}^{\infty} \frac{(-1)^{n-1}}{5^n}$;

（3）$\displaystyle\sum_{n=1}^{\infty} \frac{n!}{n^n}$.

2. 若级数 $\displaystyle\sum_{n=1}^{\infty} u_n$ 的前 n 项和 $s_n = \dfrac{2}{n+1}$，求该级数的一般项 u_n.

3. 根据级数收敛与发散的定义判定下列级数的敛散性：

（1）$\displaystyle\sum_{n=1}^{\infty} (\sqrt{n+1} - \sqrt{n})$；

（2）$\dfrac{1}{1 \times 3} + \dfrac{1}{3 \times 5} + \dfrac{1}{5 \times 7} + \cdots + \dfrac{1}{(2n-1) \cdot (2n+1)} + \cdots$.

4. 判定下列级数的收敛性：

（1）$-\dfrac{8}{9} + \dfrac{8^2}{9^2} - \dfrac{8^3}{9^3} + \cdots + (-1)^n \dfrac{8^n}{9^n} + \cdots$；

（2）$\dfrac{1}{3} + \dfrac{1}{6} + \dfrac{1}{9} + \cdots + \dfrac{1}{3n} + \cdots$；

（3）$\dfrac{1}{3} + \dfrac{1}{\sqrt{3}} + \dfrac{1}{\sqrt[3]{3}} + \cdots + \dfrac{1}{\sqrt[n]{3}} + \cdots$；

（4）$\dfrac{3}{2} + \dfrac{3^2}{2^2} + \dfrac{3^3}{2^3} + \cdots + \dfrac{3^n}{2^n} + \cdots$；

（5）$\left(\dfrac{2}{5} + \dfrac{1}{10}\right) + \left(\dfrac{4}{25} + \dfrac{1}{100}\right) + \left(\dfrac{8}{125} + \dfrac{1}{1000}\right) + \left(\dfrac{16}{625} + \dfrac{1}{10^4}\right) + \cdots$.

5. 已知数列 $\{na_n\}$ 收敛，级数 $\displaystyle\sum_{n=1}^{\infty} n(a_n - a_{n-1})$ 收敛，证明级数 $\displaystyle\sum_{n=0}^{\infty} a_n$ 收敛.

6. 利用柯西收敛原理判别下列级数的敛散性：

（1）$\displaystyle\sum_{n=1}^{\infty} \frac{(-1)^{n+1}}{n}$；

（2）$1 + \dfrac{1}{2} - \dfrac{1}{3} + \dfrac{1}{4} + \dfrac{1}{5} - \dfrac{1}{6} + \cdots + \dfrac{1}{3n-2} + \dfrac{1}{3n-1} - \dfrac{1}{3n} + \cdots$；

（3）$\displaystyle\sum_{n=1}^{\infty} \frac{\sin nx}{2^n}$；

（4）$\displaystyle\sum_{n=1}^{\infty} \left(\frac{1}{3n+1} + \frac{1}{3n+2} - \frac{1}{3n+3}\right)$.

第 2 节 常数项级数的审敛法

一、正项级数及其审敛法

我们先来考虑**正项级数**（非负项级数），即每一项 $u_n \geqslant 0(n=1,2,\cdots)$ 的级数. 负项（非正项）级数与正项级数并无本质上的差异，因为负项级数一旦改变正负号后，就变成正项级数了. 正项级数特别重要，以后我们将看到许多级数的收敛性问题可归结为这种级数的收敛性问题.

设级数
$$u_1 + u_2 + \cdots + u_n + \cdots$$
是一个正项级数，它的部分和为 s_n. 显然，部分和数列 $\{s_n\}$ 是一个单调增加数列：
$$s_1 \leqslant s_2 \leqslant \cdots \leqslant s_n \leqslant \cdots.$$

如果数列 $\{s_n\}$ 有上界，根据单调有界的数列必有极限的准则，级数 $\sum\limits_{n=1}^{\infty} u_n$ 必收敛于和 s. 反之，如果正项级数 $\sum\limits_{n=1}^{\infty} u_n$ 收敛于和 s，即 $\lim\limits_{n\to\infty} s_n = s$，根据极限存在的数列是有界数列的性质可知，数列 $\{s_n\}$ 有界. 因此，我们得到一条关于判定正项级数敛散性的基本定理.

定理 1 正项级数 $\sum\limits_{n=1}^{\infty} u_n$ 收敛的充分必要条件是它的部分和数列 $\{s_n\}$ 有上界.

根据定理 1，我们就可以推导出一系列判别正项级数收敛或发散的法则，也称为**审敛法**. 这些审敛法都给出了级数收敛的充分条件.

定理 2（比较审敛法） 设 $\sum\limits_{n=1}^{\infty} u_n$ 和 $\sum\limits_{n=1}^{\infty} v_n$ 都是正项级数，且 $u_n \leqslant v_n(n=1,2,\cdots)$. 于是，如果级数 $\sum\limits_{n=1}^{\infty} v_n$ 收敛，则级数 $\sum\limits_{n=1}^{\infty} u_n$ 收敛；如果级数 $\sum\limits_{n=1}^{\infty} u_n$ 发散，则级数 $\sum\limits_{n=1}^{\infty} v_n$ 发散.

证 记级数 $\sum\limits_{n=1}^{\infty} u_n$ 和 $\sum\limits_{n=1}^{\infty} v_n$ 的部分和分别为 s_n 和 σ_n，则有
$$s_n = u_1 + u_2 + \cdots + u_n \leqslant v_1 + v_2 + \cdots + v_n \leqslant \sigma_n(n=1,2,\cdots).$$

由定理 1 可知，当 $\sum\limits_{n=1}^{\infty} v_n$ 收敛时，σ_n 必有上界. 于是由上面的不等式可知 s_n 也必有上界，从而 $\sum\limits_{n=1}^{\infty} u_n$ 收敛.

另一方面，当 $\sum\limits_{n=1}^{\infty} u_n$ 发散时，$\sum\limits_{n=1}^{\infty} v_n$ 不可能收敛，因为若级数 $\sum\limits_{n=1}^{\infty} v_n$ 收敛，根据由上面

已证明的结果,将有级数 $\sum_{n=1}^{\infty} u_n$ 也收敛,这就与假设矛盾.

注意到级数的每一项同乘不为零的常数 k 以及去掉级数前面部分的有限项不会影响级数的收敛性,我们可得如下推论:

推论 设 $\sum_{n=1}^{\infty} u_n$ 和 $\sum_{n=1}^{\infty} v_n$ 都是正项级数,且存在正整数 N,使当 $n \geqslant N$ 时有 $u_n \leqslant kv_n (k > 0)$ 成立. 于是,如果级数 $\sum_{n=1}^{\infty} v_n$ 收敛,则级数 $\sum_{n=1}^{\infty} u_n$ 收敛;如果级数 $\sum_{n=1}^{\infty} u_n$ 发散,则级数 $\sum_{n=1}^{\infty} v_n$ 发散.

例1 讨论 p 级数

$$1 + \frac{1}{2^p} + \frac{1}{3^p} + \frac{1}{4^p} + \cdots + \frac{1}{n^p} + \cdots$$

的收敛性,其中常数 $p > 0$.

解 设 $p \leqslant 1$. 这时级数的各项不小于调和级数的对应项,即 $\frac{1}{n^p} \geqslant \frac{1}{n}$,但调和级数发散,因此根据比较审敛法可知,此时级数发散.

设 $p > 1$. 因为当 $k - 1 \leqslant x \leqslant k$ 时,有 $\frac{1}{k^p} \leqslant \frac{1}{x^p}$,所以

$$\frac{1}{k^p} = \int_{k-1}^{k} \frac{1}{k^p} dx \leqslant \int_{k-1}^{k} \frac{1}{x^p} dx (k = 2, 3, \cdots),$$

从而级数的部分和

$$s_n = 1 + \sum_{k=2}^{n} \frac{1}{k^p} \leqslant 1 + \sum_{k=2}^{n} \int_{k-1}^{k} \frac{1}{x^p} dx = 1 + \int_{1}^{n} \frac{1}{x^p} dx$$

$$= 1 + \frac{1}{p-1}\left(1 - \frac{1}{n^{p-1}}\right) < 1 + \frac{1}{p-1} (n = 2, 3, \cdots),$$

这表明数列 $\{s_n\}$ 有界,因此级数收敛.

综合上述结果,我们得到:p 级数当 $p > 1$ 时收敛,当 $p \leqslant 1$ 时发散.

应用比较审敛法的关键,就是把所给级数与一个已知敛散性的正项级数进行比较. 经常把几何级数和 p 级数作为比较级数.

例2 证明级数 $\sum_{n=1}^{\infty} \frac{1}{\sqrt{n(n+1)}}$ 是发散的.

证 因为 $\frac{1}{\sqrt{n(n+1)}} > \frac{1}{\sqrt{(n+1)^2}} = \frac{1}{n+1}$,而级数

$$\sum_{n=1}^{\infty} \frac{1}{n+1} = \frac{1}{2} + \frac{1}{3} + \cdots + \frac{1}{n+1} + \cdots$$

是发散的,根据比较审敛法可知所给级数也是发散的.

例3　证明级数

$$\sum_{n=1}^{\infty} \frac{1}{n^n} = 1 + \frac{1}{2^2} + \frac{1}{3^3} + \cdots + \frac{1}{n^n} + \cdots$$

是收敛的.

证　因为当 $n > 1$ 时,有

$$\frac{1}{n^n} \leqslant \frac{1}{2^n},$$

而等比级数 $\sum_{n=1}^{\infty} \frac{1}{2^n}$ 是收敛的,根据比较审敛法可知所给级数也是收敛的.

为应用上的方便,下面我们给出比较审敛法的极限形式.

定理3(比较审敛法的极限形式)　设 $\sum_{n=1}^{\infty} u_n$ 和 $\sum_{n=1}^{\infty} v_n$ 都是正项级数,且

$$\lim_{n \to \infty} \frac{u_n}{v_n} = \lambda,$$

则

(1)当 $0 < \lambda < +\infty$ 时,级数 $\sum_{n=1}^{\infty} u_n$ 和 $\sum_{n=1}^{\infty} v_n$ 或者同时收敛,或者同时发散;

(2)当 $\lambda = 0$ 时,若级数 $\sum_{n=1}^{\infty} v_n$ 收敛,则级数 $\sum_{n=1}^{\infty} u_n$ 收敛;

(3)当 $\lambda = +\infty$ 时,若级数 $\sum_{n=1}^{\infty} v_n$ 发散,则级数 $\sum_{n=1}^{\infty} u_n$ 发散.

证　(1)由极限定义可知,对于 $\varepsilon = \frac{\lambda}{2}$,存在正整数 N,当 $n > N$ 时,有

$$\lambda - \varepsilon < \frac{u_n}{v_n} < \lambda + \varepsilon, \text{ 即 } \frac{\lambda}{2}v_n < u_n < \frac{3\lambda}{2}v_n.$$

根据比较审敛法的推论,知级数 $\sum_{n=1}^{\infty} u_n$ 和 $\sum_{n=1}^{\infty} v_n$ 或者同时收敛,或者同时发散.

(2)由极限定义可知,对于 $\varepsilon = 1$,存在正整数 N,当 $n > N$ 时,有

$$\left| \frac{u_n}{v_n} - 0 \right| < 1, \text{ 即 } u_n < v_n,$$

而级数 $\sum_{n=1}^{\infty} v_n$ 收敛.根据比较审敛法的推论,知级数 $\sum_{n=1}^{\infty} u_n$ 收敛.

(3)由无穷大与无穷小的关系知 $\lim\limits_{n\to\infty}\dfrac{v_n}{u_n}=0$，再由结论(2)，若级数 $\sum\limits_{n=1}^{\infty}u_n$ 收敛，则有

级数 $\sum\limits_{n=1}^{\infty}v_n$ 收敛. 这与假设矛盾.

例 4　判别级数 $\sum\limits_{n=1}^{\infty}\sin\dfrac{1}{n}$ 的敛散性.

解　因为

$$\lim_{n\to\infty}\frac{\sin\dfrac{1}{n}}{\dfrac{1}{n}}=1,$$

而级数 $\sum\limits_{n=1}^{\infty}\dfrac{1}{n}$ 发散，根据定理 3 知此级数发散.

例 5　判别级数 $\sum\limits_{n=1}^{\infty}\left(1-\cos\dfrac{\pi}{n}\right)$ 的敛散性.

解　因为

$$\lim_{n\to\infty}\frac{1-\cos\dfrac{\pi}{n}}{\dfrac{1}{n^2}}=\lim_{n\to\infty}\frac{\dfrac{1}{2}\left(\dfrac{\pi}{n}\right)^2}{\dfrac{1}{n^2}}=\frac{1}{2}\pi^2,$$

而 $\sum\limits_{n=1}^{\infty}\dfrac{1}{n^2}$ 收敛，故由比较审敛法的极限形式知所给级数收敛.

以上两个比较审敛法中，第一个显然比第二个更基本，而第二个却比第一个更实用. 不过无论如何，要使用这两个审敛法来判定一个已知级数的敛散性都需要另选一个收敛或发散的级数以资比较. 因此，如果我们知道的收敛与发散的级数愈多，那么自然就愈能显示出这些法则的作用. 但是要选择一个合宜于解决问题的级数，也常常不是显而易见的. 所以我们还要建立起一类只依赖于已知级数本身的审敛法则. 下面我们将正项级数与等比级数比较，得到在实用上很方便的比值判别法和根值判别法.

定理 4(比值审敛法)　设 $\sum\limits_{n=1}^{\infty}u_n$ 为正项级数，且

$$\lim_{n\to\infty}\frac{u_{n+1}}{u_n}=\lambda,$$

则

(1)当 $\lambda<1$ 时，级数收敛；

(2)当 $\lambda>1$（或 $\lim\limits_{n\to\infty}\dfrac{u_{n+1}}{u_n}=\infty$）时，级数发散；

（3）当 $\lambda = 1$ 时，级数可能收敛也可能发散.

证 （1）当 $\lambda < 1$. 由极限的定义可知，对于 $\varepsilon = \dfrac{1-\lambda}{2} > 0$，存在正整数 N，当 $n > N$ 时，有不等式

$$0 < \frac{u_{n+1}}{u_n} < \lambda + \varepsilon = \frac{1+\lambda}{2} = q < 1,$$

因此

$$u_{N+1} < qu_N, u_{N+2} < q^2 u_N, \cdots, u_{N+k} < q^k u_N, \cdots,$$

而级数 $\displaystyle\sum_{k=1}^{\infty} q^k u_N$ 收敛（公比 $q < 1$），根据定理 2 推论，知级数 $\displaystyle\sum_{n=1}^{\infty} u_n$ 收敛.

（2）当 $\lambda > 1$. 由极限的定义可知，对于 $\varepsilon = \dfrac{\lambda-1}{2} > 0$，存在正整数 N，当 $n > N$ 时，有不等式

$$\frac{u_{n+1}}{u_n} > \lambda - \varepsilon = \frac{\lambda+1}{2} > 1,$$

也就是

$$u_{n+1} > u_n.$$

所以当 $n > N$ 时，级数的一般项 u_n 是逐渐增大的，从而 $\lim\limits_{n\to\infty} u_n \neq 0$. 根据级数收敛的必要条件可知级数 $\displaystyle\sum_{n=1}^{\infty} u_n$ 发散.

类似地，可以证明当 $\lim\limits_{n\to\infty} \dfrac{u_{n+1}}{u_n} = \infty$ 时，级数 $\displaystyle\sum_{n=1}^{\infty} u_n$ 发散.

（3）当 $\lambda = 1$ 时级数可能收敛也可能发散. 例如 p 级数，不论 p 为何值都有

$$\lim_{n\to\infty} \frac{u_{n+1}}{u_n} = \lim_{n\to\infty} \frac{\dfrac{1}{(n+1)^p}}{\dfrac{1}{n^p}} = 1.$$

但我们知道，当 $p > 1$ 时级数收敛，当 $p \leqslant 1$ 时级数发散，因此只根据 $\lambda = 1$ 不能判定级数的收敛性.

例 6 判定级数 $\displaystyle\sum_{n=1}^{\infty} \dfrac{2^n n!}{n^n}$ 的敛散性.

解 因为

$$\lim_{n\to\infty} \frac{u_{n+1}}{u_n} = \lim_{n\to\infty} \frac{\dfrac{2^{n+1}(n+1)!}{(n+1)^{n+1}}}{\dfrac{2^n n!}{n^n}} = \lim_{n\to\infty} \frac{2}{\left(1 + \dfrac{1}{n}\right)^n} = \frac{2}{e} < 1,$$

根据比值判别法可知所给级数收敛.

例 7 判定级数

$$\frac{1}{10} + \frac{1 \times 2}{10^2} + \frac{1 \times 2 \times 3}{10^3} + \cdots + \frac{n\,!}{10^n} + \cdots$$

的敛散性.

解 因为

$$\lim_{n \to \infty} \frac{u_{n+1}}{u_n} = \lim_{n \to \infty} \frac{(n+1)\,!}{10^{n+1}} \cdot \frac{10^n}{n\,!} = \lim_{n \to \infty} \frac{n+1}{10} = \infty,$$

根据比值审敛法可知所给级数发散.

定理 5(根值审敛法) 设 $\sum\limits_{n=1}^{\infty} u_n$ 为正项级数,且

$$\lim_{n \to \infty} \sqrt[n]{u_n} = \lambda,$$

则

(1)当 $\lambda < 1$ 时,级数收敛;

(2)当 $\lambda > 1$(或 $\lim\limits_{n \to \infty} \sqrt[n]{u_n} = \infty$)时,级数发散;

(3)当 $\lambda = 1$ 时,级数可能收敛也可能发散.

定理 5 的证明与定理 4 相仿,这里从略.

例 8 判定级数 $\sum\limits_{n=1}^{\infty} \left(\dfrac{n}{2n+1} \right)^n$ 的敛散性.

解 因为

$$\lim_{n \to \infty} \sqrt[n]{u_n} = \lim_{n \to \infty} \frac{n}{2n+1} = \frac{1}{2} < 1,$$

根据根值审敛法可知所给级数收敛.

定理 6(积分判别法) 设 $f(x)$ 在 $[1, +\infty)$ 上是单调递减的非负连续函数,若 $u_n = f(n)$ ($n = 1, 2, \cdots$),则正项级数 $\sum\limits_{n=1}^{\infty} u_n$ 与反常积分 $\int_1^{+\infty} f(x) \mathrm{d}x$ 有相同的敛散性.

证 由 $f(x)$ 的单调递减知,当 $k-1 \leqslant x \leqslant k$ 时, $f(k) \leqslant f(x) \leqslant f(k-1)$. 从而有

$$u_k = f(k) \leqslant \int_{k-1}^{k} f(x) \mathrm{d}x \leqslant f(k-1) = u_{k-1}, k = 2, 3, \cdots.$$

依次相加可得,

$$\sum_{k=2}^{n} u_k \leqslant \sum_{k=2}^{n} \int_{k-1}^{k} f(x) \mathrm{d}x \leqslant \sum_{k=2}^{n} u_{k-1},$$

即

$$s_n - u_1 \leqslant \int_1^{n} f(x) \mathrm{d}x \leqslant s_{n-1}.$$

若反常积分 $\int_1^{+\infty} f(x)\,\mathrm{d}x$ 收敛,则 $\lim\limits_{n\to\infty}\int_1^n f(x)\,\mathrm{d}x = \int_1^{+\infty} f(x)\,\mathrm{d}x$ 存在. 由上式的左半式得知,对于任一个 n 恒有 $s_n \leqslant u_1 + \int_1^{+\infty} f(x)\,\mathrm{d}x$,而 $\{s_n\}$ 又是单调增加的. 根据极限的存在准则知 $\lim\limits_{n\to\infty} s_n$ 存在,即级数 $\sum\limits_{n=1}^{\infty} u_n$ 收敛.

若反常积分 $\int_1^{+\infty} f(x)\,\mathrm{d}x$ 发散,由上式的右半式得知 $s_n \to +\infty$,即级数 $\sum\limits_{n=1}^{\infty} u_n$ 发散.

积分判别法有一个简单的几何解释(图 9-1):一方面,$f(x)$ 在 $[1, n]$ 上的曲边梯形面积为 $\int_1^n f(x)\,\mathrm{d}x$,而 $\lim\limits_{n\to\infty}\int_1^n f(x)\,\mathrm{d}x$ 可看作图形向右端无限延伸时的面积的表达式. 另一方面,级数 $\sum\limits_{k=2}^n u_k$ 表示 $n-1$ 个小矩形的面积之和,这些小矩形的高为 u_k,底边为 1,皆位于曲线 $y = f(x)$ 之下,称为**内接矩形**,而级数 $\sum\limits_{k=2}^n u_{k-1}$ 则为另外一些小矩形的面积之和,这些小矩形的高为 u_{k-1},底边为 1,称为**外接矩形**. 上面证明过程中所确定的结果从直观上理解就是,如果曲线向右端无限延伸的面积是有限的,即 $\int_1^{+\infty} f(x)\,\mathrm{d}x$ 收敛,那么在它下面的内接矩形的面积之和也将为有限,此即级数 $\sum\limits_{k=2}^{\infty} u_k$ 收敛,亦即级数 $\sum\limits_{n=1}^{\infty} u_n$ 收敛;如果曲线图形向右端无限延伸的面积是无穷大,那么包含这曲线图形的外接矩形的面积之和也将为无穷大,此即级数 $\sum\limits_{k=2}^n u_{k-1}$ 发散,亦即级数 $\sum\limits_{n=1}^{\infty} u_n$ 发散.

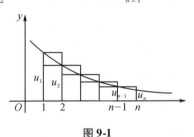

图 9-1

从定理 6 可以看出无穷级数与无穷限的反常积分之间的紧密关系,即两者同时收敛或同时发散. 由于无穷级数与无穷限的反常积分都是无穷项相加,差别只是在于,前者是"离散"地加,后者是"连续"地加,因此还可以用无穷级数来估计无穷限的反常积分,或用无穷限的反常积分来估计无穷级数.

例 1 就是用积分判别法的思想判断了 p 级数的敛散性. 如果直接应用积分判别法,可以将证明简写为:由于 $f(x) = \dfrac{1}{x^p}$ 当 $p > 0$ 时在 $[1, +\infty)$ 上是单调递减非负的连续函数,且

$$\int_1^{+\infty} \frac{1}{x^p} \mathrm{d}x = \begin{cases} \dfrac{1}{p-1}, & p > 1, \\ +\infty, & 0 < p \leqslant 1. \end{cases}$$

因此对于 p 级数来说,当 $p > 1$ 时收敛;当 $0 < p \leqslant 1$ 时发散.

例 9 证明级数 $\displaystyle\sum_{n=1}^{\infty} \frac{1}{n\ln n}$ 发散,级数 $\displaystyle\sum_{n=1}^{\infty} \frac{1}{n\ln^2 n}$ 收敛.

证 因为

$$\int_2^{+\infty} \frac{1}{x\ln x} \mathrm{d}x = \int_2^{+\infty} \frac{1}{\ln x} \mathrm{d}(\ln x) = \ln(\ln x) \Big|_2^{+\infty} = +\infty,$$

所以根据积分判别法知级数 $\displaystyle\sum_{n=1}^{\infty} \frac{1}{n\ln n}$ 发散.

又因为

$$\int_2^{+\infty} \frac{1}{x\ln^2 x} \mathrm{d}x = \int_2^{+\infty} \frac{1}{\ln^2 x} \mathrm{d}(\ln x) = -\frac{1}{\ln x} \Big|_2^{+\infty} = \frac{1}{\ln 2},$$

所以根据积分判别法知级数 $\displaystyle\sum_{n=1}^{\infty} \frac{1}{n\ln^2 n}$ 收敛.

二、交错级数及其审敛法

所谓**交错级数**就是各项正负相间的级数,可以写成

$$u_1 - u_2 + u_3 - u_4 + \cdots + (-1)^{n-1} u_n + \cdots,$$

其中 $u_1, u_2, \cdots, u_n, \cdots$ 都是正数. 要确定这种交错级数是不是收敛的,我们有

定理 7(莱布尼茨定理) 如果交错级数 $\displaystyle\sum_{n=1}^{\infty} (-1)^{n-1} u_n$ 满足条件:

(1) $u_n \geqslant u_{n+1}(n = 1,2,3,\cdots)$;

(2) $\displaystyle\lim_{n \to \infty} u_n = 0$,

则级数收敛,且其和 $s \leqslant u_1$,其余项 r_n 的绝对值 $|r_n| \leqslant u_{n+1}$.

证 先考虑这级数的前 $2n$ 项的部分和

$$s_{2n} = (u_1 - u_2) + (u_3 - u_4) + \cdots + (u_{2n-1} - u_{2n}).$$

根据条件(1),上式每一个括号的表达式都是正的,因此 $s_{2n} > 0$,而且随着 n 的增加而增大.

现在我们把这部分和另写成

$$s_{2n} = u_1 - (u_2 - u_3) - (u_4 - u_5) - \cdots - (u_{2n-2} - u_{2n-1}) - u_{2n}.$$

根据条件(1),上式每一个括号内的表达式也都是正的. 所以从 u_1 中减去这些括号与 u_{2n} 后,就得到一个小于 u_1 的数,这就是说, $s_{2n} < u_1$.

这样,我们已经证明了 s_{2n} 是单调增加而且有上界的,从而可知 s_{2n} 有极限 s,即

$$\lim_{n \to \infty} s_{2n} = s,$$

而且 $s \leqslant u_1$.

我们证明了偶数个项的部分和有极限 s,现在来证明奇数个项的部分和也趋于同一个极限 s. 为此,考虑前 $2n + 1$ 项的部分和

$$s_{2n+1} = s_{2n} + u_{2n+1}.$$

由条件(2)知 $\lim_{n \to \infty} u_{2n+1} = 0$,因此

$$\lim_{n \to \infty} s_{2n+1} = \lim_{n \to \infty} (s_{2n} + u_{2n+1}) = s.$$

这就证明了无论 n 是偶数或奇数,都有

$$\lim_{n \to \infty} s_n = s.$$

这就是说,级数 $\sum_{n=1}^{\infty} (-1)^{n-1} u_n$ 收敛于和 s, 且 $s \leqslant u_1$.

最后,不难看出余项 r_n 可以写成

$$r_n = \pm (u_{n+1} - u_{n+2} + \cdots),$$

其绝对值

$$| r_n | = u_{n+1} - u_{n+2} + \cdots,$$

上式右端也是一个交错级数,它也满足收敛的两个条件,所以其和小于级数的第一项,也就是说 $| r_n | \leqslant u_{n+1}$.

例 10　交错级数

$$\sum_{n=1}^{\infty} \frac{(-1)^{n-1}}{n} = 1 - \frac{1}{2} + \frac{1}{3} - \frac{1}{4} + \cdots + (-1)^{n-1} \frac{1}{n} + \cdots$$

满足条件

$$(1)\ u_n = \frac{1}{n} > \frac{1}{n+1} = u_{n+1} (1,2,\cdots)$$

及

$$(2)\ \lim_{n \to \infty} u_n = \lim_{n \to \infty} \frac{1}{n} = 0,$$

所以它是收敛的,且其和 $s < 1$. 如果取前 n 项的和

$$s_n = 1 - \frac{1}{2} + \frac{1}{3} - \cdots + (-1)^{n-1} \frac{1}{n}$$

作为 s 的近似值,所产生的误差 $|r_n| \leqslant \dfrac{1}{n+1} (= u_{n+1})$.

例 11 判定级数 $\displaystyle\sum_{n=1}^{\infty} (-1)^{n-1} \dfrac{\ln n}{n}$ 的敛散性.

解 这是交错级数. 设 $f(x) = \dfrac{\ln x}{x}$, 则

$$f'(x) = \frac{\dfrac{1}{x} \cdot x - \ln x \cdot 1}{x^2} = \frac{1 - \ln x}{x^2} < 0, \quad x > \mathrm{e}.$$

故当 $x > \mathrm{e}$ 时, $f(x)$ 单调减少. 由此可知, 当 $n \geqslant 3$ 时, $u_n = \dfrac{\ln n}{n}$ 单调减少.

又

$$\lim_{n \to \infty} \frac{\ln n}{n} = \lim_{x \to +\infty} \frac{\ln x}{x} = \lim_{x \to +\infty} \frac{\dfrac{1}{x}}{1} = 0.$$

所以由莱布尼茨判别法知所给级数收敛.

三、绝对收敛与条件收敛

现在我们来考虑一般的级数, 就是既不交错又含有无穷多正项与负项的级数

$$u_1 + u_2 + \cdots + u_n + \cdots.$$

如果级数 $\displaystyle\sum_{n=1}^{\infty} u_n$ 各项的绝对值所构成的正项级数 $\displaystyle\sum_{n=1}^{\infty} |u_n|$ 收敛, 则称级数 $\displaystyle\sum_{n=1}^{\infty} u_n$ **绝对收敛**; 如果级数 $\displaystyle\sum_{n=1}^{\infty} u_n$ 收敛, 而级数 $\displaystyle\sum_{n=1}^{\infty} |u_n|$ 发散, 则称级数 $\displaystyle\sum_{n=1}^{\infty} u_n$ **条件收敛**. 容易知道, 级数 $\displaystyle\sum_{n=1}^{\infty} (-1)^{n-1} \dfrac{1}{n^p}$ 当 $p > 1$ 时是绝对收敛, 当 $0 < p \leqslant 1$ 时是条件收敛的.

级数绝对收敛与级数条件收敛有以下重要关系:

定理 8 如果级数 $\displaystyle\sum_{n=1}^{\infty} u_n$ 绝对收敛, 那么级数 $\displaystyle\sum_{n=1}^{\infty} u_n$ 必定收敛.

证 令

$$v_n = \frac{1}{2}(u_n + |u_n|), \quad (n = 1, 2, \cdots).$$

显然 $v_n \geqslant 0$ 且 $v_n \leqslant |u_n|$ $(n = 1, 2, \cdots)$.

因级数 $\displaystyle\sum_{n=1}^{\infty} |u_n|$ 收敛, 故由比较审敛法知道, 级数 $\displaystyle\sum_{n=1}^{\infty} v_n$ 收敛, 从而级数 $\displaystyle\sum_{n=1}^{\infty} 2v_n$ 也收敛. 而 $u_n = 2v_n - |u_n|$, 由收敛级数的基本性质可知

$$\sum_{n=1}^{\infty} u_n = \sum_{n=1}^{\infty} 2v_n - \sum_{n=1}^{\infty} |u_n|,$$

所以级数 $\sum_{n=1}^{\infty} u_n$ 收敛.

定理 8 说明, 对于一般的级数 $\sum_{n=1}^{\infty} u_n$, 如果我们用正项级数的审敛法判定级数 $\sum_{n=1}^{\infty} |u_n|$ 收敛, 那么此级数收敛. 这就使得一大类级数的收敛性判定问题, 转化成为正项级数的敛散性判定性问题.

一般来说, 如果级数 $\sum_{n=1}^{\infty} |u_n|$ 发散, 我们不能断定级数 $\sum_{n=1}^{\infty} u_n$ 也发散. 但是, 如果我们用比值审敛法或根值审敛法根据 $\lim\limits_{n\to\infty} \left| \dfrac{u_{n+1}}{u_n} \right| = \lambda > 1$ 或 $\lim\limits_{n\to\infty} \sqrt[n]{|u_n|} = \lambda > 1$ 判定级数 $\sum_{n=1}^{\infty} |u_n|$ 发散, 那么我们可以断定级数 $\sum_{n=1}^{\infty} u_n$ 必定发散. 这是因为从 $\lambda > 1$ 可推知 $\lim\limits_{n\to\infty} |u_n| \neq 0$, 从而 $\lim\limits_{n\to\infty} u_n \neq 0$, 因此级数 $\sum_{n=1}^{\infty} u_n$ 是发散的.

例 12　判别级数 $\sum_{n=1}^{\infty} \dfrac{\sin na}{n^2}$ 是绝对收敛, 条件收敛, 还是发散的?

解　因为

$$\left| \frac{\sin na}{n^2} \right| \leqslant \frac{1}{n^2},$$

而级数 $\sum_{n=1}^{\infty} \dfrac{1}{n^2}$ 收敛, 所以级数 $\sum_{n=1}^{\infty} \left| \dfrac{\sin na}{n^2} \right|$ 也收敛, 即级数 $\sum_{n=1}^{\infty} \dfrac{\sin na}{n^2}$ 绝对收敛.

例 13　判定级数 $\sum_{n=2}^{\infty} \sin\left(n\pi + \dfrac{1}{\ln n} \right)$ 是绝对收敛, 条件收敛, 还是发散的?

解　由于 $u_n = \sin\left(n\pi + \dfrac{1}{\ln n} \right) = (-1)^n \sin\dfrac{1}{\ln n}$, 于是要 $0 < \dfrac{1}{\ln n} < \dfrac{\pi}{2}$, 只须 $n > e^{\frac{2}{\pi}} \approx 1.89$. 故当 $n \geqslant 2$ 时就有 $0 < \dfrac{1}{\ln n} < \dfrac{\pi}{2}$, 从而 $\sin\dfrac{1}{\ln n} > 0$, 因此原级数是交错级数.

由于 $\lim\limits_{n\to\infty} \dfrac{\sin\dfrac{1}{\ln n}}{\dfrac{1}{\ln n}} = 1$, 从而 $\sum_{n=2}^{\infty} \sin\dfrac{1}{\ln n}$ 与 $\sum_{n=2}^{\infty} \dfrac{1}{\ln n}$ 有相同的敛散性. 又当 $n \geqslant 2$ 时, 有 $\dfrac{1}{\ln n} > \dfrac{1}{n}$, 而 $\sum_{n=2}^{\infty} \dfrac{1}{n}$ 发散, 故 $\sum_{n=2}^{\infty} \dfrac{1}{\ln n}$ 发散, 从而 $\sum_{n=2}^{\infty} \sin\dfrac{1}{\ln n}$ 发散, 即原级数不绝对收敛.

令 $f(x) = \sin\dfrac{1}{\ln x}$,则

$$f'(x) = \cos\frac{1}{\ln x} \cdot \left(-\frac{1}{\ln^2 x}\right) \cdot \frac{1}{x} = -\frac{1}{x\ln^2 x}\cos\frac{1}{\ln x} < 0, x \geqslant 2.$$

即当 $x \geqslant 2$ 时,$f(x)$ 为单调减函数,故 $u_n = f(n) = \sin\dfrac{1}{\ln n}$ 为单调减数列,且 $\lim\limits_{n\to\infty} u_n = 0$.
于是原级数满足莱布尼茨判别法的条件,因而收敛. 故原级数条件收敛.

习题 9.2

1. 用比较审敛法判定下列级数的收敛性:

(1) $1 + \dfrac{1}{3} + \dfrac{1}{5} + \cdots + \dfrac{1}{2n-1} + \cdots$;

(2) $1 + \dfrac{1+2}{1+2^2} + \dfrac{1+3}{1+3^2} + \cdots + \dfrac{1+n}{1+n^2} + \cdots$;

(3) $\dfrac{1}{2\cdot5} + \dfrac{1}{3\cdot6} + \cdots + \dfrac{1}{(n+1)(n+4)} + \cdots$;

(4) $\displaystyle\sum_{n=1}^{\infty} \dfrac{1}{\sqrt{n(n+1)}}$;

(5) $\displaystyle\sum_{n=1}^{\infty} 2^n\sin\dfrac{\pi}{3^n}$;

(6) $\displaystyle\sum_{n=1}^{\infty} \dfrac{1}{1+a^n}(a>0)$.

2. 用比值审敛法判定下列级数的收敛性:

(1) $\dfrac{3}{1\cdot2} + \dfrac{3^2}{2\cdot2^2} + \dfrac{3^3}{3\cdot2^3} + \cdots + \dfrac{3^n}{n\cdot2^n} + \cdots$;

(2) $\displaystyle\sum_{n=1}^{\infty} \dfrac{n2^n}{3^n-2^n}$;

(3) $1 + \dfrac{1}{1} + \dfrac{1}{1\cdot2} + \dfrac{1}{1\cdot2\cdot3} + \cdots + \dfrac{1}{(n-1)!} + \cdots$;

(4) $\displaystyle\sum_{n=1}^{\infty} \dfrac{(n!)^2}{(2n)!}$;

(5) $\displaystyle\sum_{n=1}^{\infty} n\tan\dfrac{\pi}{2^{n+1}}$;

(6) $\displaystyle\sum_{n=1}^{\infty} \dfrac{2^n\cdot n!}{n^n}$.

3. 用根值审敛法判定下列级数的收敛性:

（1）$\displaystyle\sum_{n=1}^{\infty}\left(\frac{n}{3n-1}\right)^{2n-1}$；

（2）$\displaystyle\sum_{n=1}^{\infty}\frac{1}{[\ln(n+1)]^{n}}$；

（3）$\displaystyle\sum_{n=1}^{\infty}\left(\frac{na}{n+1}\right)^{n}$．

4. 判定下列级数的收敛性:

（1）$\displaystyle\frac{1^{4}}{1!}+\frac{2^{4}}{2!}+\frac{3^{4}}{3!}+\cdots+\frac{n^{4}}{n!}+\cdots$；

（2）$\displaystyle\sum_{n=1}^{\infty}\frac{n+1}{n(n+2)}$；

（3）$\displaystyle\sqrt{2}+\sqrt{\frac{3}{2}}+\cdots+\sqrt{\frac{n+1}{n}}+\cdots$；

（4）$\displaystyle\sum_{n=1}^{\infty}\frac{1\cdot3\cdot5\cdot\cdots\cdot(2n-1)}{2\cdot5\cdot8\cdot\cdots\cdot(3n-1)}$．

5. 判定下列级数是否收敛? 如果是收敛的话,是绝对收敛还是条件收敛?

（1）$\displaystyle\frac{1}{\ln2}-\frac{1}{\ln3}+\frac{1}{\ln4}-\frac{1}{\ln5}+\cdots+(-1)^{n-1}\frac{1}{\ln(n+1)}+\cdots$；

（2）$\displaystyle\sum_{n=1}^{\infty}\frac{(-1)^{n-1}}{n+\sqrt{n}}$；

（3）$\displaystyle\sum_{n=1}^{\infty}(-1)^{n-1}\frac{n}{3^{n-1}}$；

（4）$\displaystyle\sum_{n=1}^{\infty}\frac{(-1)^{n-1}}{n-\ln n}$；

（5）$\displaystyle\sum_{n=1}^{\infty}(-1)^{n+1}\frac{2^{n^{2}}}{n!}$；

（6）$\displaystyle\sum_{n=1}^{\infty}\frac{n}{10^{n}}\cos^{3}\left(\frac{n}{5}\pi\right)$．

6. 如果正项级数 $\displaystyle\sum_{n=1}^{\infty}u_{n}$ 收敛,证明 $\displaystyle\sum_{n=1}^{\infty}u_{n}^{2}$ 也收敛. 反之对吗? 说明理由.

7. 已知 $\displaystyle\sum_{n=1}^{\infty}u_{n}^{2}$ 收敛,证明 $\displaystyle\sum_{n=1}^{\infty}\frac{u_{n}}{n}$ 也收敛.

8. 证明:若 $\displaystyle\sum_{n=1}^{\infty}a_{n}$ 绝对收敛,则 $\displaystyle\sum_{n=1}^{\infty}a_{n}(a_{1}+a_{2}+\cdots+a_{n})$ 亦必绝对收敛.

第3节 函数项级数

在自然科学与工程技术的问题中,有很多的函数关系是不能用初等函数表示的. 因此,我们迫切需要新的函数表达方法. 函数项级数的重要性,不仅在于它能够表出很多非初等函数,而且由于它是研究这些函数的一个工具.

一、函数项级数的概念

设 $u_1(x), u_2(x), \cdots, u_n(x), \cdots$ 是一个定义在区间 I 上的函数列,则表达式

$$\sum_{n=1}^{\infty} u_n(x) = u_1(x) + u_2(x) + \cdots + u_n(x) + \cdots$$

称为定义在区间 I 上的**函数项无穷级数**,简称**函数项级数**或**级数**.

对于每一个确定的值 $x_0 \in I$,级数

$$\sum_{n=1}^{\infty} u_n(x_0) = u_1(x_0) + u_2(x_0) + \cdots + u_n(x_0) + \cdots$$

是一个常数项级数,这个级数可能收敛也可能发散. 如果它收敛,就称点 x_0 是函数项级数 $\sum_{n=1}^{\infty} u_n(x)$ 的**收敛点**;如果它发散,就称点 x_0 是函数项级数 $\sum_{n=1}^{\infty} u_n(x)$ 的**发散点**. 函数项级数 $\sum_{n=1}^{\infty} u_n(x)$ 的收敛点的全体称为它的**收敛域**,发散点的全体称为它的**发散域**.

对应于收敛域内的任意一个数 x,函数项级数成为一收敛的常数项级数,因而有一确定的和 s. 这样,在收敛域上,函数项级数的和是 x 的函数 $s(x)$,称 $s(x)$ 为函数项级数的**和函数**,这函数的定义域就是级数的收敛域,并写成

$$s(x) = u_1(x) + u_2(x) + \cdots + u_n(x) + \cdots.$$

对于函数项级数 $\sum_{n=1}^{\infty} u_n(x)$,仍将前 n 项的和记为 $s_n(x)$,即

$$s_n(x) = u_1(x) + u_2(x) + \cdots + u_n(x),$$

并称 $\{s_n(x)\}$ 为级数 $\sum_{n=1}^{\infty} u_n(x)$ 的**部分和函数列**. 记

$$r_n(x) = s(x) - s_n(x),$$

称 $r_n(x)$ 为函数项级数的**余项**.

显然,在收敛域上,$\sum_{n=1}^{\infty} u_n(x) = s(x)$ 等价于 $\lim_{n \to \infty} s_n(x) = s(x)$,且 $\lim_{n \to \infty} r_n(x) = 0$.

借助于前二节中探究级数敛散的方法,我们不难确定一些函数项级数的收敛域.

例 1　级数

$$\sum_{n=0}^{\infty} x^n = 1 + x + x^2 + \cdots + x^n + \cdots$$

是公比等于 x 的等比级数,所以它的收敛域是区间 $(-1, 1)$,而其和是 $\dfrac{1}{1-x}$.

例 2　研究级数

$$x + (x^2 - x) + (x^3 - x^2) + \cdots + (x^n - x^{n-1}) + \cdots$$

的收敛性,并求其和函数.

解　由于

$$s_n(x) = x + (x^2 - x) + (x^3 - x^2) + \cdots + (x^n - x^{n-1}) = x^n,$$

故当 $|x| < 1$ 时, $\lim\limits_{n \to \infty} s_n(x) = \lim\limits_{n \to \infty} x^n = 0$;当 $x = 1$ 时, $\lim\limits_{n \to \infty} s_n(1) = 1$;当 $x = -1$ 时, $s_n(-1) = (-1)^n$,当 $n \to \infty$ 时它的极限不存在;当 $|x| > 1$ 时, $\lim\limits_{n \to \infty} s_n(x) = \lim\limits_{n \to \infty} x^n = \pm \infty$,故知该级数的收敛域为 $(-1, 1]$. 在收敛域上,它的和函数为

$$s(x) = \begin{cases} 0, & |x| < 1, \\ 1, & x = 1. \end{cases}$$

该级数的发散域为 $(-\infty, -1] \cup (1, +\infty)$.

我们知道,有限个函数之和仍保持各相加函数许多重要的分析性质. 例如:(1)有限个连续函数之和仍为连续函数;(2)有限个可导函数之和仍为可导函数,并且它的导数等于各个函数的导数之和;(3)有限个可积函数之和仍为可积函数,并且它的积分等于各个函数的积分之和. 那么,无限多个函数之和(即函数项级数的和函数)是否也有这些性质呢? 例 2 中,级数的每一项在 $(-1, 1]$ 上都是连续而且可导的,但它的和函数在 $(-1, 1]$ 上却不连续,当然也不可导. 这说明,在处处收敛的情况下,函数项级数不具备有限个函数的上述性质,这是非常遗憾的事情! 因为如果上述性质仍然成立,那么函数项级数的分析运算就非常方便. 因此,研究在什么条件下函数项级数才能保证各相加函数的分析性质就是一个非常重要的问题. 要回答这个问题,必须引进一个至关重要的概念——一致收敛.

二、函数列(或函数项级数)的一致收敛性

为了说明什么叫函数项级数的一致收敛性,需要先讨论函数列的一致收敛性.

如果对 $\forall x \in I$,

$$\lim\limits_{n \to \infty} f_n(x) = f(x),$$

那么称函数列 $\{f_n(x)\}$ 在 I 上处处收敛于函数 $f(x)$. 按照数列极限的定义,也就是对任给的 $\varepsilon > 0$, 在每一点 x 都能找到正整数 N, 使当 $n > N$ 时,恒有

$$| f_n(x) - f(x) | < \varepsilon.$$

这种 N 一般来说不仅依赖于 ε,而且也依赖于 x,即使对于同一个 ε,当 x 不同时,所求出的 N 也不相同.

例 3　设 $f_n(x) = x^n, x \in [0, 1), n = 1, 2, \cdots$. 显然

$$\lim_{n \to \infty} f_n(x) = 0, x \in [0, 1).$$

为了使

$$| f_n(x) - 0 | = x^n < \varepsilon,$$

只需 $n \ln x < \ln \varepsilon$(此处只要考虑 $x > 0$ 的情况即可,因为当 $x = 0$ 时不等式均成立),由此取 $N = \left[\dfrac{\ln \varepsilon}{\ln x} \right]$,它不但与 ε 有关,而且与 x 有关. 在图 9-2 中可以清楚地看到,对于固定的 ε,在点 $x = x_1$ 处,只要 $n \geqslant 2$,曲线 $f_n(x) = x^n$ 上的对应点就落到关于极限函数 $f(x)$ 图像对称的宽为 2ε 的带形域中;而在点 $x = x_2$ 处,需要 $n \geqslant 10$ 才行. 而且不论 n 取多大,曲线 $f_n(x) = x^n$ 与 $[0, 1)$ 相对应的部分始终不能全部都落在这个带形域内. 换句话说,不等式 $| x^n - 0 | < \varepsilon$ 成立的 N 对于不同的 x 是不一致的.

一致收敛要求能找到只依赖于 ε 而不依赖于 x 的 $N(\varepsilon)$,也就是对 I 上每一点都适用的 $N(\varepsilon)$. 于是可给出下面的定义.

定义 1　设有函数列 $\{f_n(x)\}$,若对任给的 $\varepsilon > 0$,存在只依赖于 ε 的正整数 $N(\varepsilon)$,使当 $n > N(\varepsilon)$ 时,不等式

$$| f_n(x) - f(x) | < \varepsilon$$

对 I 上一切 x 都成立,则称函数列 $\{f_n(x)\}$ 在 I 上**一致收敛于** $f(x)$.

函数列 $\{f_n(x)\}$ 在 I 上一致收敛于 $f(x)$ 的几何意义是:对于任给的 $\varepsilon > 0$,当 $n > N(\varepsilon)$ 时,所有函数 $f_n(x)$ 的图像都落到关于函数 $f(x)$ 图像对称的宽为 2ε 的带形域之中(图 9-3).

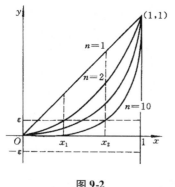

图 9-2

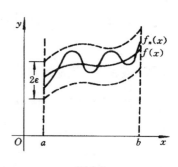

图 9-3

将函数列一致收敛性应用于函数项级数 $\sum\limits_{n=1}^{\infty} u_n(x)$ 的部分和函数列 $\{s_n(x)\}$ 就得到下面的定义.

定义 2　若函数项级数 $\sum\limits_{n=1}^{\infty} u_n(x)$ 的部分和函数列 $\{s_n(x)\}$ 在 I 上一致收敛于 $s(x)$，则称 $\sum\limits_{n=1}^{\infty} u_n(x)$ 在 I 上一致收敛于 $s(x)$.

由于函数项级数的一致收敛性本质上就是部分和函数列的一致收敛性，所以下面仅对函数列举例讨论.

例 4　设 $f_n(x) = \dfrac{x}{1 + n^2 x^2}$，则 $\{f_n(x)\}$ 在 $(-\infty, +\infty)$ 内收敛于极限函数 $f(x) = 0$.

因为对任意给定的 $\varepsilon > 0$，只要取 $N = \left[\dfrac{1}{2\varepsilon}\right]$，当 $n > N$ 时，

$$\mid f_n(x) - f(x) \mid \leqslant \frac{1}{2n} < \varepsilon$$

对一切 $x \in (-\infty, +\infty)$ 成立，因此 $\{f_n(x)\}$ 在 $(-\infty, +\infty)$ 内一致收敛于 $f(x) = 0$.

定义 3　若对于任意给定的闭区间 $[a, b] \subset I$，函数列 $\{f_n(x)\}$ 在 $[a, b]$ 上一致收敛于 $f(x)$，则称 $\{f_n(x)\}$ 在 I 上**内闭一致收敛**于 $f(x)$.

显然，在 I 上一致收敛的函数列必在 I 上内闭一致收敛，但其逆命题不成立. 例如，将例 3 中考察的区间 $[0, 1)$ 缩小为 $[0, c]$，其中 $0 < c < 1$ 是任意的，则由

$$\mid f_n(x) - f(x) \mid = x^n < c^n,$$

只要取 $N = N(\varepsilon) = \left[\dfrac{\ln\varepsilon}{\ln c}\right]$，当 $n > N$ 时，

$$\mid f_n(x) - f(x) \mid < c^n < \varepsilon$$

对一切 $x \in [0, c]$ 成立，即 $\{f_n(x)\}$ 在 $[0, c]$（$0 < c < 1$）上是一致收敛的，也就是说，尽管 $\{x^n\}$ 在 $[0, 1)$ 上不一致收敛，但却是内一致收敛的.

三、一致收敛级数的判别法

用定义来判断一致收敛性是比较困难的，下面介绍两个判别方法.

定理 1（柯西一致收敛原理）　函数项级数 $\sum\limits_{n=1}^{\infty} u_n(x)$ 在 I 上一致收敛的充分必要条件是：对于任意给定的 $\varepsilon > 0$，存在正整数 $N = N(\varepsilon)$，使

$$\mid u_{n+1}(x) + u_{n+2}(x) + \cdots + u_m(x) \mid < \varepsilon$$

对一切正整数 $m > n > N$ 与一切 $x \in I$ 成立.

证 必要性. 设级数 $\sum\limits_{n=1}^{\infty} u_n(x)$ 在 I 上一致收敛于 $s(x)$, 即 $\sum\limits_{n=1}^{\infty} u_n(x)$ 的部分和函数列 $\{s_n(x)\}$ 在 I 上一致收敛于 $s(x)$, 则对任意给定的 $\varepsilon > 0$, 存在正整数 $N(\varepsilon)$, 使得对一切 $n > N$ 与一切 $x \in I$, 成立

$$| s_n(x) - s(x) | < \frac{\varepsilon}{2}.$$

从而对一切正整数 $m > n > N$ 与一切 $x \in I$ 成立

$| u_{n+1}(x) + u_{n+2}(x) + \cdots + u_m(x) |$

$= | s_m(x) - s_n(x) | \leqslant | s_m(x) - s(x) | + | s_n(x) - s(x) | < \varepsilon.$

充分性. 设对任意给定的 $\varepsilon > 0$, 存在正整数 $N(\varepsilon)$, 使得对一切 $m > n > N$ 与一切 $x \in I$, 有

$$| u_{n+1}(x) + u_{n+2}(x) + \cdots + u_m(x) | = | s_m(x) - s_n(x) | < \frac{\varepsilon}{2}.$$

由数列的柯西收敛原理, 对于任意固定的 $x \in I$, 部分和函数列 $\{s_n(x)\}$ 在 I 上处处收敛, 设其极限函数为 $s(x)$. 在 $| s_m(x) - s_n(x) | < \frac{\varepsilon}{2}$ 中固定 n, 令 $m \to \infty$, 则得到

$$| s_n(x) - s(x) | \leqslant \frac{\varepsilon}{2} < \varepsilon$$

对一切 $x \in I$ 成立, 由定义 1, $\{s_n(x)\}$ 在 I 上一致收敛于 $s(x)$, 故级数 $\sum\limits_{n=1}^{\infty} u_n(x)$ 在 I 上一致收敛于 $s(x)$.

推论 设 $\sum\limits_{n=1}^{\infty} u_n(x)$ 在 I 上一致收敛, 则函数列 $\{u_n(x)\}$ 在 I 上一致收敛于 0.

柯西一致收敛原理给出了判别一致收敛性的充要条件, 虽然应用起来并不方便, 却有着重要的理论意义. 下面利用柯西一致收敛原理推出一致收敛性的一个常用的判别准则——维尔斯特拉斯(Weierstrass)判别法.

定理 2(维尔斯特拉斯判别法) 若对充分大的 n, 恒有实数 M_n, 使得 $| u_n(x) | \leqslant M_n$ 对 I 上任意的 x 都成立, 并且数项级数 $\sum\limits_{n=1}^{\infty} M_n$ 收敛, 则 $\sum\limits_{n=1}^{\infty} u_n(x)$ 在 I 上一致收敛.

证 由于正项级数 $\sum\limits_{n=1}^{\infty} M_n$ 收敛, 根据常数项级数的 Cauchy 收敛原理, 对 $\forall \varepsilon > 0$, 存在正整数 $N(\varepsilon)$, 使得当 $n > N$ 时, 有

$$M_{n+1} + M_{n+2} + \cdots + M_{n+p} < \varepsilon \, (p = 1, 2, \cdots)$$

对 I 上一切的 x 有

$$| u_{n+1}(x) + u_{n+2} + \cdots + u_{n+p}(x) |$$
$$\leqslant | u_{n+1}(x) | + | u_{n+2}(x) | + \cdots + | u_{n+p}(x) | \leqslant M_{n+1} + M_{n+2} + \cdots + M_{n+p} < \varepsilon,$$

根据定理 1，级数 $\sum\limits_{n=1}^{\infty} u_n(x)$ 在 I 上一致收敛.

由定理的证明可进一步知道，此时不仅 $\sum\limits_{n=1}^{\infty} u_n(x)$ 在 I 上一致收敛，并且对级数各项取绝对值所得的函数项级数 $\sum\limits_{n=1}^{\infty} | u_n(x) |$ 也在 I 上一致收敛.

应用维尔斯特拉斯判别法时，关键在于通过对级数 $\sum\limits_{n=1}^{\infty} u_n(x)$ 的通项进行估计，得到不等式 $| u_n(x) | \leqslant a_n$，并且证明级数 $\sum\limits_{n=1}^{\infty} M_n$ 收敛. 通常称级数 $\sum\limits_{n=1}^{\infty} M_n$ 为级数 $\sum\limits_{n=1}^{\infty} u_n(x)$ 的**优级数**，所以定理 2 也称为 **M 判别法或优级数判别法**.

例 5　若 $\sum\limits_{n=1}^{\infty} a_n$ 绝对收敛，则 $\sum\limits_{n=1}^{\infty} a_n \sin nx$ 和 $\sum\limits_{n=1}^{\infty} a_n \cos nx$ 在 $(-\infty, +\infty)$ 内都是绝对收敛和一致收敛的级数.

事实上，
$$| a_n \sin nx | \leqslant | a_n |, \qquad | a_n \cos nx | \leqslant | a_n |,$$
由维尔斯特拉斯判别法即可得证.

例 6　证明：级数 $\sum\limits_{n=1}^{\infty} n e^{-nx}$ 在区间 $[\delta, +\infty)$ $(\delta > 0)$ 上一致收敛，而在区间 $(0, +\infty)$ 内不一致收敛.

证　由于对 $\forall x \in [\delta, +\infty)$，有
$$| u_n(x) | = n e^{-nx} \leqslant n e^{-n\delta},$$
记 $M_n = n e^{-n\delta}$，则
$$\lim_{n \to \infty} \frac{M_{n+1}}{M_n} = \lim_{n \to \infty} \frac{n+1}{n} e^{-\delta} = e^{-\delta} < 1.$$

由比值判别法知级数 $\sum\limits_{n=1}^{\infty} M_n$ 收敛，根据 M 判别法，级数 $\sum\limits_{n=1}^{\infty} n e^{-nx}$ 在区间 $[\delta, +\infty)$ 上一致收敛.

为了证明该级数在 $(0, +\infty)$ 内不一致收敛，根据定理 1 推论，只要证明它的通项函数列 $\{u_n\}$ 在 $(0, +\infty)$ 内不一致收敛于 0. 事实上，对于 $\varepsilon_0 = \dfrac{1}{e}$，取 $x_n = \dfrac{1}{n} \in (0, +\infty)$，则
$$| u_n(x) | = n e^{-n \cdot \frac{1}{n}} = \frac{n}{e} \geqslant \frac{1}{e} = \varepsilon_0,$$

故 $\{u_n\}$ 在 $(0, +\infty)$ 内不一致收敛于 0.

四、一致收敛函数列(或函数项级数)的性质

现在我们可以来回答第一目中提出的关于函数项级数(函数列)的基本问题,即在什么条件下,和函数(或极限函数)仍然保持连续性、可导性、可积性等分析性质.

定理 3 若函数列 $\{f_n(x)\}$ 的每一项 $f_n(x)$ 在 $[a, b]$ 上连续,且在 $[a, b]$ 上一致收敛于 $f(x)$,则 $f(x)$ 在 $[a, b]$ 上也连续.

证 由于 $f_n(x)$ 在 $[a, b]$ 上一致收敛于 $f(x)$,故对 $\forall \varepsilon > 0$,存在正整数 $N(\varepsilon)$,使得

$$| f_N(x) - f(x) | < \frac{\varepsilon}{3}$$

对一切 $x \in [a, b]$ 成立,特别,对任意的 $x_0, x_0 + h \in [a, b]$,也有

$$| f_N(x_0) - f(x_0) | < \frac{\varepsilon}{3}, \quad | f_N(x_0 + h) - f(x_0 + h) | < \frac{\varepsilon}{3}.$$

由于 $f_N(x)$ 在 $[a, b]$ 上连续,所以存在 $\delta > 0$,当 $| h | < \delta$ 时,

$$| f_N(x_0 + h) - f(x_0) | < \frac{\varepsilon}{3}.$$

于是当 $| h | < \delta$ 时,

$| f(x_0 + h) - f(x_0) |$

$\leq | f(x_0 + h) - f_N(x_0 + h) | + | f_N(x_0 + h) - f_N(x_0) | + | f_N(x_0) - f(x_0) | < \varepsilon,$

即 $f(x)$ 在 x_0 点连续.

由 x_0 在 $[a, b]$ 上的任意性,就得到 $f(x)$ 在 $[a, b]$ 上连续.

这个定理指出:在一致收敛的条件下,$\{f_n(x)\}$ 中两个独立变量 x 与 n,在分别求极限时其求极限的顺序可以交换,即

$$\lim_{x \to x_0} \lim_{n \to \infty} f_n(x) = \lim_{n \to \infty} \lim_{x \to x_0} f_n(x).$$

定理 4 若函数列 $\{f_n(x)\}$ 的每一项 $f_n(x)$ 在 $[a, b]$ 上连续,且在 $[a, b]$ 上一致收敛于 $f(x)$,则 $f(x)$ 在 $[a, b]$ 上可积,且

$$\int_a^b f(x)\,\mathrm{d}x = \lim_{n \to \infty} \int_a^b f_n(x)\,\mathrm{d}x.$$

证 由定理 3,$f(x)$ 在 $[a, b]$ 上连续,因而在 $[a, b]$ 上可积. 由于 $\{f_n(x)\}$ 在 $[a, b]$ 上一致收敛于 $f(x)$,所以对任意给定的 $\varepsilon > 0$,存在正整数 $N(\varepsilon)$,当 $n > N(\varepsilon)$ 时,

$$| f_n(x) - f(x) | < \varepsilon$$

对一切 $x \in [a, b]$ 成立,于是

$$\left| \int_a^b f_n(x)\,\mathrm{d}x - \int_a^b f(x)\,\mathrm{d}x \right| \leq \int_a^b | f_n(x) - f(x) |\,\mathrm{d}x < (b - a)\varepsilon,$$

即 $\lim\limits_{n\to\infty}\int_a^b f_n(x)\,\mathrm{d}x = \int_a^b f(x)\,\mathrm{d}x.$

在定理 4 的条件下,成立

$$\int_a^b \lim_{n\to\infty} f_n(x)\,\mathrm{d}x = \lim_{n\to\infty}\int_a^b f_n(x)\,\mathrm{d}x,$$

即积分运算可以和极限运算交换顺序.

定理 5　若函数列 $\{f_n(x)\}$ 的每一项 $f_n(x)$ 在 $[a,b]$ 上有连续的导数,且在 $[a,b]$ 上收敛于 $f(x)$,而 $\{f_n'(x)\}$ 在 $[a,b]$ 上一致收敛于 $\sigma(x)$,则 $f(x)$ 在 $[a,b]$ 上可导,且

$$f'(x) = \sigma(x).$$

证　由定理 3 和定理 4 可知 $\sigma(x)$ 在 $[a,b]$ 上连续,且

$$\int_a^x \sigma(t)\,\mathrm{d}t = \lim_{n\to\infty}\int_a^x f_n'(t)\,\mathrm{d}t = \lim_{n\to\infty}[f_n(x) - f_n(a)] = f(x) - f(a).$$

由于上式右端可导,可知 $f(x)$ 也可导,且

$$f'(x) = \sigma(x).$$

在定理 5 的条件下,成立

$$\frac{\mathrm{d}}{\mathrm{d}x}\lim_{n\to\infty} f_n(x) = \lim_{n\to\infty}\frac{\mathrm{d}}{\mathrm{d}x} f_n(x),$$

即求导运算可以与极限运算交换次序.

把上面各定理中的 $f_n(x)$ 都作为函数项级数的 $\sum\limits_{n=1}^{\infty} u_n(x)$ 的部分和函数列,对应就得到函数项级数相类似的定理.

定理 6(和的连续性)　若 $\sum\limits_{n=1}^{\infty} u_n(x)$ 的每一项 $u_n(x)$ 在 $[a,b]$ 上连续,且 $\sum\limits_{n=1}^{\infty} u_n(x)$ 在 $[a,b]$ 上一致收敛于 $s(x)$,则 $s(x)$ 也在 $[a,b]$ 上连续.

定理 7(逐项积分定理)　若 $\sum\limits_{n=1}^{\infty} u_n(x)$ 的每一项 $u_n(x)$ 在 $[a,b]$ 上连续,且 $\sum\limits_{n=1}^{\infty} u_n(x)$ 在 $[a,b]$ 上一致收敛于 $s(x)$,则 $s(x)$ 也在 $[a,b]$ 上可积,且

$$\int_a^b s(x)\,\mathrm{d}x = \int_a^b \sum_{n=1}^{\infty} u_n(x)\,\mathrm{d}x = \sum_{n=1}^{\infty}\int_a^b u_n(x)\,\mathrm{d}x,$$

即积分运算可以和无限求和运算交换次序.

定理 8(逐项求导定理)　若 $\sum\limits_{n=1}^{\infty} u_n(x)$ 的每一项 $u_n(x)$ 在 $[a,b]$ 上有连续的导数,且 $\sum\limits_{n=1}^{\infty} u_n(x)$ 在 $[a,b]$ 上收敛于 $s(x)$,而 $\sum\limits_{n=1}^{\infty} u_n'(x)$ 在 $[a,b]$ 上一致收敛于 $\sigma(x)$,则 $f(x)$ 在 $[a,b]$ 上可导,则

$$f'(x) = \sigma(x), \quad 即 \frac{\mathrm{d}}{\mathrm{d}x}\sum_{n=1}^{\infty}u_n(x) = \sum_{n=1}^{\infty}\frac{\mathrm{d}}{\mathrm{d}x}u_n(x),$$

定理 6、定理 7 和定理 8 表明,在相应定理条件下,对级数可以逐项求极限、逐项求积分与逐项求导数,关键的条件是一致收敛性. 但是,一致收敛仅是保证这些结论成立的充分条件,而不是必要条件. 例如例 6 已经证明级数 $\sum_{n=1}^{\infty}ne^{-nx}$ 在 $(0, +\infty)$ 内不一致收敛,但它的和函数 $s(x)$ 在 $(0, +\infty)$ 内却是连续的. 事实上,任取 $x_0 \in (0, +\infty)$,必存在 $\delta > 0$,使 $x_0 \in [\delta, +\infty)$. 由于该级数在 $[\delta, +\infty)$ 上一致收敛,因此 $s(x)$ 在 $[\delta, +\infty)$ 上连续,当然也在 x_0 连续. 由 x_0 的任意性得知 $s(x)$ 在 $(0, +\infty)$ 内连续.

习题 9.3

1. 已知函数列 $f_n(x) = \sin \frac{x}{n}$ $(n = 1, 2, 3, \cdots)$ 在 $(-\infty, +\infty)$ 内收敛于 0.

(1) 问 $N(\varepsilon, x)$ 取多大,能使当 $n > N$ 时,$f_n(x)$ 与其极限之差的绝对值小于正数 ε?
(2) 证明 $f_n(x)$ 在任一有限闭区间 $[a, b]$ 上一致收敛.

2. 已知级数 $x^2 + \frac{x^2}{1+x^2} + \frac{x^2}{(1+x^2)^2} + \cdots$ 在 $(-\infty, +\infty)$ 内收敛.

(1) 求出该级数的和;
(2) 问 $N(\varepsilon, x)$ 取多大,能使当 $n > N$ 时,级数的余项 r_n 的绝对值小于正数 ε?
(3) 分别讨论级数在区间 $[0, 1]$,$\left[\frac{1}{2}, 1\right]$ 上的一致收敛性.

3. 按定义讨论下列级数在所给区间上的一致收敛性:

(1) $\sum_{n=1}^{\infty}(-1)^{n-1}\frac{x^2}{(1+x^2)^n}$,$-\infty < x < +\infty$.

(2) $\sum_{n=0}^{\infty}(1-x)x^n$,$0 < x < 1$;

(3) $\sum_{n=1}^{\infty}x^\alpha e^{-nx}$ $(0 < \alpha \le 1)$,$0 \le x < +\infty$.

4. 利用维尔斯特拉斯判别法证明下列级数在所给区间上的一致收敛性:

(1) $\sum_{n=1}^{\infty}\frac{\cos nx}{2^n}$,$-\infty < x < +\infty$;

(2) $\sum_{n=1}^{\infty}\frac{\sin nx}{n^2}$,$-\infty < x < +\infty$;

(3) $\sum_{n=1}^{\infty}x^\alpha e^{-nx}$ $(\alpha > 1)$,$0 \le x < +\infty$;

$(4) \displaystyle\sum_{n=1}^{\infty} \frac{\mathrm{e}^{-nx}}{n!}, |x| < 10;$

$(5) \displaystyle\sum_{n=1}^{\infty} \frac{(-1)^n (1 - \mathrm{e}^{-nx})}{n^2 + x^2}, 0 \leq x < +\infty.$

5. 设 $u_n(x) = \dfrac{1}{n^3}\ln(1 + n^2 x^2), n = 1, 2, \cdots$. 证明函数项级数 $\displaystyle\sum_{n=1}^{\infty} u_n(x)$ 在 $[0, 1]$ 上一致收敛,并讨论其和函数在 $[0, 1]$ 上的连续性、可积性与可微性.

第 4 节　幂级数

一、幂级数及其收敛性

函数项级数中简单而常见的一类级数就是各项都是幂函数的函数项级数,即所谓**幂级数**,它的一般形式是

$$\sum_{n=0}^{\infty} a_n (x - x_0)^n = a_0 + a_1(x - x_0) + a_2(x - x_0)^2 + \cdots + a_n(x - x_0)^n + \cdots \quad (1)$$

其中常数 $a_0, a_1, a_2, \cdots, a_n, \cdots$ 叫作幂级数的**系数**.

特别地,取 $x_0 = 0$,则幂级数(1)变为

$$\sum_{n=0}^{\infty} a_n x^n = a_0 + a_1 x + a_2 x^2 + \cdots + a_n x^n + \cdots. \quad (2)$$

显然只要作代换 $t = x - x_0$,(1)立即可以化到(2)的形式,因此在实质上没有什么新的东西. 由于这个缘故,下面的讨论都以级数(2)为主.

对于幂级数(2),我们首先要问:它的收敛域是怎样的? 显然级数(2)不能对于所有的 x 值发散,因为它至少在 $x = 0$ 时是收敛的. 但是要一般地回答这个问题,我们首先应当知道

定理 1(阿贝尔第一定理)　如果级数 $\displaystyle\sum_{n=0}^{\infty} a_n x^n$ 当 $x = x_0 (x_0 \neq 0)$ 时收敛,则适合不等式 $|x| < |x_0|$ 的一切 x 使这幂级数绝对收敛. 反之,如果级数 $\displaystyle\sum_{n=0}^{\infty} a_n x^n$ 当 $x = x_0$ 时发散,则适合不等式 $|x| > |x_0|$ 的一切 x 使这幂级数发散.

证　先设 x_0 是幂级数(2)的收敛点,即级数 $\displaystyle\sum_{n=0}^{\infty} a_n x_0^n$ 收敛. 根据级数收敛的必要条件,这时有

$$\lim_{n \to \infty} a_n x_0^n = 0,$$

于是存在一个常数 M, 使得

$$| a_n x_0^n | \leqslant M(n = 0,1,2,\cdots).$$

这样级数(2)的一般项的绝对值

$$| a_n x^n | = \left| a_n x_0^n \cdot \frac{x^n}{x_0^n} \right| = | a_n x_0^n | \cdot \left| \frac{x}{x_0} \right|^n \leqslant M \left| \frac{x}{x_0} \right|^n.$$

当 $| x | < | x_0 |$ 时, 因为公比 $\left| \dfrac{x}{x_0} \right| < 1$, 等比级数 $\displaystyle\sum_{n=0}^{\infty} M \left| \frac{x}{x_0} \right|^n$ 收敛, 根据比较审敛法知级数 $\displaystyle\sum_{n=0}^{\infty} | a_n x^n |$ 收敛, 也就是级数 $\displaystyle\sum_{n=0}^{\infty} a_n x^n$ 绝对收敛.

定理的第二部分可用反证法证明. 假设幂级数(2)当 $x = x_0$ 时发散而有一点 x_1 适合 $| x_1 | > | x_0 |$ 使级数收敛, 则根据定理的第一部分, 级数当 $x = x_0$ 时应收敛, 这与假设矛盾.

根据这个定理可知, 如果级数(2)在 x_0 收敛, 那么级数必在开区间 $(- | x_0 |, | x_0 |)$ 内绝对收敛. 我们设想点 $x = | x_0 |$ 沿 x 轴向右移动, 那么在它遇到使级数发散的点以前, 开区间就随着 x 的右移而关于原点对称地向左右扩大. 在不能无限延伸时, 显然会到达一点 $x = R$, 使级数(2)当 $| x | < R$ 时绝对收敛, 当 $| x | > R$ 时发散. 事实上, 我们有

定理 2(柯西-阿达马定理) 如果幂级数 $\displaystyle\sum_{n=0}^{\infty} a_n x^n$ 不是仅在 $x = 0$ 一点收敛, 也不是在整个数轴上都收敛, 则必有一个确定的正数 R 存在, 使得当 $| x | < R$ 时, 幂级数绝对收敛; 当 $| x | > R$ 时, 幂级数发散.

定理 2 中的这个正数 R 称为幂级数(2)的**收敛半径**. 开区间 $(- R, R)$ 叫作幂级数(2)的**收敛区间**. 对于两种极端情况, 即级数只在 $x = 0$ 时收敛及对于所有 x 都收敛, 我们分别规定 $R = 0$ 与 $R = + \infty$. 在收敛区间的端点 $x = \pm R$, 级数是否收敛, 不能作出一般结论, 还得就具体级数个别加以考虑.

关于幂级数的收敛半径求法, 有下面的定理.

定理 3 如果幂级数 $\displaystyle\sum_{n=1}^{\infty} a_n x^n$ 的系数满足

$$\lim_{n \to \infty} \left| \frac{a_{n+1}}{a_n} \right| = \rho,$$

则这幂级数的收敛半径

$$R = \begin{cases} \dfrac{1}{\rho}, & \rho \neq 0, \\ + \infty, & \rho = 0, \\ 0, & \rho = + \infty. \end{cases}$$

证 考察幂级数(2)的各项取绝对值所成的级数 $\displaystyle\sum_{n=1}^{\infty} | a_n x^n |$, 应用比值审敛法, 有

$$\lim_{n \to \infty} \left| \frac{u_{n+1}}{u_n} \right| = \lim_{n \to \infty} \left| \frac{a_{n+1} x^{n+1}}{a_n x^n} \right| = |x| \lim_{n \to \infty} \left| \frac{a_{n+1}}{a_n} \right| = \rho |x|.$$

(1)若 $\rho \neq 0$，根据比值审敛法，则当 $\rho |x| < 1$ 即 $|x| < \dfrac{1}{\rho}$ 时，级数(2)绝对收敛；当 $\rho |x| > 1$ 时，级数(2)发散. 于是收敛半径 $R = \dfrac{1}{\rho}$.

(2)若 $\rho = 0$，则对任何 x 都有 $\rho |x| = 0 < 1$，从而级数(2)绝对收敛. 于是 $R = +\infty$.

(3)若 $\rho = +\infty$，则对于除 $x = 0$ 外的其他一切 x 值，级数(2)必发散，否则由定理 1 知道将有点 $x \neq 0$ 使级数(2)绝对收敛. 于是 $R = 0$.

例 3　求幂级数

$$1 + \frac{x}{2 \cdot 5} + \frac{x^2}{3 \cdot 5^2} + \cdots + \frac{x^n}{(n+1) \cdot 5^n} + \cdots$$

的收敛半径与收敛域.

解　收敛半径

$$R = \lim_{n \to \infty} \left| \frac{a_n}{a_{n+1}} \right| = \lim_{n \to \infty} \frac{\dfrac{1}{(n+1)5^n}}{\dfrac{1}{(n+2)5^{n+1}}} = 5 \lim_{n \to \infty} \frac{n+2}{n+1} = 5.$$

对于端点 $x = 5$，级数成为 $\displaystyle\sum_{n=1}^{\infty} \frac{1}{n}$，此级数发散；

对于端点 $x = -5$，级数成为 $\displaystyle\sum_{n=1}^{\infty} \frac{(-1)^{n-1}}{n}$，此级数收敛.

因此，收敛域是 $[-5, 5)$.

例 4　求幂级数 $\displaystyle\sum_{n=0}^{\infty} \frac{x^n}{n!}$ 的收敛域(规定 $0! = 1$).

解　收敛半径

$$R = \lim_{n \to \infty} \left| \frac{a_n}{a_{n+1}} \right| = \lim_{n \to \infty} \frac{\dfrac{1}{n!}}{\dfrac{1}{(n+1)!}} = \lim_{n \to \infty} (n+1) = +\infty,$$

从而收敛域是 $(-\infty, +\infty)$.

例 5　求幂级数 $\displaystyle\sum_{n=0}^{\infty} n^n x^n$ 的收敛半径.

解　收敛半径

$$R = \lim_{n \to \infty} \left| \frac{a_n}{a_{n+1}} \right| = \lim_{n \to \infty} \frac{n^n}{(n+1)^{n+1}} = \lim_{n \to \infty} \frac{1}{n+1} \cdot \frac{1}{\left(1 + \frac{1}{n}\right)^n} = 0,$$

即级数仅在点 $x = 0$ 处收敛.

例 6 求幂级数 $\sum\limits_{n=1}^{\infty} \frac{(-1)^n}{n4^n} x^{2n-1}$ 的收敛域.

解 级数缺少偶次的项,定理 3 不能直接应用. 我们根据比值审敛法来求收敛半径:

$$\lim_{n \to \infty} \left| \frac{u_{n+1}(x)}{u_n(x)} \right| = \lim_{n \to \infty} \left| \frac{\frac{(-1)^{n+1}}{(n+1)4^{n+1}} x^{2n+1}}{\frac{(-1)^n}{n4^n} x^{2n-1}} \right| = \frac{x^2}{4}.$$

当 $\frac{x^2}{4} < 1$,即 $|x| < 2$ 时级数收敛;当 $\frac{x^2}{4} > 1$ 即 $|x| > 2$ 时级数发散. 所以收敛半径 $R = 2$.

当 $x = -2$ 时,级数为 $\sum\limits_{n=1}^{\infty} \frac{(-1)^{n+1}}{2n}$,此级数收敛;

当 $x = 2$ 时,级数为 $\sum\limits_{n=1}^{\infty} \frac{(-1)^n}{2n}$,此级数收敛.

所以收敛域是 $[-2, 2]$.

例 7 求幂级数 $\sum\limits_{n=1}^{\infty} \frac{(x-3)^n}{\sqrt{n}}$ 的收敛域.

解 收敛半径

$$R = \lim_{n \to \infty} \left| \frac{a_n}{a_{n+1}} \right| = \lim_{n \to \infty} \frac{\sqrt{n+1}}{\sqrt{n}} = 1.$$

当 $x - 3 = -1$,即 $x = 2$ 时,级数为 $\sum\limits_{n=1}^{\infty} \frac{(-1)^n}{\sqrt{n}}$,此级数收敛;

当 $x - 3 = 1$,即 $x = 4$ 时,级数为 $\sum\limits_{n=1}^{\infty} \frac{1}{\sqrt{n}}$,此级数发散.

所以级数的收敛域为 $\{x \mid 2 \leqslant x < 4\}$.

二、幂级数的和函数的性质

我们将第三节中一般函数项级数的理论应用到幂级数,由于幂级数的每一项只是幂函数,所以可以得到比较好的结果.

设幂级数 $\sum\limits_{n=1}^{\infty} u_n(x)$ 的收敛半径为 R,它在区间 $(-R, R)$ 内确定了一个和函数

$s(x)$,但在 $(-R, R)$ 内幂级数不一定一致收敛.例如 $\sum\limits_{n=0}^{\infty} x^n$ 在收敛区间 $(-1, 1)$ 内不一致收敛,但是可以有下面的结果.

定理 4(阿贝尔第二定理)　如果幂级数 $\sum\limits_{n=0}^{\infty} a_n x^n$ 的收敛半径为 R,那么 $\sum\limits_{n=0}^{\infty} a_n x^n$ 在 $(-R, R)$ 内的任一闭区间 $[a, b]$ 上一致收敛;

证　(1) 记 $r = \max\{|a|, |b|\}$,则对 $[a, b]$ 上的一切 x,都有
$$|a_n x_n| \leqslant |a_n r^n|, \quad n = 0, 1, 2, \cdots,$$

而 $0 < r < R$,根据定理 1 级数 $\sum\limits_{n=0}^{\infty} a_n r^n$ 绝对收敛,由 M 判别法可知 $\sum\limits_{n=0}^{\infty} a_n x^n$ 在 $[a, b]$ 上一致收敛.

进一步还可以证明,如果幂级数 $\sum\limits_{n=0}^{\infty} a_n x^n$ 在收敛区间的端点收敛,那么一致收敛的区间可以扩大到包含端点.

有了一致收敛性,由于幂函数都是连续函数,所以有

性质 1　幂级数 $\sum\limits_{n=0}^{\infty} a_n x^n$ 的和函数 $s(x)$ 在其收敛域 I 上连续.

同样,由于一致收敛性,可以讨论幂级数的逐项求导和逐项积分.

性质 2 幂级数 $\sum\limits_{n=0}^{\infty} a_n x^n$ 的和函数 $s(x)$ 在其收敛区间 $(-R, R)$ 内可导,且有逐项求导公式:
$$s'(x) = \left(\sum_{n=0}^{\infty} a_n x^n \right)' = \sum_{n=0}^{\infty} (a_n x^n)' = \sum_{n=1}^{\infty} n a_n x^{n-1}, \quad |x| < R.$$
逐项求导后所得到的幂级数和原级数有相同的收敛半径.

证　先证逐项求导后的幂级数 $\sum\limits_{n=1}^{\infty} n a_n x^{n-1}$ 的收敛半径仍为 R,即要证明在 $(-R, R)$ 内收敛,在 $(-R, R)$ 之外发散.

设 x_0 为幂级数 $\sum\limits_{n=0}^{\infty} a_n x^n$ 在其收敛区间 $(-R, R)$ 内任一不为零的点.由阿贝尔第一定理的证明知道,存在正数 M 与 r ($r < 1$),对一切正整数 n,都有
$$|a_n x_0^n| < M r^n.$$
于是
$$|n a_n x_0^{n-1}| = \left| \frac{n}{x_0} \right| |a_n x_0^n| < \frac{M}{|x_0|} n r^n,$$

由比值审敛法可知级数 $\displaystyle\sum_{n=0}^{\infty} nr^n$ 收敛. 再根据级数的比较审敛法推知 $\displaystyle\sum_{n=1}^{\infty} na_n x^{n-1}$ 在 x_0 点是绝对收敛的. 由于 x_0 为 $(-R, R)$ 内任一点, 这就证得幂级数 $\displaystyle\sum_{n=1}^{\infty} na_n x^{n-1}$ 在 $(-R, R)$ 内收敛.

现在证明幂级数 $\displaystyle\sum_{n=1}^{\infty} na_n x^{n-1}$ 对一切满足不等式 $|x| > R$ 的 x 都不收敛. 如若不然, 幂级数 $\displaystyle\sum_{n=1}^{\infty} na_n x^{n-1}$ 在点 x_0 ($|x_0| > R$) 收敛, 则有一数 $\bar{x}$, 使得 $|x_0| > |\bar{x}| > R$. 由阿贝尔第一定理, 幂级数 $\displaystyle\sum_{n=1}^{\infty} na_n x^{n-1}$ 在 $x = \bar{x}$ 处绝对收敛. 但是, 取 $n \geq |\bar{x}|$ 时, 就有

$$|na_n \bar{x}^{n-1}| = \frac{n}{|\bar{x}|} |a_n \bar{x}^n| \geq |a_n \bar{x}^n|,$$

由比值审敛法得幂级数 $\displaystyle\sum_{n=0}^{\infty} a_n x^n$ 在 $x = \bar{x}$ 处绝对收敛. 这与所设幂级数 $\displaystyle\sum_{n=0}^{\infty} a_n x^n$ 的收敛区间为 $(-R, R)$ 相矛盾. 这就证明了幂级数 $\displaystyle\sum_{n=1}^{\infty} na_n x^{n-1}$ 的收敛区间也是 $(-R, R)$. 于是它在 $(-R, R)$ 内的任一闭区间 $[a, b]$ 上一致收敛, 故幂级数 $\displaystyle\sum_{n=0}^{\infty} a_n x^n$ 在 $[a, b]$ 上满足上节逐项求导定理的条件, 从而可逐项求导, 因而

$$s'(x) = \sum_{n=1}^{\infty} na_n x^{n-1}$$

在 $[a, b]$ 成立. 再由 $[a, b]$ 在 $(-R, R)$ 内的任意性, 即得幂级数 $\displaystyle\sum_{n=0}^{\infty} a_n x^n$ 在 $(-R, R)$ 内可以逐项求导.

反复应用上述结论可得: 幂级数 $\displaystyle\sum_{n=0}^{\infty} a_n x^n$ 的和函数 $s(x)$ 在其收敛区间 $(-R, R)$ 内具有任意阶导数.

对于幂级数的积分, 也有如下的结果.

性质 3 幂级数 $\displaystyle\sum_{n=0}^{\infty} a_n x^n$ 的和函数 $s(x)$ 在其收敛域 I 上可积, 且有逐项积分公式:

$$\int_0^x s(x)\mathrm{d}x = \int_0^x \left[\sum_{n=0}^{\infty} a_n x^n \right]\mathrm{d}x = \sum_{n=0}^{\infty} \int_0^x a_n x^n \mathrm{d}x = \sum_{n=0}^{\infty} \frac{a_n}{n+1} x^{n+1}, x \in I.$$

逐项积分后所得到的幂级数和原级数有相同的收敛半径.

证 不妨设 $x > 0$, 由于 $\displaystyle\sum_{n=0}^{\infty} a_n x^n$ 在 $[0, x]$ 上一致收敛, 故幂级数在 $[0, x]$ 上可逐项

积分,即

$$\int_0^x s(x)\,\mathrm{d}x = \int_0^x \Big[\sum_{n=0}^{\infty} a_n x^n \Big]\mathrm{d}x = \sum_{n=0}^{\infty} \int_0^x a_n x^n \mathrm{d}x = \sum_{n=0}^{\infty} \frac{a_n}{n+1} x^{n+1}.$$

设 $\displaystyle\sum_{n=0}^{\infty} \frac{a_n}{n+1} x^{n+1}$ 的收敛半径为 R',对 $\displaystyle\sum_{n=0}^{\infty} \frac{a_n}{n+1} x^{n+1}$ 求导得 $\displaystyle\sum_{n=0}^{\infty} a_n x^n$. 由前所述,其收

敛半径仍为 R',但 $\displaystyle\sum_{n=0}^{\infty} a_n x^n$ 的收敛半径为 R,故 $R' = R$.

从以上的这些性质可以看出,幂级数与多项式是十分相似的.

值得注意的是,幂级数可以逐项积分或者导数得到新的幂级数,虽然收敛半径不会变,但收敛域是可能会改变的,也就是说,我们需要检查收敛区间端点的收敛性.

例 8　求幂级数 $\displaystyle\sum_{n=1}^{\infty} (-1)^{n-1} n x^{n-1}$ 的和函数.

解　收敛半径

$$R = \lim_{n\to\infty} \left| \frac{a_n}{a_{n+1}} \right| = \lim_{n\to\infty} \left| \frac{(-1)^{n-1} n}{(-1)^n (n+1)} \right| = 1.$$

当 $x = \pm 1$ 时,级数的一般项不趋于 0,发散. 故级数的收敛域为 $(-1,1)$.

设和函数为 $s(x)$,即

$$s(x) = \sum_{n=1}^{\infty} (-1)^{n-1} n x^{n-1}, \quad -1 < x < 1.$$

于是

$$s(x) = \sum_{n=1}^{\infty} (-1)^{n-1} (x^n)' = \Big[\sum_{n=1}^{\infty} (-1)^{n-1} x^n \Big]'$$

$$= \Big[\frac{x}{1-(-x)} \Big]' = \frac{1}{(1+x)^2}, \quad -1 < x < 1.$$

例 9　求幂级数 $\displaystyle\sum_{n=0}^{\infty} \frac{x^n}{n+1}$ 的和函数.

解　收敛半径

$$R = \lim_{n\to\infty} \left| \frac{a_n}{a_{n+1}} \right| = \lim_{n\to\infty} \frac{n+2}{n+1} = 1.$$

当 $x = -1$ 时,级数成为 $\displaystyle\sum_{n=0}^{\infty} \frac{(-1)^n}{n+1}$,是收敛的交错级数;当 $x = 1$ 时,级数成为

$\displaystyle\sum_{n=0}^{\infty} \frac{1}{n+1}$,是发散的. 因此收敛域为 $[-1,1)$.

设和函数为 $s(x)$,即

$$s(x) = \sum_{n=0}^{\infty} \frac{x^n}{n+1}, \quad -1 \leqslant x < 1.$$

于是

当 $x \neq 0$ 时,

$$s(x) = \frac{1}{x} \sum_{n=0}^{\infty} \frac{x^{n+1}}{n+1} = \frac{1}{x} \sum_{n=0}^{\infty} \int_0^x x^n dx = \frac{1}{x} \int_0^x \left(\sum_{n=0}^{\infty} x^n \right) dx = \frac{1}{x} \int_0^x \frac{1}{1-x} dx$$

$$= \frac{1}{x} \left[-\ln(1-x) \Big|_0^x \right] = -\frac{1}{x} \ln(1-x).$$

当 $x = 0$ 时,$s(0)$ 可由 $s(0) = a_0 = 1$ 得出,也可由和函数的连续性得到:

$$s(0) = \lim_{x \to 0} s(x) = \lim_{x \to 0} \left[-\frac{1}{x} \ln(1-x) \right] = 1.$$

故

$$s(x) = \begin{cases} -\dfrac{1}{x} \ln(1-x), & x \in [-1, 0) \cup (0, 1), \\ 1, & x = 0. \end{cases}$$

习题9.4

1.已知幂级数 $\displaystyle\sum_{n=0}^{\infty} a_n (x-3)^n$ 在点 $x = 0$ 处收敛,在点 $x = 6$ 处发散,求其收敛域.

2.求下列幂级数的收敛域:

(1) $x + 2x^2 + 3x^3 + \cdots + nx^n + \cdots$;

(2) $\dfrac{x}{2} + \dfrac{x^2}{2 \cdot 4} + \dfrac{x^3}{2 \cdot 4 \cdot 6} + \cdots + \dfrac{x^n}{2 \cdot 4 \cdot \cdots \cdot (2n)} + \cdots$;

(3) $\displaystyle\sum_{n=1}^{\infty} \frac{x^n}{(2n-1)2n}$;

(4) $\displaystyle\sum_{n=1}^{\infty} \frac{x^{n-1}}{n \cdot 3^{n-1}}$;

(5) $\displaystyle\sum_{n=1}^{\infty} (-1)^n \frac{x^{2n+1}}{2n+1}$;

(6) $\displaystyle\sum_{n=1}^{\infty} \frac{2n-1}{2^n} x^{2n-2}$;

(7) $\displaystyle\sum_{n=1}^{\infty} (-1)^{n-1} \frac{(x+1)^n}{n}$.

3.求下列幂级数的和函数:

(1) $\displaystyle\sum_{n=1}^{\infty} (n+2) x^{n+3}$;

（2）$\sum\limits_{n=1}^{\infty} n(n+1)x^n$；

（3）$x + \dfrac{x^3}{3} + \dfrac{x^5}{5} + \cdots + \dfrac{x^{2n-1}}{2n-1} + \cdots$；

（4）$\sum\limits_{n=1}^{\infty} \dfrac{x^{4n+1}}{4n+1}$.

第5节　函数展开成幂级数

前面我们已经知道,幂级数在其收敛域内收敛于它的和函数.由于幂级数不仅形式简单,而且在收敛域内具有很好的分析性质,因此,反过来把一个已知函数表示成幂级数,对研究函数的性质具有重要意义.这一节我们讨论已知函数 $f(x)$ 能否展开成一个幂级数的问题,也就是说,能否寻找到一个幂级数,使得在其收敛域内的和函数恰好是给定的函数 $f(x)$？如果能的话,我们就说,函数 $f(x)$ 在该区间内能展开成幂级数,而这个幂级数在该区间内就表达了函数 $f(x)$.

第3章中我们知道,如果函数 $f(x)$ 在点 x_0 的某个邻域内具有直到 $n+1$ 阶的导数,则在该邻域内 $f(x)$ 有泰勒公式

$$f(x) = f(x_0) + f'(x_0)(x-x_0) + \frac{f''(x_0)}{2!}(x-x_0)^2$$
$$+ \cdots + \frac{f^{(n)}(x_0)}{n!}(x-x_0)^n + R_n(x), \tag{1}$$

其中拉格朗日余项

$$R_n(x) = \frac{f^{(n+1)}(\xi)}{(n+1)!}(x-x_0)^{n+1} \ (\xi \text{ 介于 } x \text{ 与 } x_0 \text{ 之间}).$$

式(1)中取前 $n+1$ 项得到的多项式

$$P_n(x) = f(x_0) + f'(x_0)(x-x_0) + \frac{f''(x_0)}{2}(x-x_0)^2$$
$$+ \cdots + \frac{f^{(n)}(x_0)}{n!}(x-x_0)^n, \tag{2}$$

叫作函数 $f(x)$ 的 n 次**泰勒多项式**.

定义　如果函数 $f(x)$ 在点 x_0 的某个邻域内具有任意阶导数,则称幂级数

$$f(x_0) + f'(x_0)(x-x_0) + \frac{f''(x_0)}{2!}(x-x_0)^2 \cdots + \frac{f^{(n)}(x_0)}{n!}(x-x_0)^n + \cdots \tag{3}$$

为函数 $f(x)$ 在点 x_0 处的**泰勒级数**.

定理 1　如果函数 $f(x)$ 在点 x_0 的某个邻域内能展开成幂级数,则这种展式是唯一

的,它一定与 $f(x)$ 的泰勒级数一致.

证 假设函数 $f(x)$ 在 x_0 的某个邻域内能展开成幂级数,即有

$$f(x) = a_0 + a_1(x - x_0) + a_2(x - x_0)^2 + \cdots + a_n(x - x_0)^n + \cdots,$$

那么,根据和函数的性质知 $f(x)$ 在该邻域内应具有任意阶导数,且

$$f^{(n)}(x) = n!a_n + (n+1)!a_{n+1}(x - x_0) + \frac{(n+2)!}{2!}(x - x_0)^2 + \cdots,$$

由此可得

$$f^{(n)}(x_0) = n!a_n,$$

于是

$$a_n = \frac{1}{n!}f^{(n)}(x_0) \, (n = 0,1,2,\cdots).$$

这就表明,如果函数 $f(x)$ 在点 x_0 的某邻域有幂级数展开式的话,那么该幂级数必是 $f(x)$ 在 x_0 处的泰勒级数,即

$$f(x) = \sum_{n=0}^{\infty} \frac{1}{n!}f^{(n)}(x_0)(x - x_0)^n.$$

那么泰勒级数(3)在什么条件下收敛,且收敛于 $f(x)$ 呢?事实上,由式(1)和(2),有

$$f(x) = P_n(x) + R_n(x),$$

如果误差满足 $\lim\limits_{n \to \infty} R_n(x) = 0$,则 $f(x) = \lim\limits_{n \to \infty} P_n(x)$,从而有如下定理.

定理 2 设函数 $f(x)$ 在点 x_0 的某个邻域内具有任意阶导数,则 $f(x)$ 在该邻域内能展开成泰勒级数的充分必要条件是在该邻域内 $f(x)$ 的泰勒公式中的余项 $R_n(x)$ 当 $n \to \infty$ 时的极限为零,即 $\lim\limits_{n \to \infty} R_n(x) = 0$.

下面我们着重讨论 $x_0 = 0$ 的情形.

在(3)式中取 $x_0 = 0$,得

$$f(0) + f'(0)x + \frac{f''(0)}{2!}x^2 \cdots + \frac{f^{(n)}(0)}{n!}x^n + \cdots = \sum_{n=0}^{\infty} \frac{f^{(n)}(0)}{n!}x^n. \tag{4}$$

级数(4)称为函数 $f(x)$ 的**麦克劳林级数**. 如果 $f(x)$ 能在 $(-R,R)$ 内展开成 x 的幂级数,则有

$$f(x) = \sum_{n=0}^{\infty} \frac{f^{(n)}(0)}{n!}x^n \, (|x| < R). \tag{5}$$

要把函数 $f(x)$ 展开成 x 的幂级数,可以按照下列步骤进行:

第一步 求出 $f(x)$ 的各阶导数 $f'(x), f''(x), \cdots, f^{(n)}(x), \cdots$.

第二步 求出函数及其各阶导数在 $x = 0$ 处的值:

$$f(0), f'(0), f''(0), \cdots, f^{(n)}(0), \cdots.$$

第三步 写出幂级数

$$f(0) + f'(0)x + \frac{f''(0)}{2!}x^2 \cdots + \frac{f^{(n)}(0)}{n!}x^n + \cdots,$$

并求出收敛半径 R.

第四步　考察当 x 在区间 $(-R,R)$ 内时余项

$$R_n(x) = \frac{1}{(n+1)!}f^{(n+1)}(\theta x)x^{n+1}(0 < \theta < 1)$$

的极限是否为零. 如果为零,则函数在区间 $(-R,R)$ 内的幂级数展开式为

$$f(x) = f(0) + f'(0)x + \frac{f''(0)}{2!}x^2 \cdots + \frac{f^{(n)}(0)}{n!}x^n + \cdots(-R < x < R).$$

例 1　将函数 $f(x) = e^x$ 展开成 x 的幂级数.

解　因为 $f^{(n)}(x) = e^x(n = 1,2,\cdots)$,因此 $f^{(n)}(0) = 1(n = 0,1,2,\cdots)$. 于是它的麦克劳林级数是

$$1 + x + \frac{x^2}{2!} + \cdots + \frac{x^n}{n!} + \cdots,$$

它的收敛半径 $R = +\infty$.

对于任何有限的数 $x,\theta(0 < \theta < 1)$,余项的绝对值为

$$|R_n(x)| = \left| \frac{e^{\theta x}}{(n+1)!}x^{n+1} \right| < |e^x| \cdot \frac{|x|^{n+1}}{(n+1)!}.$$

考察正项级数 $\displaystyle\sum_{n=0}^{\infty} \frac{|x|^{n+1}}{(n+1)!}$. 因为

$$\lim_{n\to\infty} \frac{u_{n+1}}{u_n} = \lim_{n\to\infty} \frac{\dfrac{|x|^{n+2}}{(n+2)!}}{\dfrac{|x|^{n+1}}{(n+1)!}} = \lim_{n\to\infty} \frac{|x|}{n+2} = 0 < 1,$$

由比值审敛法知级数 $\displaystyle\sum_{n=0}^{\infty} \frac{|x|^{n+1}}{(n+1)!}$ 收敛.

由级数收敛的必要条件得 $\displaystyle\lim_{n\to\infty} \frac{|x|^{n+1}}{(n+1)!} = 0$,而 $e^{|x|}$ 有限,所以 $\displaystyle\lim_{n\to\infty} R_n(x) = 0$. 于是得展开式

$$e^x = 1 + x + \frac{x^2}{2!} + \cdots + \frac{x^n}{n!} + \cdots(-\infty < x < +\infty).$$

如果在 $x = 0$ 处附近,用级数的部分和(即多项式)来近似代替 e^x,那么随着项数的增加,它们就越来越接近于 e^x,如图 9-4 所示.

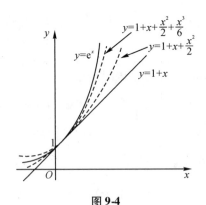

图 9-4

例 2 将函数 $f(x) = \sin x$ 展开成 x 的幂级数.

解 因为 $f^{(n)}(x) = \sin\left(x + n \cdot \dfrac{\pi}{2}\right)$，所以 $f^{(n)}(0)$ 顺序循环地取 $0,1,0,-1,\cdots$ ($n = 0,1,2,\cdots$). 于是它的麦克劳林级数是

$$x - \frac{x^3}{3!} + \frac{x^5}{5!} - \cdots + (-1)^{n-1}\frac{x^{2n-1}}{(2n-1)!} + \cdots,$$

它的收敛半径 $R = +\infty$.

对于任何的有限的数 x, ξ (ξ 在 0 与 x 之间)，余项的绝对值

$$|R_n(x)| = \left|\frac{\sin\left[\xi + \dfrac{(n+1)\pi}{2}\right]}{(n+1)!}x^{n+1}\right| \leqslant \frac{|x|^{n+1}}{(n+1)!} \to 0 \, (n \to \infty).$$

因此得展开式

$$\sin x = x - \frac{x^3}{3!} + \frac{x^5}{5!} - \cdots + (-1)^{n-1}\frac{x^{2n-1}}{(2n-1)!} + \cdots \, (-\infty < x < +\infty).$$

以上将函数展开成幂级数的例子，是直接按公式 $a_n = \dfrac{f^{(n)}(0)}{n!}$ 计算幂级数的系数，最后考察余项 $R_n(x)$ 是否趋于零. 这种直接展开的方法计算量较大，而且研究余项即使在初等函数中也不是一件容易的事情. 所以我们经常采用间接展开的方法，就是利用一些已知的函数展开式，通过幂级数的运算(如四则运算、逐项求导、逐项积分)以及变量代换等，将所给函数的幂级数展开式，这种方法不但计算简单，而且可以避免研究余项.

前面我们已经知道的幂级数展开式有

$$\frac{1}{1-x} = 1 + x + x^2 + \cdots + x^n + \cdots = \sum_{n=0}^{\infty} x^n, \ -1 < x < 1. \tag{6}$$

$$\mathrm{e}^x = 1 + x + \frac{1}{2!}x^2 + \cdots + \frac{1}{n!}x^n + \cdots = \sum_{n=0}^{\infty} \frac{x^n}{n!}, \ -\infty < x < +\infty. \tag{7}$$

$$\sin x = x - \frac{1}{3!}x^3 + \cdots + (-1)^n \frac{1}{(2n+1)!}x^{2n+1} + \cdots$$

$$= \sum_{n=0}^{\infty} (-1)^n \frac{x^{2n+1}}{(2n+1)!}, \quad -\infty < x < +\infty. \tag{8}$$

利用这三个展开式,可以求得许多函数的幂级数展开式. 例如

把(6)式中的 x 换成 $-x$,可得

$$\frac{1}{1+x} = 1 - x + x^2 - x^3 \cdots + (-1)^n x^n + \cdots = \sum_{n=0}^{\infty} (-1)^n x^n, \quad -1 < x < 1. \tag{9}$$

对(9)式两边从 0 到 x 积分,可得

$$\ln(1+x) = x - \frac{1}{2}x^2 + \frac{1}{3}x^3 + \cdots + (-1)^{n-1}\frac{x^n}{n} + \cdots$$

$$= \sum_{n=1}^{\infty} \frac{(-1)^{n-1}}{n}x^n, \quad -1 < x \leqslant 1. \tag{10}$$

对(8)式两边求导,即得

$$\cos x = 1 - \frac{1}{2!}x^2 + \frac{1}{4!}x^4 \cdots + (-1)^n \frac{1}{(2n)!}x^{2n} + \cdots$$

$$= \sum_{n=0}^{\infty} (-1)^n \frac{x^{2n}}{(2n)!}, \quad -\infty < x < +\infty. \tag{11}$$

把(9)式中的 x 换成 x^2,可得

$$\frac{1}{1+x^2} = 1 - x^2 + x^4 - \cdots + (-1)^n x^{2n} + \cdots$$

$$= \sum_{n=0}^{\infty} (-1)^n x^{2n}, \quad -1 < x < 1. \tag{12}$$

对上式从 0 到 x 积分,可得

$$\arctan x = x - \frac{1}{3}x^3 + \frac{1}{5}x^5 - \cdots + \frac{(-1)^n}{2n+1}x^{2n+1} + \cdots$$

$$= \sum_{n=0}^{\infty} \frac{(-1)^n}{2n+1}x^{2n+1}, \quad -1 \leqslant x \leqslant 1. \tag{13}$$

(6)(7)(8)(10)(11)等五个幂级数展开式是最常用的,记住前三个,后两个也就掌握了.

下面再举几个用间接法把函数展开成幂级数的例子.

例 3　将函数 $(1+x)\ln(1+x)$ 展开成 x 的幂级数,并求展开式成立的区间.

解　$f(x) = \ln(1+x) + x\ln(1+x) = \sum_{n=1}^{\infty} \frac{(-1)^{n-1}}{n}x^n + x\sum_{n=1}^{\infty} \frac{(-1)^{n-1}}{n}x^n$

$$= \sum_{n=1}^{\infty} \frac{(-1)^{n-1}}{n}x^n + \sum_{n=1}^{\infty} \frac{(-1)^{n-1}}{n}x^{n+1}$$

$$= x + \sum_{n=2}^{\infty} \frac{(-1)^{n-1}}{n} x^n + \sum_{n=2}^{\infty} \frac{(-1)^{n-2}}{n-1} x^n$$

$$= x + \sum_{n=2}^{\infty} \left[\frac{(-1)^{n-1}}{n} + \frac{(-1)^{n-2}}{n-1} \right] x^n$$

$$= x + \sum_{n=2}^{\infty} \frac{(-1)^n}{n(n-1)} x^n, \quad x \in (-1,1).$$

例 4 把函数 $f(x) = \sin^2 x$ 展开成 x 的幂级数.

解法 1 利用 $\cos x = \sum_{n=0}^{\infty} \frac{(-1)^n}{(2n)!} x^{2n}, \quad -\infty < x < +\infty.$ 得

$$\sin^2 x = \frac{1}{2} - \frac{1}{2} \cos 2x = \frac{1}{2} - \frac{1}{2} \sum_{n=0}^{\infty} \frac{(-1)^n}{(2n)!} (2x)^{2n}$$

$$= \sum_{n=1}^{\infty} \frac{(-1)^{n-1} 2^{2n-1}}{(2n)!} x^{2n}, \quad -\infty < x < +\infty.$$

解法 2 $(\sin^2 x)' = 2\sin x \cos x = \sin 2x$

$$= \sum_{n=1}^{\infty} \frac{(-1)^{n-1}}{(2n-1)!} (2x)^{2n-1}, \quad -\infty < x < +\infty.$$

将上式两端从 0 到 x 积分,得

$$\sin^2 x = \int_0^x (\sin^2 x)' \mathrm{d}x + \sin^2 0 = \int_0^x \sum_{n=1}^{\infty} \frac{(-1)^{n-1} (2x)^{2n-1}}{(2n-1)!} \mathrm{d}x$$

$$= \sum_{n=1}^{\infty} \left[\frac{(-1)^{n-1}}{(2n-1)!} \int_0^x (2x)^{2n-1} \mathrm{d}x \right]$$

$$= \sum_{n=1}^{\infty} \left[\frac{(-1)^{n-1}}{(2n-1)!} \frac{1}{2} \frac{1}{2n} (2x)^{2n} \Big|_0^x \right]$$

$$= \sum_{n=1}^{\infty} \frac{(-1)^{n-1} 2^{2n-1}}{(2n)!} x^{2n}, \quad -\infty < x < +\infty.$$

例 5 展开函数 $f(x) = \dfrac{1}{x^2 - x - 6}$ 为 $(x-1)$ 的幂级数,并指出收敛区间.

解 因为

$$f(x) = \frac{1}{x^2 - x - 6} = \frac{1}{5} \frac{1}{x-3} - \frac{1}{5} \frac{1}{x+2}.$$

而

$$\frac{1}{x-3} = \frac{1}{-2 + (x-1)} = -\frac{1}{2} \cdot \frac{1}{1 - \dfrac{x-1}{2}} = -\frac{1}{2} \sum_{n=0}^{\infty} \left(\frac{x-1}{2} \right)^n$$

$$= -\sum_{n=0}^{\infty} \frac{1}{2^{n+1}} (x-1)^n, \quad -1 < \frac{x-1}{2} < 1.$$

$$\frac{1}{x+2} = \frac{1}{3+(x-1)} = \frac{1}{3} \cdot \frac{1}{1+\dfrac{x-1}{3}} = \frac{1}{3} \sum_{n=0}^{\infty} (-1)^n \left(\frac{x-1}{3}\right)^n$$

$$= \sum_{n=0}^{\infty} \frac{(-1)^n}{3^{n+1}}(x-1)^n, \quad -1 < \frac{x-1}{3} < 1.$$

所以

$$f(x) = -\frac{1}{5}\sum_{n=0}^{\infty}\frac{1}{2^{n+1}}(x-1)^n - \frac{1}{5}\sum_{n=0}^{\infty}\frac{(-1)^n}{3^{n+1}}(x-1)^n$$

$$= \frac{1}{5}\sum_{n=0}^{\infty}\left[\frac{(-1)^{n+1}}{3^{n+1}} - \frac{1}{2^{n+1}}\right](x-1)^n, \quad -1 < x < 3.$$

习题 9.5

1. 将下列函数展开成 x 的幂级数,并求展开式成立的区间:

(1) $\dfrac{e^x - e^{-x}}{2}$;　　　　　　　　(2) a^x;

(3) $\ln(a+x)(a>0)$;　　　　　(4) $x\mathrm{arctan}\,x - \ln\sqrt{1+x^2}$.

2. 把函数 $f(x) = \ln\dfrac{x}{x+1}$ 展成 $(x-1)$ 的幂级数,并指明级数的收敛区间.

3. 将函数 $f(x) = \dfrac{1}{x}$ 展开成 $x+2$ 的幂级数.

4. 将 $f(x) = \dfrac{2x+1}{x^2+x-2}$ 展开成 $(x-3)$ 的幂级数,并指出其收敛域.

第6节　傅里叶级数

这一节我们讨论由三角函数组成的函数项级数,即所谓**三角级数**,它的部分和是周期函数,非常适合研究具有周期的现象. 我们着重研究如何把函数展开成三角函数.

一、三角级数　三角函数系的正交性

在实际生活、科学实验与工程技术中,会经常遇到周期现象,例如单摆和音叉等的振动就是常见的周期现象,再如交流电的变化、发动机中的活塞运动等也都属于这类现象. 数学上利用周期函数来描述这些周期现象,最简单的周期函数有正弦函数和余弦函数等三角函数.

对于像单摆和音叉之类的简谐振动,数学上用正弦函数

$$y = A\sin(\omega t + \varphi)$$

来描述. 这是一个以 $\dfrac{2\pi}{\omega}$ 为周期的正弦函数, 其中 y 表示动点的位置, t 表示时间, A 为振幅, ω 为角频率, φ 为初相.

我们知道, 两个频率不同的简谐波叠加起来能产生较为复杂的周期波, 反过来看, 一个较为复杂的周期波能不能分解成若干个简谐波的和呢? 早在 18 世纪, 丹尼尔·伯努力在解决弦振动问题时就提出: 任何复杂的振动都可以分解成一系列简谐振动之和. 也就是说, 在一定条件下, 任何周期函数 f 可以表示成

$$f(t) = A_0 + \sum_{n=1}^{\infty} A_n \sin(n\omega t + \varphi_n), \tag{1}$$

其中 A_0, A_n, φ_n ($n = 1, 2, \cdots$) 都是常数.

在电工学上, 上面的这种展开称为**谐波分析**, 其中常数项 A_0 称为 $f(t)$ 的**直流分量**, $A_1 \sin(\omega t + \varphi_1)$ 称为**一次谐波**(又叫**基波**), $A_2 \sin(2\omega t + \varphi_2), A_3 \sin(3\omega t + \varphi_3), \cdots$ 依次称为**二次谐波**, **三次谐波**, 等等.

为了以后讨论方便起见, 将正弦函数 $A_n \sin(n\omega t + \varphi_n)$ 按三角公式变形得

$$A_n \sin(n\omega t + \varphi_n) = A_n \sin\varphi_n \cos n\omega t + A_n \cos\varphi_n \sin n\omega t,$$

并且令 $\dfrac{a_0}{2} = A_0, a_n = A_n \sin\varphi_n, b_n = A_n \cos\varphi_n, \omega = \dfrac{\pi}{l}$ (即 $T = 2l$), 则(1)式右端的级数可以改写为

$$\frac{a_0}{2} + \sum_{n=1}^{\infty} \left(a_n \cos \frac{n\pi t}{l} + b_n \sin \frac{n\pi t}{l} \right). \tag{2}$$

形如(2)式的级数称为**三角级数**, 其中 a_0, a_n, b_n ($n = 1, 2, \cdots$) 都是常数.

再令 $\dfrac{\pi t}{l} = x$, (2)式称为

$$\frac{a_0}{2} + \sum_{n=1}^{\infty} (a_n \cos nx + b_n \sin nx), \tag{3}$$

这就把以 $2l$ 为周期的三角级数转换成了以 2π 为周期的三角级数.

以后我们讨论以 2π 为周期的三角级数(3).

如同讨论幂级数时一样, 我们必须讨论三角级数(3)的收敛问题, 以及给定周期为 2π 的周期函数如何把它展开成三角级数(3).

在下面的讨论中, 三角函数系的正交性起主要的作用, 现在来介绍这个概念.

所谓三角函数系

$$1, \sin x, \cos x, \sin 2x, \cos 2x, \cdots, \sin nx, \cos nx, \cdots$$

在其一个周期 $[-\pi, \pi]$ 上的**正交性**, 是指三角函数系中任何两个不同的函数的乘积在区间 $[-\pi, \pi]$ 上的积分为 0, 即

(a) $\displaystyle\int_{-\pi}^{\pi} 1 \cdot \sin nx\mathrm{d}x = \int_{-\pi}^{\pi} 1 \cdot \cos nx\mathrm{d}x = 0$（ $n = 1,2,\cdots$ ）；

(b) $\displaystyle\int_{-\pi}^{\pi} \sin nx\cos mx\mathrm{d}x = \int_{-\pi}^{\pi} \cos nx\cos mx\mathrm{d}x = 0$（ $m \neq n; m,n = 1,2,\cdots$ ）；

(c) $\displaystyle\int_{-\pi}^{\pi} \sin nx\cos mx\mathrm{d}x = 0$（ $m,n = 1,2,\cdots$ ）.

在三角函数系中，两个相同函数的乘积在区间 $[-\pi,\pi]$ 上的积分不为 0. 事实上有

$$\int_{-\pi}^{\pi} 1\mathrm{d}x = 2\pi, \int_{-\pi}^{\pi} \sin^2 nx\mathrm{d}x = \int_{-\pi}^{\pi} \cos^2 nx\mathrm{d}x = \pi \ (\ n = 1,2,\cdots\ ).$$

二、函数展开成傅里叶级数

假设周期为 2π 的周期函数 $f(x)$ 能展开成三角级数

$$f(x) = \frac{a_0}{2} + \sum_{k=1}^{\infty} (a_k\cos kx + b_k\sin kx). \tag{4}$$

现在我们利用三角函数系的正交性来确定系数 $a_0,a_1,b_1,\cdots$ 与函数 $f(x)$ 之间的关系. 为此，进一步假设 (4) 式右端的级数可以逐项积分.

先求 a_0. 对 (4) 式从 $-\pi$ 到 π 积分，并利用 (a) 得到

$$\int_{-\pi}^{\pi} f(x)\mathrm{d}x = \int_{-\pi}^{\pi} \frac{a_0}{2}\mathrm{d}x + \sum_{k=1}^{\infty} \left(a_k\int_{-\pi}^{\pi} \cos kx\mathrm{d}x + b_k\int_{-\pi}^{\pi} \sin kx\mathrm{d}x \right) = \frac{a_0}{2} \cdot 2\pi,$$

即 $a_0 = \dfrac{1}{\pi}\displaystyle\int_{-\pi}^{\pi} f(x)\mathrm{d}x$.

其次求 a_n. 对 (4) 式两边乘以 $\cos nx$，再从 $-\pi$ 到 π 积分，并利用 (a),(b) 和 (c) 得到

$$\int_{-\pi}^{\pi} f(x)\cos nx\mathrm{d}x$$

$$= \frac{a_0}{2}\int_{-\pi}^{\pi} \cos nx\mathrm{d}x + \sum_{k=1}^{\infty} \left(a_k\int_{-\pi}^{\pi} \cos kx\cos nx\mathrm{d}x + b_k\int_{-\pi}^{\pi} \sin kx\cos nx\mathrm{d}x \right)$$

$$= a_n\int_{-\pi}^{\pi} \cos^2 nx\mathrm{d}x = a_n\pi,$$

即 $a_n = \dfrac{1}{\pi}\displaystyle\int_{-\pi}^{\pi} f(x)\cos nx\mathrm{d}x$（ $n = 1,2,\cdots$ ）.

类似地，对 (4) 两边乘以 $\sin nx$，再从 $-\pi$ 到 π 积分，可得

$$b_n = \frac{1}{\pi}\int_{-\pi}^{\pi} f(x)\sin nx\mathrm{d}x \ (\ n = 1,2,\cdots\ ).$$

由于当 $n = 0$ 时，a_n 的表达式正好给出 a_0，因此，已得结果可以合并写成

$$\begin{cases} a_n = \dfrac{1}{\pi} \displaystyle\int_{-\pi}^{\pi} f(x)\cos nx \, \mathrm{d}x & (n = 0,1,2,\cdots), \\[2mm] b_n = \dfrac{1}{\pi} \displaystyle\int_{-\pi}^{\pi} f(x)\sin nx \, \mathrm{d}x & (n = 1,2,\cdots). \end{cases} \tag{5}$$

由(5)式定出的系数 $a_0, a_1, b_1, \cdots$ 称为函数 $f(x)$ 的**傅里叶系数**,将这些系数代入(4)式右端所得的三角级数

$$\frac{a_0}{2} + \sum_{n=1}^{\infty} (a_n \cos nx + b_n \sin nx)$$

称为函数 $f(x)$ 的**傅里叶级数**.

由于奇函数在对称区间上的积分为零,偶函数在对称区间上的积分等于半区间上积分的两倍,因此

当 $f(x)$ 为奇函数时, $f(x)\cos nx$ 是奇函数, $f(x)\sin nx$ 是偶函数,故

$$\begin{cases} a_n = 0 & (n = 0,1,2,\cdots), \\[2mm] b_n = \dfrac{2}{\pi} \displaystyle\int_0^{\pi} f(x)\sin nx \, \mathrm{d}x & (n = 1,2,\cdots), \end{cases}$$

即奇函数的傅里叶级数是只含有正弦项的**正弦级数** $\displaystyle\sum_{n=1}^{\infty} b_n \sin nx$.

当 $f(x)$ 为偶函数时, $f(x)\cos nx$ 是偶函数, $f(x)\sin nx$ 是奇函数,故

$$\begin{cases} a_n = \dfrac{2}{\pi} \displaystyle\int_0^{\pi} f(x)\cos nx \, \mathrm{d}x & (n = 0,1,2,\cdots), \\[2mm] b_n = 0 & (n = 1,2,\cdots), \end{cases}$$

即偶函数的傅里叶级数是只含有余弦项的**余弦级数** $\dfrac{a_0}{2} + \displaystyle\sum_{n=1}^{\infty} a_n \cos nx$.

一个定义在 $(-\infty, +\infty)$ 内周期为 2π 的函数,如果它在一个周期上可积,那么一定可以作出 $f(x)$ 的傅里叶级数. 然而,函数 $f(x)$ 的傅里叶级数是否收敛? 如果它收敛,它是否收敛于函数 $f(x)$? 一般说来,这两个问题的答案都不是肯定的.

历史上,数学家狄利克莱(Dirichlet)第一个给出了函数的傅里叶级数收敛于它自身的充分条件. 我们叙述如下:

定理(收敛定理,狄利克莱充分条件)　设函数 $f(x)$ 是周期为 2π 的周期函数,如果它满足:

(1)在一个周期内连续或只有有限个第一类间断点;

(2)在一个周期内至多只有有限个极值点,

那么 $f(x)$ 的傅里叶级数收敛,并且当 x 是 $f(x)$ 的连续点时,级数收敛于 $f(x)$;当 x 是 $f(x)$ 的间断点时,级数收敛于 $\dfrac{1}{2}[f(x-0) + f(x+0)]$.

收敛定理告诉我们：只要函数在 $[-\pi,\pi]$ 上至多有有限个第一类间断点，并且不作无限次振动，函数的傅里叶级数在连续点处就收敛于该点的函数值，在间断点处收敛于该点左极限与右极限的算术平均值. 可见，函数展开成傅里叶级数的条件比展开成幂级数的条件低得多.

例 1　设 $f(x)$ 是周期为 2π 的周期函数，它在 $[-\pi,\pi)$ 上的表达式为

$$f(x)=\begin{cases}-\dfrac{\pi}{2}, & -\pi\leqslant x<-\dfrac{\pi}{2},\\[2mm] x, & -\dfrac{\pi}{2}\leqslant x<\dfrac{\pi}{2},\\[2mm] \dfrac{\pi}{2}, & \dfrac{\pi}{2}\leqslant x<\pi,\end{cases}$$

将 $f(x)$ 展开成傅里叶级数.

解　所给函数满足收敛定理的条件，它在点 $x=(2k+1)\pi$ 处不连续，在其他点处连续，从而由收敛定理知道 $f(x)$ 的傅里叶级数收敛，并且当 $x=(2k+1)\pi$ 时级数收敛于

$$\frac{f(\pi-0)+f(\pi+0)}{2}=\frac{\dfrac{\pi}{2}+\left(-\dfrac{\pi}{2}\right)}{2}=0;$$

当 $x\neq(2k+1)\pi$ 时级数收敛于 $f(x)$.

计算傅里叶系数如下：

因为 $f(x)$ 是奇函数，所以有 $a_n=0$（$n=0,1,2,\cdots$）. 而

$$b_n=\frac{2}{\pi}\int_0^\pi f(x)\sin nx\mathrm{d}x=\frac{2}{\pi}\Big(\int_0^{\frac{\pi}{2}}x\sin nx\mathrm{d}x+\int_{\frac{\pi}{2}}^\pi\frac{\pi}{2}\sin nx\mathrm{d}x\Big)$$

$$=\frac{2}{\pi}\Big(\frac{-x\cos nx}{n}\Big|_0^{\frac{\pi}{2}}+\frac{1}{n}\int_0^{\frac{\pi}{2}}\cos nx\mathrm{d}x\Big)+\int_{\frac{\pi}{2}}^\pi\sin nx\mathrm{d}x$$

$$=-\frac{\cos\frac{n\pi}{2}}{n}+\frac{2\sin\frac{n\pi}{2}}{\pi n^2}+\frac{\cos\frac{n\pi}{2}-\cos n\pi}{n}$$

$$=\frac{2}{\pi n^2}\sin\frac{n\pi}{2}+\frac{(-1)^{n+1}}{n}\quad(n=1,2,\cdots).$$

于是 $f(x)$ 的傅里叶展开式为

$$f(x)=\sum_{n=1}^\infty\Big[\frac{(-1)^{n+1}}{n}+\frac{2}{\pi n^2}\sin\frac{n\pi}{2}\Big],x\neq(2k+1)\pi\ (k\in\mathbf{Z}).$$

例 2　设 $f(x)$ 是周期为 2π 的周期函数，且 $f(x)=x,0\leqslant x<2\pi$. 将 $f(x)$ 展开成傅里叶级数并作出级数的和函数的图形.

解　所给函数满足收敛定理的条件，它在点 $x=2k\pi$（$k=0,\pm1,\pm2,\cdots$）处不连

续,因此$f(x)$的傅里叶级数在点$x = 2k\pi$处收敛于

$$\frac{f(2\pi - 0) + f(2\pi + 0)}{2} = \frac{2\pi + 0}{2} = \pi,$$

在连续点$x\ (\neq 2k\pi)$处收敛于$f(x)$.

计算傅里叶系数如下:

$$a_0 = \frac{1}{\pi}\int_{-\pi}^{\pi} f(x)\,\mathrm{d}x = \frac{1}{\pi}\int_0^{2\pi} f(x)\,\mathrm{d}x = \frac{1}{\pi}\int_0^{2\pi} x\,\mathrm{d}x = 2\pi,$$

$$a_n = \frac{1}{\pi}\int_{-\pi}^{\pi} f(x)\cos nx\,\mathrm{d}x = \frac{1}{\pi}\int_0^{2\pi} f(x)\cos nx\,\mathrm{d}x = \frac{1}{\pi}\int_0^{2\pi} x\cos nx\,\mathrm{d}x$$

$$= \frac{1}{\pi n}x\sin nx\ \Big|_0^{2\pi} - \frac{1}{\pi n}\int_0^{2\pi} \sin nx\,\mathrm{d}x = 0\ (n = 1,2,3,\cdots),$$

$$b_n = \frac{1}{\pi}\int_{-\pi}^{\pi} f(x)\sin nx\,\mathrm{d}x = \frac{1}{\pi}\int_0^{2\pi} f(x)\sin nx\,\mathrm{d}x = \frac{1}{\pi}\int_0^{2\pi} x\sin nx\,\mathrm{d}x$$

$$= -\frac{2}{n}\ (n = 1,2,3,\cdots).$$

于是$f(x)$的傅里叶级数展开式为

$$f(x) = \pi - 2\sum_{n=1}^{\infty} \frac{1}{n}\sin nx\ (-\infty < x < +\infty; x \neq 2k\pi).$$

级数的和函数的图形如图9-5所示:

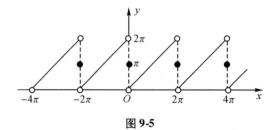

图9-5

例3 将函数$f(x) = \cos\dfrac{x}{2}\ (-\pi \leqslant x \leqslant \pi)$展开成傅里叶级数.

解 所给函数在区间$[-\pi, \pi]$上满足收敛定理的条件,并且拓广为周期函数时它在每一点x处都连续,因此拓广的周期函数的傅里叶级数在$[-\pi, \pi]$上收敛于$f(x)$.

因为$f(x)$是偶函数,所以有$b_n = 0\ (n = 1,2,\cdots)$. 而

$$a_n = \frac{2}{\pi}\int_0^{\pi} f(x)\cos nx\,\mathrm{d}x = \frac{2}{\pi}\int_0^{\pi} \cos\frac{x}{2}\cos nx\,\mathrm{d}x$$

$$= \frac{1}{\pi}\int_0^{\pi} \Big[\cos\Big(n - \frac{1}{2}\Big)x + \cos\Big(n + \frac{1}{2}\Big)x\Big]\mathrm{d}x$$

$$= \frac{1}{\pi}\left[\frac{\sin\left(n-\frac{1}{2}\right)\pi}{n-\frac{1}{2}} + \frac{\sin\left(n+\frac{1}{2}\right)\pi}{n+\frac{1}{2}}\right] = \frac{2}{\pi}\left(\frac{-\cos n\pi}{2n-1} + \frac{\cos n\pi}{2n+1}\right)$$

$$= (-1)^{n+1}\frac{2}{\pi}\left(\frac{1}{2n-1} - \frac{1}{2n+1}\right) = \frac{4(-1)^{n+1}}{\pi(4n^2-1)} \quad (n = 0,1,2,\cdots).$$

于是 $f(x)$ 的傅里叶展开式为

$$f(x) = \frac{2}{\pi} + \frac{4}{\pi}\sum_{n=1}^{\infty}\frac{(-1)^{n+1}}{4n^2-1}\cos nx, \quad -\pi \leqslant x \leqslant \pi.$$

在实际应用(如研究某种波动问题,热的传导、扩散问题)中,有时还需要把定义在区间 $[0,\pi]$ 上的函数 $f(x)$ 展开成正弦级数或余弦级数.这类展开问题可以这样解决:设函数 $f(x)$ 在区间 $[0,\pi]$ 上并且满足收敛定理的条件,我们在开区间 $(-\pi,0)$ 内补充定义,得到定义在 $(-\pi,\pi]$ 上的函数 $F(x)$,使它在 $(-\pi,\pi)$ 上成为奇函数(偶函数).按这种方式拓广函数定义域的过程称为**奇延拓(偶延拓)**.然后将奇延拓(偶延拓)后的函数展开成傅里叶级数,这个级数必定是正弦级数(余弦级数).再限制 x 在 $(0,\pi]$ 上,此时 $F(x) \equiv f(x)$,这样便得到 $f(x)$ 的正弦级数(余弦级数)展开式.

例 4 将函数 $f(x) = 2x^2$ ($0 \leqslant x \leqslant \pi$)分别展开成正弦级数和余弦级数.

解 展开成正弦级数.为此对函数 $f(x)$ 作奇延拓:

$$\varphi(x) = \begin{cases} 2x^2, & 0 \leqslant x \leqslant \pi, \\ -2x^2, & -\pi \leqslant x < 0. \end{cases}$$

再作 $\varphi(x)$ 的周期延拓函数 $\Phi(x)$,则 $\Phi(x)$ 满足收敛定理的条件,而在 $x = (2k+1)\pi$ ($k \in \mathbf{Z}$)处间断,又在 $[0,\pi]$ 上 $\Phi(x) \equiv f(x)$,故它的傅里叶级数在 $[0,\pi)$ 上收敛于 $f(x)$.

$$a_n = 0 \quad (n = 0,1,2,\cdots),$$

$$b_n = \frac{2}{\pi}\int_0^{\pi} f(x)\sin nx\,\mathrm{d}x = \frac{2}{\pi}\int_0^{\pi} 2x^2\sin nx\,\mathrm{d}x$$

$$= \frac{4}{\pi}\left[\frac{-x^2}{n}\cos nx + \frac{2x}{n^2}\sin nx + \frac{2}{n^3}\cos nx\right]\Bigg|_0^{\pi}$$

$$= \frac{4}{\pi}\left[\frac{-\pi^2(-1)^n}{n} + \frac{(-1)^n2}{n^3} - \frac{2}{n^3}\right] \quad (n = 1,2,\cdots),$$

故

$$f(x) = \frac{4}{\pi}\sum_{n=1}^{\infty}\left[(-1)^n\left(\frac{2}{n^3} - \frac{\pi^2}{n}\right) - \frac{2}{n^3}\right], 0 \leqslant x < \pi.$$

展开成正弦级数.为此对函数 $f(x)$ 作偶延拓:$\varphi(x) = 2x^2$,$-\pi < x \leqslant \pi$.再作 $\varphi(x)$ 的周期延拓函数 $\Phi(x)$,则 $\Phi(x)$ 满足收敛定理的条件且处处连续,又在 $[0,\pi]$ 上 $\Phi(x) \equiv$

$f(x)$, 故它的傅里叶级数在 $[0,\pi]$ 上收敛于 $f(x)$.

$$b_n = 0 \ (n = 1, 2, \cdots),$$

$$a_0 = \frac{2}{\pi} \int_0^\pi f(x) \mathrm{d}x = \frac{2}{\pi} \int_0^\pi 2x^2 \mathrm{d}x = \frac{4}{3} \pi^2,$$

$$a_n = \frac{2}{\pi} \int_0^\pi f(x) \cos nx \mathrm{d}x = \frac{2}{\pi} \int_0^\pi 2x^2 \cos nx \mathrm{d}x = (-1)^n \frac{8}{n^2} \ (n = 1, 2, \cdots).$$

故

$$f(x) = \frac{2}{3} \pi^2 + 8 \sum_{n=1}^\infty \frac{(-1)^n}{n^2} \cos nx, 0 \leqslant x < \pi.$$

上面所讨论的周期函数都是以 2π 为周期的,现在讨论以 $2l$ 为周期的情形.

若周期为 $2l$ 的周期函数 $f(x)$ 满足收敛定理的条件,则作变量代换 $z = \frac{\pi x}{l}$, 于是区间 $-l \leqslant x \leqslant l$ 就变换成 $-\pi \leqslant z \leqslant \pi$. 设函数 $f(x) = f\left(\frac{\pi x}{l}\right) = F(z)$, 从而 $F(z)$ 是周期为 2π 的周期函数,并且它满足收敛定理的条件,将 $F(z)$ 展开成傅里叶级数

$$F(z) = \frac{a_0}{2} + \sum_{n=1}^\infty (a_n \cos nz + b_n \sin nz),$$

其中

$$a_n = \frac{1}{\pi} \int_{-\pi}^\pi F(z) \cos nz \mathrm{d}z, b_n = \frac{1}{\pi} \int_{-\pi}^\pi F(z) \sin nz \mathrm{d}z.$$

在以上式子中令 $z = \frac{\pi x}{l}$, 并注意到 $F(z) = f(x)$, 于是有

$$f(x) = \frac{a_0}{2} + \sum_{n=1}^\infty \left(a_n \cos \frac{n\pi x}{l} + b_n \sin \frac{n\pi x}{l}\right),$$

而且

$$a_n = \frac{1}{l} \int_{-l}^l f(x) \cos \frac{n\pi x}{l} \mathrm{d}x, b_n = \frac{1}{l} \int_{-l}^l f(x) \sin \frac{n\pi x}{l} \mathrm{d}x.$$

例 5 设 $f(x)$ 是周期 2 的周期函数,它在 $[1,3)$ 上的表达式为

$$f(x) = \begin{cases} 0, & 1 \leqslant x < 2 \\ x - 2, & 2 \leqslant x < 3 \end{cases}.$$

将 $f(x)$ 展开成傅里叶级数,并求数项级数 $\sum_{n=1}^\infty \frac{1}{n^2}$.

解 这时 $l = 2$, 按公式有

$$a_0 = \frac{1}{1} \int_{-1}^1 f(x) \mathrm{d}x = \int_1^3 f(x) \mathrm{d}x = \int_2^3 (x-2) \mathrm{d}x = \frac{1}{2},$$

$$a_n = \frac{1}{1}\int_{-1}^{1} f(x)\cos n\pi x \mathrm{d}x = \int_{1}^{3} f(x)\cos n\pi x \mathrm{d}x = \int_{2}^{3}(x-2)\cos n\pi x \mathrm{d}x$$

$$= \frac{(-1)^n - 1}{n^2\pi^2} \ (n = 1,2,\cdots),$$

$$b_n = \frac{1}{1}\int_{-1}^{1} f(x)\sin n\pi x \mathrm{d}x = \int_{1}^{3} f(x)\sin n\pi x \mathrm{d}x = \int_{2}^{3}(x-2)\sin n\pi x \mathrm{d}x$$

$$= \frac{(-1)^{n-1}}{n\pi} \ (n = 1,2,\cdots).$$

于是 $f(x)$ 的傅里叶级数展开式为

$$f(x) = \frac{1}{4} + \sum_{n=1}^{\infty}\left[\frac{(-1)^n - 1}{n^2\pi^2}\cos n\pi x + \frac{(-1)^{n-1}}{n\pi}\sin n\pi x\right] \ (-\infty < x < +\infty; x \neq 2k-1).$$

上式中令 $x = 2$, 计算得

$$\sum_{n=1}^{\infty}\frac{1}{(2n-1)^2} = \frac{\pi^2}{8},$$

因而

$$\sum_{n=1}^{\infty}\frac{1}{n^2} = \sum_{k=1}^{\infty}\frac{1}{(2k-1)^2} + \sum_{k=1}^{\infty}\frac{1}{(2k)^2} = \sum_{n=1}^{\infty}\frac{1}{(2n-1)^2} + \frac{1}{4}\sum_{k=1}^{\infty}\frac{1}{n^2},$$

故 $\displaystyle\sum_{n=1}^{\infty}\frac{1}{n^2} = \frac{4}{3}\sum_{n=1}^{\infty}\frac{1}{(2n-1)^2} = \frac{\pi^2}{6}.$

习题 9.6

1. 设 $f(x)$ 是周期为 2π 的周期函数,且 $f(x) = \begin{cases} x, & 0 \leqslant x < \pi, \\ 2, & -\pi \leqslant x < 0, \end{cases}$ 将 $f(x)$ 展开成傅里叶级数.

2. 设 $f(x)$ 是周期为 2π 的函数,它在 $[-\pi, \pi]$ 上的表达式为

$$f(x) = \begin{cases} 0, & -\pi \leqslant x < 0, \\ \mathrm{e}^x, & 0 \leqslant x < \pi, \end{cases}$$

将 $f(x)$ 展开成傅里叶级数.

3. 将函数 $u(t) = E\left|\sin\dfrac{t}{2}\right|$, $-\pi \leqslant t \leqslant \pi$ 展开成傅里叶级数,其中 E 是正的常数.

4. 设 $f(x)$ 是周期为 2π 的周期函数,且 $f(x) = |x|$, $-\pi \leqslant x < \pi$. 将 $f(x)$ 展开成傅里叶级数.

5. 将函数 $f(x) = \begin{cases} \cos x, & 0 \leqslant x < \dfrac{\pi}{2}, \\ 0, & \dfrac{\pi}{2} \leqslant x \leqslant \pi \end{cases}$ 分别展开成正弦级数和余弦级数.

复习题九

一、单项选择题

1. $\lim\limits_{n \to \infty} a_n$ 存在是级数 $\sum\limits_{n=1}^{\infty} (a_n - a_{n+1})$ 收敛的(　　).

(A)必要条件而非充分条件　　　　(B)充分条件而非必要条件

(C)充分必要条件　　　　　　　　(D)既非充分条件又非必要条件

2. 设级数 $\sum\limits_{n=1}^{\infty} a_n$ 收敛,则下面必收敛的是(　　).

(A) $\sum\limits_{n=1}^{\infty} \dfrac{(-1)^n a_n}{n}$　　　　　　(B) $\sum\limits_{n=1}^{\infty} a_n^2$

(C) $\sum\limits_{n=1}^{\infty} (a_{2n-1} - a_{2n})$　　　　　(D) $\sum\limits_{n=1}^{\infty} (a_{n+1}^2 - a_n^2)$

3. 设 $0 \leqslant a_n \leqslant \dfrac{1}{n} (n = 1, 2, \cdots)$,则下列级数中肯定收敛的是(　　).

(A) $\sum\limits_{n=1}^{\infty} a_n$　　　　　　　　　(B) $\sum\limits_{n=1}^{\infty} (-1)^n a_n$

(C) $\sum\limits_{n=1}^{\infty} \sqrt{a_n}$　　　　　　　　(D) $\sum\limits_{n=1}^{\infty} (-1)^n a_n^2$

4. 设常数 $\lambda > 0$,且级数 $\sum\limits_{n=1}^{\infty} a_n^2$ 收敛,则级数 $\sum\limits_{n=1}^{\infty} (-1)^n \dfrac{|a_n|}{\sqrt{n^2 + \lambda}}$ (　　).

(A)发散　　　　　　　　　　　(B)条件收敛

(C)绝对收敛　　　　　　　　　(D)收敛性与 λ 有关

5. 设 α 为常数,则级数 $\sum\limits_{n=1}^{\infty} \left[\dfrac{\sin(n\alpha)}{n^2} - \dfrac{1}{\sqrt{n}} \right]$ (　　).

(A)绝对收敛　　　　　　　　　(B)条件收敛

(C)发散　　　　　　　　　　　(D)收敛性与 α 的取值有关

6. 设常数 $k > 0$,则级数 $\sum\limits_{n=1}^{\infty} (-1)^n \dfrac{k+n}{n^2}$ (　　).

(A)发散　　　　　　　　　　　(B)绝对收敛

(C)条件收敛　　　　　　　　　(D)收敛或发散与 k 的取值有关

7. 设 $a_n > 0 (n = 1, 2, \cdots)$,且 $\sum\limits_{n=1}^{\infty} a_n$ 收敛,常数 $\lambda \in \left(0, \dfrac{\pi}{2} \right)$,则级数

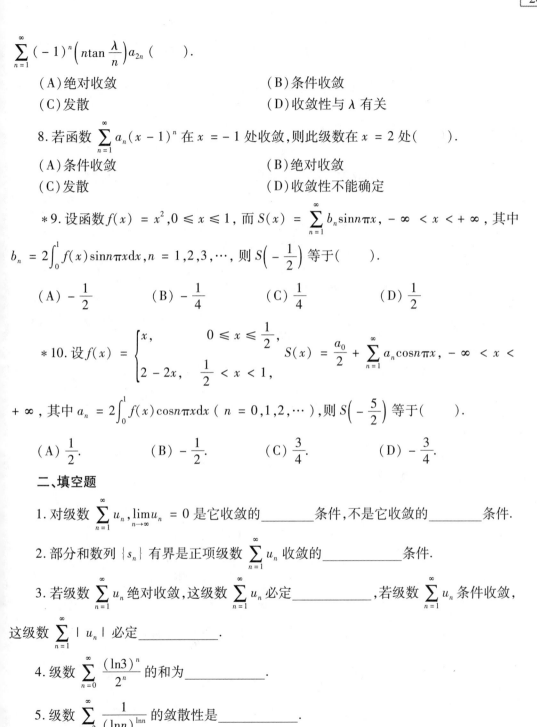

$\displaystyle\sum_{n=1}^{\infty}(-1)^{n}\left(n\tan\frac{\lambda}{n}\right)a_{2n}$ (　　).

(A)绝对收敛　　　　　　(B)条件收敛

(C)发散　　　　　　　　(D)收敛性与 λ 有关

8.若函数 $\displaystyle\sum_{n=1}^{\infty}a_{n}(x-1)^{n}$ 在 $x=-1$ 处收敛,则此级数在 $x=2$ 处(　　).

(A)条件收敛　　　　　　(B)绝对收敛

(C)发散　　　　　　　　(D)收敛性不能确定

*9.设函数 $f(x)=x^{2},0\leqslant x\leqslant 1$,而 $S(x)=\displaystyle\sum_{n=1}^{\infty}b_{n}\sin n\pi x,-\infty<x<+\infty$,其中 $b_{n}=2\displaystyle\int_{0}^{1}f(x)\sin n\pi x\,\mathrm{d}x,n=1,2,3,\cdots$,则 $S\left(-\dfrac{1}{2}\right)$ 等于(　　).

(A) $-\dfrac{1}{2}$ 　　(B) $-\dfrac{1}{4}$ 　　(C) $\dfrac{1}{4}$ 　　(D) $\dfrac{1}{2}$

*10.设 $f(x)=\begin{cases}x,&0\leqslant x\leqslant\dfrac{1}{2},\\2-2x,&\dfrac{1}{2}<x<1,\end{cases}$ $S(x)=\dfrac{a_{0}}{2}+\displaystyle\sum_{n=1}^{\infty}a_{n}\cos n\pi x,-\infty<x<+\infty$,其中 $a_{n}=2\displaystyle\int_{0}^{1}f(x)\cos n\pi x\,\mathrm{d}x$ ($n=0,1,2,\cdots$),则 $S\left(-\dfrac{5}{2}\right)$ 等于(　　).

(A) $\dfrac{1}{2}$. 　　(B) $-\dfrac{1}{2}$. 　　(C) $\dfrac{3}{4}$. 　　(D) $-\dfrac{3}{4}$.

二、填空题

1.对级数 $\displaystyle\sum_{n=1}^{\infty}u_{n},\lim_{n\to\infty}u_{n}=0$ 是它收敛的_____条件,不是它收敛的_____条件.

2.部分和数列 $\{s_{n}\}$ 有界是正项级数 $\displaystyle\sum_{n=1}^{\infty}u_{n}$ 收敛的_____条件.

3.若级数 $\displaystyle\sum_{n=1}^{\infty}u_{n}$ 绝对收敛,这级数 $\displaystyle\sum_{n=1}^{\infty}u_{n}$ 必定_____,若级数 $\displaystyle\sum_{n=1}^{\infty}u_{n}$ 条件收敛,这级数 $\displaystyle\sum_{n=1}^{\infty}|u_{n}|$ 必定_____.

4.级数 $\displaystyle\sum_{n=0}^{\infty}\dfrac{(\ln3)^{n}}{2^{n}}$ 的和为_____.

5.级数 $\displaystyle\sum_{n=2}^{\infty}\dfrac{1}{(\ln n)^{\ln n}}$ 的敛散性是_____.

6. 若幂级数 $\displaystyle\sum_{n=0}^{\infty} a_n(x+1)^n$ 在点 $x = \dfrac{3}{2}$ 处条件收敛,则该级数的收敛半径 $R = \underline{\hspace{2cm}}$.

7. 设有级数 $\displaystyle\sum_{n=0}^{\infty} a_n\left(\dfrac{x+1}{2}\right)^n$,若 $\displaystyle\lim_{n\to\infty}\left|\dfrac{a_n}{a_{n+1}}\right| = \dfrac{1}{3}$,则该级数的收敛半径等于 $\underline{\hspace{2cm}}$.

8. 幂级数 $\displaystyle\sum_{n=0}^{\infty} \dfrac{x^n}{\sqrt{n+1}}$ 的收敛域是 $\underline{\hspace{2cm}}$.

9. 设幂级数 $\displaystyle\sum_{n=0}^{\infty} a_n x^n$ 的收敛半径为 3,则幂级数 $\displaystyle\sum_{n=1}^{\infty} n a_n(x-1)^{n+1}$ 的收敛区间为 $\underline{\hspace{3cm}}$.

*10. 设 $f(x)$ 是周期为 2 的周期函数,它在区间 $(-1,1]$ 上的定义为

$$f(x) = \begin{cases} 2, & -1 < x \leqslant 0, \\ x^3, & 0 < x \leqslant 1, \end{cases}$$

则 $f(x)$ 的傅里叶级数在 $x = 1$ 处收敛于 $\underline{\hspace{2cm}}$.

*11. 设 $f(x) = \begin{cases} -1, & -\pi < x \leqslant 0, \\ 1 + x^2, & 0 < x \leqslant \pi, \end{cases}$ 则其以 2π 为周期的傅里叶级数在点 $x = \pi$ 处收敛于 $\underline{\hspace{2cm}}$.

*12. 设函数 $f(x) = \pi x + x^2 \ (-\pi < x < \pi)$ 的傅里叶级数展开式为

$$\dfrac{a_0}{2} + \sum_{n=1}^{\infty}(a_n\cos nx + b_n\sin nx),$$

则其中系数 b_3 的值为 $\underline{\hspace{2cm}}$.

三、解答题

1. 判定下列级数的收敛性:

(1) $\displaystyle\sum_{n=1}^{\infty}(a^{\frac{1}{n}} - 1)$,其中 $a > 0$;

(2) $\displaystyle\sum_{n=1}^{\infty}\left(\dfrac{1}{n} - \ln\dfrac{n+1}{n}\right)$;

(3) $\displaystyle\sum_{n=1}^{\infty}\sqrt{n+1}\left(1 - \cos\dfrac{\pi}{n}\right)$;

(4) $\displaystyle\sum_{n=2}^{\infty}\dfrac{1}{\ln^{10} n}$;

(5) $\displaystyle\sum_{n=1}^{\infty}\dfrac{2 + (-1)^n}{2^n}$;

(6) $\displaystyle\sum_{n=1}^{\infty}\dfrac{a^n}{n^s} \ (a > 0, s > 0)$.

2. 设正项级数 $\displaystyle\sum_{n=1}^{\infty} u_n$ 和 $\displaystyle\sum_{n=1}^{\infty} v_n$ 都收敛,证明级数 $\displaystyle\sum_{n=1}^{\infty}(u_n + v_n)^2$ 也收敛.

3. 设级数 $\displaystyle\sum_{n=1}^{\infty} u_n$ 收敛,且 $\displaystyle\lim_{n\to\infty}\dfrac{v_n}{u_n} = 1$. 问级数 $\displaystyle\sum_{n=1}^{\infty} v_n$ 是否也收敛?试说明理由.

4. 设 $a_n > 0, b_n > 0$,且满足 $\dfrac{a_{n+1}}{a_n} \leqslant \dfrac{b_{n+1}}{b_n}, n = 1, 2, \cdots$,证明:(1) 若级数 $\displaystyle\sum_{n=1}^{\infty} b_n$ 收敛,

则级数 $\displaystyle\sum_{n=1}^{\infty} a_n$ 收敛;(2)若级数 $\displaystyle\sum_{n=1}^{\infty} a_n$ 发散,则 $\displaystyle\sum_{n=1}^{\infty} b_n$ 发散.

5. 级数 $\displaystyle\sum_{n=1}^{\infty} a_n$ 与 $\displaystyle\sum_{n=1}^{\infty} c_n$ 都收敛,且对一切自然数 n,下列不等式成立:

$$a_n < b_n < c_n.$$

证明:级数 $\displaystyle\sum_{n=1}^{\infty} b_n$ 也收敛.

6. 试用级数理论证明:当 $n \to \infty$ 时,$\dfrac{1}{n^n}$ 是比 $\dfrac{1}{n!}$ 高阶的无穷小.

7. 讨论下列级数的绝对收敛性与条件收敛性:

(1) $\displaystyle\sum_{n=1}^{\infty} (-1)^n \frac{(n+1)!}{n^{n+1}}$;　　　　(2) $\displaystyle\sum_{n=1}^{\infty} (-1)^n \frac{1}{2^n}\left(1 + \frac{1}{n}\right)^{n^2}$.

8. 设 $f(x)$ 在区间 $(0,1)$ 内可导,且导函数 $f'(x)$ 有界:$|f'(x)| \leqslant M$. 证明:

(1) 级数 $\displaystyle\sum_{n=1}^{\infty}\left[f\left(\frac{1}{n}\right) - f\left(\frac{1}{n+1}\right)\right]$ 绝对收敛;

(2) $\displaystyle\lim_{n\to\infty} f\left(\frac{1}{n}\right)$ 存在.

9. 求幂级数 $\displaystyle\sum_{n=1}^{\infty} \frac{3^n + (-2)^n}{n}(x+1)^n$ 的收敛域.

10. 求下列幂级数的和函数:

(1) $\displaystyle\sum_{n=1}^{\infty} \frac{x^{2n+1}}{2n}$;　　　　(2) $\displaystyle\sum_{n=1}^{\infty} \frac{x^{4n}}{4^n n!}$;

(3) $\displaystyle\sum_{n=1}^{\infty} (-1)^{n-1} \frac{n-1}{n+1} x^n$;　　　　(4) $\displaystyle\sum_{n=1}^{\infty} \left(\frac{1}{3^n} + \frac{1}{n}\right)(x-1)^{3n}$.

11. 求下列数项级数的和:

(1) $\displaystyle\sum_{n=1}^{\infty} \frac{n}{3^{n-1}}$;　　　　(2) $\displaystyle\sum_{n=1}^{\infty} \frac{n^2}{n!}$;

(3) $\displaystyle\sum_{n=1}^{\infty} \frac{1}{(4n^2-1)4^n}$;　　　　(4) $\displaystyle\sum_{n=1}^{\infty} (-1)^n \frac{n^2+n}{2^n}$.

12. 将下列函数展开成 x 的幂级数:

(1) $\ln(1 + x - 2x^2)$;　　　　(2) $\dfrac{1}{(2-x)^2}$;

(3) $\arctan \dfrac{2x}{1-x^2}$.

13. 已知 $f(x) = x^5 \mathrm{e}^{x^2}$,求 $f^{(99)}(0)$,$f^{(100)}(0)$.

14. 求函数 $f(x) = x^2\ln(1 + x)$ 在 $x = 0$ 处的 n 阶导数 $f^{(n)}(0)(n \geqslant 3)$.

15. 计算 $\int_0^{\frac{1}{2}} e^{-x^2}dx$ 的近似值,取 e^{-x^2} 展开式的前三项,并精确到 0.0001.

*16. 将函数 $f(x) = x - 1$ ($0 \leqslant x \leqslant 2$)展开成周期为 4 的余弦级数.

第 10 章　微分方程与差分方程初步

有大量的科学问题需要人们试着从它的变化率来确定某些结果,例如我们可以根据一个运动质点的速度或加速度来计算质点的位置.或者对于一种已知衰变率的放射性物质,需要确定在一给定时间后尚存物质的总量.在这样一些例子中,都要试图从一个方程所表示的关系中确定一个未知函数,而这个方程至少含有未知函数的一个导数,这样的方程称为微分方程.本章第 1 节至第 5 节介绍微分方程的一些基本概念和几种简单常用的微分方程的求解及应用.

用连续变量描述研究对象变化规律的数学模型常常用微分方程来表示,而用离散变量描述研究对象的数学模型则常常用差分方程来表示.由于经济、生命科学、化学、物理、力学、控制等领域有不少现象只能用离散型的数学模型来描述,也由于计算机技术的飞速发展,对连续的数学模型,数值计算其解也需要离散化,即变成差分方程求解.这部分内容的讨论在第 6 节进行.

第 1 节　微分方程的基本概念

先看一个具体的例子.

例 1　实验表明,物体在自由下落过程中受到的空气阻力与物体下落的速度成正比,因此作用在该物体上的力是

$$F = mg - kv.$$

由牛顿第二定律

$$F = ma \text{ 或者 } F = m\frac{\mathrm{d}v}{\mathrm{d}t} = m\frac{\mathrm{d}^2 s}{\mathrm{d}t^2}$$

得到物体运动速度与其导数的关系式

$$m\frac{\mathrm{d}v}{\mathrm{d}t} + kv = mg, \tag{1}$$

或者物体位移与其一阶、二阶导数的关系式

$$m\frac{\mathrm{d}^2 s}{\mathrm{d}t^2} + k\frac{\mathrm{d}s}{\mathrm{d}t} = mg. \tag{2}$$

此外,位移函数 $s(t)$ 还应满足下列条件:

$$s(t) \mid_{t=0} = 0, \quad s'(t) \mid_{t=0} = v(0) = 0. \tag{3}$$

可以验证函数

$$s(t) = C_1 + C_2 e^{-\frac{k}{m}t} + \frac{mg}{k}t \, (C_1, C_2 \text{ 是任意的常数}) \tag{4}$$

是满足关系式(2)的.

把条件 $s(0) = 0$ 代入(3)得: $C_1 + C_2 = 0$;

把条件 $s'(0) = 0$ 代入(3)得: $C_2 = \dfrac{m^2 g}{k^2}$.

将 $C_1 = -\dfrac{m^2 g}{k^2}, C_2 = \dfrac{m^2 g}{k^2}$ 代入(2)得

$$s(t) = \frac{m^2 g}{k^2}(1 - e^{-\frac{k}{m}t}) + \frac{mg}{k}t. \tag{5}$$

这就是自由落体的位移与时间的函数关系.

上述例子中的关系式(1)和(2)都含有未知函数的导数,它们都是微分方程. 一般地,凡表示未知函数、未知函数的导数与自变量之间的关系的方程,叫作**微分方程**,有时也简称**方程**. 根据未知函数只是一个变量还是两个或多个变量的函数分为两大类: **常微分方程**和**偏微分方程**. 本章中只讨论常微分方程.

微分方程中所出现的未知函数的最高阶导数的阶数,叫作微分方程的**阶**. 例如,方程(1)是一阶微分方程;方程(2)是二阶微分方程. 又如方程

$$x^3 y''' - 4xy' = x^2$$

是三阶微分方程;方程

$$y^{(4)} - 4y''' + 10y'' - 12y' + 5y = \sin 2x$$

是四阶微分方程.

n 阶微分方程的一般形式是

$$F(x, y, y', \cdots, y^{(n)}) = 0. \tag{6}$$

其中 x 是自变量, y 为未知函数,且 $y^{(n)}$ 必定出现.

经验表明,除少数类型外,获得微分方程的一般性的数学理论是困难的,而在这少数类型中有所谓线性微分方程,这类方程出现在各种各样的问题中.

如果方程(6)的左端为 y 及 y', $\cdots$, $y^{(n)}$ 的一次有理整式,则称(6)为 n 阶**线性微分方程**. n 阶线性微分方程具有一般形式

$$y^{(n)} + a_1(x)y^{(n-1)} + \cdots + a_{n-1}(x)y' + a_n(x)y = f(x), \tag{7}$$

这里 $a_1(x)$, $\cdots$, $a_n(x)$, $f(x)$ 是 x 的已知函数.

以后我们讨论的微分方程是线性微分方程中最简单的一类以及它们的某些应用.

如果把某个函数代入微分方程使它成为恒等式,这个函数就叫作该**微分方程的解**. 确切地说,如果在区间 I 上,成立

$$F[x, \varphi(x), \varphi'(x), \cdots, \varphi^{(n)}(x)] = 0, \tag{8}$$

那么函数 $y = \varphi(x)$ 就叫作微分方程(6)在区间 I 上的解.

如果关系式 $F(x, y) = 0$ 确定的隐函数 $y = \varphi(x)$ 是方程(6)的解,则称 $F(x, y) = 0$ 为方程(6)的**隐式解**. 例如,一阶微分方程 $y' = -\dfrac{x}{y}$ 有解 $y = \sqrt{1 - x^2}$ 和 $y = -\sqrt{1 - x^2}$,而关系式 $x^2 + y^2 = 1$ 就是它的隐式解. 为简便起见,以后不把解和隐式解加以区分,通称为方程的解.

如果微分方程的解中含有任意常数,且独立任意常数的个数与微分方程的阶数相同,这样的解叫作微分方程的**通解**. 这里,所谓的独立任意常数,是指它们不能合并使得任意常数的个数减少. 例如,函数(4)是方程(2)的解,它含有两个独立任意常数,而方程(2)是二阶的,所以函数(4)是方程(2)的通解.

在很多问题中,需要从通解中挑出在某一点具有规定值的一个解. 规定值称为**初始条件**(也叫**初值条件**),而确定这样一个解的问题称为**初值问题**. 这一术语来源于力学问题,因为在力学问题中这些条件往往反映了运动物体的初始状态.

微分方程满足初始条件的解称为微分方程的**特解**. 初始条件不同,对应的特解也不同. 一般来说,特解可以通过初始条件的限制,从通解中确定任意常数而得到. 例如函数(5)是方程(2)满足初始条件(3)的特解.

微分方程的解的图形是一条曲线,叫作微分方程的**积分曲线**.

一阶微分方程的初值问题

$$\begin{cases} y' = f(x, y) \\ y \mid_{x = x_0} = y_0 \end{cases}$$

的几何意义,就是求通过点 (x_0, y_0) 的那条积分曲线.

例 2　设微分方程 $y' = \dfrac{y}{x} + \varphi\left(\dfrac{x}{y}\right)$ 的通解为 $y = \dfrac{x}{\ln Cx}$(C 为任意常数),求 $\varphi(x)$.

解　由 $y = \dfrac{x}{\ln Cx}$ 得 $y' = \dfrac{1}{\ln Cx} - \dfrac{1}{\ln^2 Cx}$,代入得

$$\varphi(\ln Cx) = -\dfrac{1}{\ln^2 Cx}.$$

令 $u = \ln Cx$,则 $\varphi(u) = -\dfrac{1}{u^2}$,即 $\varphi(x) = -\dfrac{1}{x^2}$.

习题 10.1

1.指出下列各微分方程的阶数,并回答是否是线性的:

(1) $(y')^2 + xy' - 3y^2 = 0$;　　　　　(2) $(7x - 6y)dx + (x + y)dy = 0$;

(3) $xy'' - 5y' + 3xy = \sin x$;　　　　(4) $\sin\left(\dfrac{d^2 y}{dx^2}\right) + e^y = x$;

(5) $y'y''' - 3(y')^2 = 0$;　　　　　　(6) $y^{(4)} - 4y'' + 4y = 6e^{2x}$.

2. 验证下列各题中的函数为所给微分方程的解:

(1) $\dfrac{dy}{dx} + 2y = 2$, $y = e^{-2x} + 1$;

(2) $(1 + x^2)y'' + 4xy' + 2y = 0$, $y = \dfrac{1}{1 + x^2}$.

3. 求以下列方程所确定的函数为通解的微分方程:

(1) $x^2 + Cy^2 = 1$(C 是任意常数);

(2) $(y - C_2)^2 = 4C_1 x$(C_1, C_2 是任意常数).

4. 写出由下列条件确定的曲线所满足的微分方程:

(1) 曲线在点 (x, y) 处的切线的斜率等于该点横坐标的平方;

(2) 曲线上点 $P(x, y)$ 处的法线与 x 轴的交点为 Q, 且线段 PQ 被 y 轴平分.

第 2 节　可分离变量的微分方程

在本节至第 4 节, 我们将讨论能解出 y' 的一阶微分方程, 它可以被写成如下形式

$$y' = f(x, y),　　　　　　　　　　(1)$$

其中右边的表达式 $f(x, y)$ 具有各种具体的形式.

方程(1)最简单的情况是 $f(x, y)$ 和 y 无关的情形, 这时(1)式变成

$$y' = f(x).　　　　　　　　　　　(2)$$

我们看到, 求为微分方程(2)的通解问题就转化成了求 $f(x)$ 的不定积分问题. 将(2)改写成

$$dy = f(x)dx,$$

两边积分, 得

$$\int dy = \int f(x)dx \text{ 即 } y = \int f(x)dx + C.　　　　(3)$$

这里我们把 $\int f(x)dx$ 理解为 $f(x)$ 的任意一个确定的原函数(如无特别声明, 以后也作这样的理解), 则(3)就是方程(2)的通解.

考虑一个比方程(2)稍微复杂一些的方程:

$$\dfrac{dy}{dx} = f(x)g(y),　　　　　　　　(4)$$

称为**可分离变量的微分方程**,这里 $f(x),g(y)$ 分别是 x,y 的连续函数.

如果 $g(y) \neq 0$, 将(3)改写成

$$\frac{\mathrm{d}y}{g(y)} = f(x)\,\mathrm{d}x. \tag{5}$$

这样,变量就"分离"开来了,即方程的一端只含 y 的函数和 $\mathrm{d}y$, 另一端只含 x 的函数和 $\mathrm{d}x$.

像求解方程(2)一样,(5)两边积分,得

$$\int \frac{\mathrm{d}y}{g(y)} = \int f(x)\,\mathrm{d}x + C. \tag{6}$$

把(6)作为 y 是 x 的隐函数的关系式,则对任一常数 C, 微分(6)的两边可知(6)所确定的隐函数 $y = y(x,C)$ 满足方程(4),因而(6)是(4)的通解,称之为**隐式通解**.

如果存在 y_0 使 $g(y_0) = 0$, 直接代入可知 $y = y_0$ 也是(4)的解.

例1　求微分方程 $f'(x) = f(x)$ 的通解.

解　我们用 y 代替 $f(x)$, 而用 y' 代替 $f'(x)$, 则原方程写成

$$\frac{\mathrm{d}y}{\mathrm{d}x} = y.$$

这是可分离变量的方程,分离变量后得

$$\frac{\mathrm{d}y}{y} = \mathrm{d}x,$$

两边积分

$$\int \frac{\mathrm{d}y}{y} = \int \mathrm{d}x,$$

得

$$\ln |y| = x + C_1,$$

从而

$$y = \pm\, \mathrm{e}^{x+C_1} = \pm\, \mathrm{e}^{C_1}\mathrm{e}^x,$$

这里 $\pm\, \mathrm{e}^{C_1}$ 是任意非零常数,又 $y = 0$ 也是原方程的解,所以原方程的通解为

$$y = C\mathrm{e}^x, \quad C \text{ 是任意常数}.$$

例2　求微分方程 $y' + \sin(x+y) = \sin(x-y)$ 的通解.

解　利用三角的差化积公式

$$\sin \alpha - \sin \beta = -2\cos \frac{\alpha+\beta}{2}\sin \frac{\alpha-\beta}{2},$$

原方程可写成

$$y' = -2\cos x\sin y.$$

分离变量,得

$$\frac{dy}{\sin y} = -2\cos x\, dx.$$

两边积分,得

$$\int \frac{dy}{\sin y} = -2\int \cos x\, dx,$$

即

$$\ln|\csc y - \cot y| = -2\sin x + C_1.$$

由此求得方程的通解为

$$\csc y - \cot y = \pm e^{-2\sin x + C_1} \text{ 或 } \tan \frac{y}{2} = Ce^{-2\sin x}\ (C = \pm e^{C_1}).$$

例 3 求方程 $\dfrac{dy}{dx} = 1 - x + y^2 - xy^2$ 满足初始条件 $y(0) = 1$ 的特解.

解 方程变形为

$$\frac{dy}{dx} = (1 - x)(1 + y^2),$$

分离变量,得

$$\frac{dy}{1 + y^2} = (1 - x)\, dx.$$

两边积分,得

$$\arctan y = x - \frac{1}{2}x^2 + C.$$

由 $y(0) = 1$ 得 $C = \dfrac{\pi}{4}$. 于是所求特解为

$$y = \tan\left(x - \frac{1}{2}x^2 + \frac{\pi}{4}\right).$$

例 4 元素衰变模型 英国物理学家卢瑟福因对元素衰变的研究获 1908 年的诺贝尔化学奖. 他发现,在任意时刻 t,物质的放射性与该物质当时的原子数 $N(t)$ 成正比. 设 $t = 0$ 时,放射性物质的原子数为 N_0,求放射性物质随时间的变化规律.

解 设比率为 $\lambda\,(>0$,称为**衰变常数**$)$,则有

$$\frac{dN(t)}{dt} = -\lambda N(t),$$

其中"$-$"号表示在衰变过程中原子数是递减的.

这是可分离变量方程,容易求得其通解为

$$N(t) = Ce^{-\lambda t}.$$

由 $N(0) = N_0$ 得 $C = N_0$,故放射性物质的衰变规律为

$$N(t) = N_0 \mathrm{e}^{-\lambda t}.$$

为了描述元素衰变的快慢,物理上引进了**半衰期**的概念,即表示放射性元素的原子核有半数发生衰变的时间,记为 τ.

由 $\dfrac{1}{2} N_0 = N_0 \mathrm{e}^{-\lambda t}$ 可知 $\tau = \dfrac{\ln 2}{\lambda}$.

例 5　C^{14} 年代测定法　长沙马王堆汉墓一号墓于 1972 年出土,专家们测得同时出土的木炭标本的 C^{14} 原子衰变为每分钟 29.78 次,而当时新烧成的木炭的 C^{14} 原子衰变为每分钟 38.37 次.已知 C^{14} 的半衰期为 5 730 年,试估算该墓建成的年代.

解　将半衰期公式 $\tau = \dfrac{\ln 2}{\lambda}$ 代入元素衰变模型,得

$$N(t) = N_0 \mathrm{e}^{-\frac{\ln 2}{\lambda} t},$$

解得 $t = \dfrac{\tau}{\ln 2} \ln \dfrac{N_0}{N(t)}$.

由于已知的是衰变速度,为应用这个条件,对 $N(t)$ 求导得

$$N'(t) = -\lambda N_0 \mathrm{e}^{-\lambda t} = -\lambda N(t),$$

代入 $t = 0$,得

$$N'(0) = -\lambda N_0.$$

两式相除,得

$$\frac{N'(0)}{N'(t)} = \frac{-\lambda N_0}{-\lambda N(t)} = \frac{N_0}{N(t)}.$$

代入前式,得

$$t = \frac{\tau}{\ln 2} \ln \frac{N'(0)}{N'(t)}.$$

将 $N'(0) = 38.37$(次/分), $N'(t) = 29.78$(次/分), $\tau = 5\,730$(年)代入:

$$t = \frac{5\,730}{\ln 2} \ln \frac{38.37}{29.78} \approx 2\,095 \text{(年)}.$$

因此,马王堆汉墓一号墓建成于大约出土前的 2100 年.

例 6　冰层厚度的微分方程模型　当湖面结冰时,湖水的最上一层首先结冰,而冰层下面水中的热量则是通过冰层向上传播,然后散失在空气中.随着热量的流失,更多的水冻成了冰.这里需要考虑的问题是,作为时间的函数,冰层厚度是如何随时间变化的?

解　当大气温度低于湖水温度时,冰层厚度随时间增长而增加.另一方面,当冰层增厚时,湖水透过冰层向外传播热量的速度就会越来越慢.因此,冰层厚度增加的速度自然也会越来越慢.所以冰层厚度随时间变化的曲线将会是一条上凸曲线.

用 t 表示时间,y 表示冰层厚度.冰层厚度越大,湖水向外传播热量的速度就越小.因

此可以假定冰层厚度增加的速度与已经结成的冰层厚度成反比,即存在整数 k,使得

$$冰层厚度增加的速度 = \frac{k}{冰层厚度},$$

即

$$\frac{\mathrm{d}y}{\mathrm{d}t} = \frac{k}{y}.$$

分离变量得

$$y\mathrm{d}y = k\mathrm{d}t,$$

两边积分得

$$\frac{1}{2}y^2 = kt + C.$$

假定当 $t = 0$ 时 $y = 0$,则可得 $C = 0$. 由于冰层厚度 $y \geq 0$,于是得到

$$y = \sqrt{2kt}.$$

显然,$y(t)$ 是增函数. 又因为

$$y'' = -\frac{\sqrt{2k}}{4t^{\frac{3}{2}}} < 0, \quad t > 0.$$

所以曲线 $y(t)$ 是上凸的. 这完全符合我们在开始借助于物理常识对于冰层厚度变化规律的分析.

例7　封闭环境中单一生物种群个体总量 $y(t)$ 随时间变化的过程满足微分方程

$$\frac{\mathrm{d}y}{\mathrm{d}t} = y(t)\left[a - by(t)\right],$$

其中 a,b 为正常数,一般 b 比较小.

求解这个微分方程可以得到 $y(t)$ 的表达式. 但是,无须求出 $y(t)$ 的表达式,我们也可以根据这个方程获得 $y(t)$ 的许多信息. 例如可以了解 $y(t)$ 的单调性、凹凸性、最大值,以及当 $t \to +\infty$ 时 $y(t)$ 的变化趋势等.

假定在开始时刻,该生物种群数量 $y(0) < \frac{a}{b}$.

首先知道 $y(t) > 0$. 其次看出,当 $y(t) < \frac{a}{b}$ 时,$\frac{\mathrm{d}y}{\mathrm{d}t} > 0$,$y(t)$ 单调增加;当 $y(t) > \frac{a}{b}$ 时,$\frac{\mathrm{d}y}{\mathrm{d}t} < 0$,$y(t)$ 单调减少. 从而 $\frac{a}{b}$ 是 $y(t)$ 的最大值.

以上分析说明,$y = \frac{a}{b}$ 是封闭环境对于该生物种群的最大承载量. 生物种群的个体达到这个数量之前,一直是随时间增长的,但是达到这个最大值以后,由于空间狭窄和资源短缺导致生存环境恶化,生物个体数量会单调减少.

在方程两边对 t 求导,得

$$\frac{\mathrm{d}^2 y}{\mathrm{d}t^2} = a\frac{\mathrm{d}y}{\mathrm{d}t} - 2by\frac{\mathrm{d}y}{\mathrm{d}t} = y(a - 2by)(a - by).$$

前面已经知道,$\dfrac{a}{b}$ 是 $y(t)$ 的最大值,所以 $a - 2by \geqslant 0$. 则由上式可以看出:

当 $y(t) < \dfrac{a}{2b}$ 时,$\dfrac{\mathrm{d}^2 y}{\mathrm{d}t^2} > 0$,$y(t)$ 增加速度逐渐加快;

当 $\dfrac{a}{2b} < y(t) < \dfrac{a}{b}$ 时,$\dfrac{\mathrm{d}^2 y}{\mathrm{d}t^2} < 0$,$y(t)$ 增加速度逐渐趋缓.

所以当 $y = \dfrac{a}{2b}$ 时,曲线 $y(t)$ 有拐点出现.

由此说明,当 $y(t) < \dfrac{a}{2b}$ 时,由于生存空间相对广阔和资源相对丰富,生物个体增加越来越快;但是当 $y(t) > \dfrac{a}{2b}$ 时,由于生存空间逐渐狭窄和资源逐渐减少,生物个体增加速度越来越慢,并逐渐趋于停滞.

根据上面的描述,就可以大致勾画出曲线 $y = y(t)$ 的简图了.

如果假定 $y(0) > \dfrac{a}{b}$,则 $y(t)$ 将会单调减少趋向于 $\dfrac{a}{b}$.

习题 10.2

1. 求下列微分方程的通解:

(1) $xy' + y = 3$;

(2) $\dfrac{\mathrm{d}y}{\mathrm{d}x} + x + xy^2 = 1 + y^2$;

(3) $x^2 y' = (1 - 3x)y$;

(4) $x^2 y \mathrm{d}x = (1 - y^2 - x^2 y^2 + x^2)\mathrm{d}y$;

(5) $\sin x \cos x \mathrm{d}y - y\ln y \mathrm{d}x = 0$;

(6) $(\mathrm{e}^{x+y} - \mathrm{e}^x)\mathrm{d}x + (\mathrm{e}^{x+y} + \mathrm{e}^y)\mathrm{d}y = 0$.

2. 求下列微分方程满足所给初始条件的特解:

(1) $y' = \mathrm{e}^{2x-y}$,$y\big|_{x=0} = 0$;

(2) $\dfrac{\mathrm{d}y}{\mathrm{d}x} = \dfrac{\mathrm{e}^{-2y}}{3xy}$,$y\big|_{x=2} = 1$;

(3) $xy\mathrm{d}x + \sqrt{1 - x^2}\mathrm{d}y = 0$,$y\big|_{x=0} = 2$;

(4) $y' = \dfrac{y^2 + 1}{2y\sqrt{1 - x^2}}$,$y\big|_{x=0} = 1$;

(5) $\cos y \mathrm{d}x + (1 + \mathrm{e}^{-x}) \sin y \mathrm{d}y = 0, y \mid_{x=0} = \dfrac{\pi}{4}$.

3. 一杯热茶放在桌子上,温度会慢慢降低,这是人们熟悉的生活常识. 可牛顿却发现,如果环境温度保持不变的话,物体温度的变化率和物体与环境的温度差成正比(这被称为**牛顿冷却定律**). 试由牛顿冷却定律导出物体温度的变化规律.

4. 高血压病人服用的一种球形药丸在胃里溶解时,直径的变化率与表面积成正比. 药丸最初的直径是 0.50 分钟. 试验中测得:药丸进入人胃 2 分钟后的直径是 0.36 厘米. 问:多长时间后药丸的直径小于 0.02 厘米(此时认为药丸已基本溶解)?

5. 设曲线 $y = f(x)$ 过原点及点 $(2, 3)$,且 $f(x)$ 单调并有连续导数. 在曲线上任取一点作两坐标轴的平行线,其中一条平行线与 Ox 轴和曲线 $y = f(x)$ 围成面积是另一条平行线与 Oy 轴和曲线 $y = f(x)$ 围成面积的两倍,求曲线 $y = f(x)$ 的方程.

第3节　一阶线性微分方程

形式如

$$\frac{\mathrm{d}y}{\mathrm{d}x} + P(x)y = Q(x) \tag{1}$$

的微分方程,称为**一阶线性微分方程**,因为它对于未知函数 y 及其导数 y' 是一次方程.

首先研究(1)右端 $Q(x) \equiv 0$ 的特殊情况.

方程

$$\frac{\mathrm{d}y}{\mathrm{d}x} + P(x)y = 0 \tag{2}$$

称为对应于(1)的**齐次线性方程**.

若 $Q(x) \neq 0$,方程(1)称为**非齐次线性方程**.

方程(2)是可分离变量的方程,分离变量后得

$$\frac{\mathrm{d}y}{y} = -P(x)\mathrm{d}x,$$

两边积分,得

$$\ln |y| = -\int P(x)\mathrm{d}x + C_1,$$

即

$$y = \pm \mathrm{e}^{C_1} \mathrm{e}^{-\int P(x)\mathrm{d}x} = C \mathrm{e}^{-\int P(x)\mathrm{d}x}, \tag{3}$$

这就是方程(1)对应的齐次线性方程(2)的通解.

方程(2)是方程(1)的特殊情况,两者既有联系又有差别. 因此设想它们的解也应该

有一定的联系而又有差别.

将非齐次线性方程(1)写成

$$\frac{\mathrm{d}y}{y} = \Big[-P(x) + \frac{1}{y}Q(x) \Big] \mathrm{d}x,$$

两边积分,得

$$\ln |y| = \int \Big[-P(x) + \frac{1}{y}Q(x) \Big] \mathrm{d}x + \ln |C|,$$

即

$$y = Ce^{\int \frac{1}{y}Q(x)\mathrm{d}x} \cdot e^{-\int P(x)\mathrm{d}x}.$$

观察上面的结果,并注意到 $Ce^{\int \frac{1}{y}Q(x)\mathrm{d}x}$ 是 x 的函数. 这样我们就可以使用所谓**常数变易法**来求非齐次线性方程(1)的通解了. 在(3)中,将常数 C 变易为 x 的待定函数 $C(x)$ 使它满足方程(1),从而求出 $C(x)$. 为此,令

$$y = C(x)e^{-\int P(x)\mathrm{d}x}, \tag{4}$$

于是

$$\frac{\mathrm{d}y}{\mathrm{d}x} = C'(x)e^{-\int P(x)\mathrm{d}x} - P(x)C(x)e^{-\int P(x)\mathrm{d}x}. \tag{5}$$

将(4)和(5)代入方程(1)得

$$C'(x)e^{-\int P(x)\mathrm{d}x} - P(x)C(x)e^{-\int P(x)\mathrm{d}x} + P(x)C(x)e^{-\int P(x)\mathrm{d}x} = Q(x),$$

即

$$C'(x)e^{-\int P(x)\mathrm{d}x} = Q(x), \quad C'(x) = Q(x)e^{\int P(x)\mathrm{d}x}.$$

两边积分,得

$$C(x) = \int Q(x)e^{\int P(x)\mathrm{d}x}\mathrm{d}x + C.$$

把上式代入(4),便得非齐次线性方程(1)的通解为

$$y = e^{-\int P(x)\mathrm{d}x}\Big(\int Q(x)e^{\int P(x)\mathrm{d}x}\mathrm{d}x + C \Big). \tag{6}$$

将(6)式写成两项之和

$$y = Ce^{-\int P(x)\mathrm{d}x} + e^{-\int P(x)\mathrm{d}x}\int Q(x)e^{\int P(x)\mathrm{d}x}\mathrm{d}x,$$

上式右端第一项是对应的齐次线性方程(2)的通解,第二项是非齐次线性方程(1)的一个特解. 由此可知,一阶非齐次线性方程的通解等于对应的齐次方程的通解与非齐次方程的一个特解之和.

例1　求方程 $\frac{\mathrm{d}y}{\mathrm{d}x} - \frac{2}{x+1}y = (x+1)^2e^x$ 的通解.

解 这是一个非齐次线性方程,先求对应齐次方程

$$\frac{\mathrm{d}y}{\mathrm{d}x} - \frac{2}{x+1}y = 0$$

的通解.

分离变量,得

$$\frac{\mathrm{d}y}{y} = \frac{2}{x+1}\mathrm{d}x,$$

两边积分,得

$$\ln|y| = 2\ln|x+1| + \ln|C|.$$

所以对应齐次线性方程的通解为

$$y = C(x+1)^2.$$

用常数变易法,将 C 换成 $C(x)$,即令 $y = C(x)(x+1)^2$,那么

$$\frac{\mathrm{d}y}{\mathrm{d}x} = C'(x)(x+1)^2 + 2C(x)(x+1).$$

代入所给非齐次方程,得

$$C'(x) = \mathrm{e}^x.$$

两边积分,得

$$C(x) = \mathrm{e}^x + C.$$

再将上式代入所设,即得所求方程的通解为

$$y = (\mathrm{e}^x + C)(x+1)^2.$$

例2 求微分方程 $y' - \frac{1}{x}y = -1$ 的通解.

解 这是一阶非齐次线性方程,其中 $P(x) = -\frac{1}{x}, Q(x) = -1$. 利用通解公式 (6),有

$$y = \mathrm{e}^{-\int(-\frac{1}{x})\mathrm{d}x}\left[\int(-1)\mathrm{e}^{\int(-\frac{1}{x})\mathrm{d}x}\mathrm{d}x + C\right] = \mathrm{e}^{\ln|x|}\left[\int(-1)\mathrm{e}^{-\ln|x|}\mathrm{d}x + C\right]$$

$$= \begin{cases} \mathrm{e}^{\ln x}\left[\int(-1)\mathrm{e}^{-\ln x}\mathrm{d}x + C\right] = x(-\ln x + C), & x > 0 \\ \mathrm{e}^{\ln(-x)}\left[\int(-1)\mathrm{e}^{-\ln(-x)}\mathrm{d}x + C\right] = x(-\ln x - C), & x < 0 \end{cases}.$$

由于 C 是任意常数,所以所求通解为

$$y = x(-\ln x + C).$$

从这个例子可以知道,在用通解公式求解时,指数中的对数部分可以不加绝对值.

例3 求微分方程 $\frac{\mathrm{d}y}{\mathrm{d}x} - y\cot x = 2x\sin x$ 满足初始条件 $y|_{x=\frac{\pi}{2}} = 0$ 的特解.

解 这是一阶非齐次线性微分方程,由通解公式:

$$y = e^{-\int (-\cot x)\,dx}\left(\int 2x\sin x \cdot e^{\int (-\cot x)\,dx}\,dx + C \right)$$

$$= e^{\ln\sin x}\left(\int 2x\sin x \cdot e^{-\ln\sin x}\,dx + C \right) = \sin x\left(\int 2x\sin x \cdot \frac{1}{\sin x}\,dx + C \right)$$

$$= \sin x \cdot (x^2 + C).$$

由 $y\Big|_{x=\frac{\pi}{2}} = 0$ 得 $C = -\dfrac{\pi^2}{4}$,故所求特解为 $y = \left(x^2 - \dfrac{\pi^2}{4} \right)\sin x$.

例 4 求微分方程 $\dfrac{dy}{dx} = \dfrac{y^2 + 1}{y^4 - 2xy}$ 的通解.

解 原方程改写成

$$\frac{dx}{dy} = \frac{y^4 - 2xy}{y^2 + 1}, \quad \text{即}\ \frac{dx}{dy} + \frac{2y}{1 + y^2}x = \frac{y^4}{1 + y^2}.$$

这是以 x 为未知函数的一阶线性微分方程,由通解公式得

$$x = e^{-\int P(y)\,dy}\left[\int Q(y)e^{\int P(y)\,dy}\,dy + C \right] = e^{-\int \frac{2y}{1+y^2}\,dy}\left(\int \frac{y^4}{1 + y^2}e^{\int \frac{2y}{1+y^2}\,dy}\,dy + C \right)$$

$$= e^{-\ln(1+y^2)}\left(\int \frac{y^4}{1 + y^2}e^{\ln(1+y^2)}\,dy + C \right)$$

$$= \frac{1}{1 + y^2}\left(\int \frac{y^4}{1 + y^2} \cdot (1 + y^2)\,dy + C \right) = \frac{y^5 + 5C}{5(1 + y^2)}.$$

习题 10.3

1. 求下列微分方程的通解:

(1) $y' - \dfrac{y}{x} = x^3$;

(2) $\dfrac{dy}{dx} - \dfrac{2y}{x + 1} = (x + 1)^{\frac{5}{2}}$;

(3) $(x^2 - 1)y' + 2xy - \cos x = 0$;

(4) $y' = y\tan x + \sec x$;

(5) $\dfrac{1}{y}\dfrac{dy}{dx} = 2x + \dfrac{x(1 - x^2)}{y}$;

(6) $(1 + y^2)\,dx + (x - \arctan y)\,dy = 0$;

(7) $(y^2 - 6x)\dfrac{dy}{dx} + 2y = 0$;

(8) $y\ln y\,dx + (x - \ln y)\,dy = 0$.

2. 求下列微分方程满足所给初始条件的特解:

（1）$\dfrac{\mathrm{d}y}{\mathrm{d}x} + 3y = 8, y|_{x=0} = 2$；

（2）$\dfrac{\mathrm{d}y}{\mathrm{d}x} + y\cot x = 5\mathrm{e}^{\cos x}, y\Big|_{x=\frac{\pi}{2}} = -4$；

（3）$\dfrac{\mathrm{d}y}{\mathrm{d}x} - xy = x\mathrm{e}^{x^2}, y(0) = 2$；

（4）$x^2\mathrm{d}y + (2xy - x + 1)\mathrm{d}x = 0, y|_{x=1} = 0$.

3. 已知微分方程

$$y' + p(x)y = 0, \qquad\qquad\qquad ①$$
$$y' + p(x)y = Q(x)(\neq 0). \qquad ②$$

证明：（1）方程①的任意两个解的和或差仍是①的解；

（2）方程①的任意一个解的常数倍仍是①的解；

（3）方程①的一个解与方程②的一个解的和是方程②的解；

（4）方程②的任意两个解的差是方程①的解.

4. 设有连接点 $O(0,0)$ 和 $A(1,1)$ 的一段凸的曲线弧 $\overset{\frown}{OA}$ 上的任一点 $P(x,y)$，曲线弧 $\overset{\frown}{OP}$ 与直线段 $\overline{OP}$ 所围图形的面积为 x^2，求曲线弧 $\overset{\frown}{OA}$ 的方程.

5. 求连续函数 $f(t)$，使之满足 $f(t) = \cos 2t + \displaystyle\int_0^t f(u)\sin u\,\mathrm{d}u$.

6. 已知 $\displaystyle\int_0^1 f(tx)\,\mathrm{d}t = \dfrac{1}{2}f(x) + 1$，其中 $f(x)$ 为连续函数，求 $f(x)$.

7. 设有微分方程 $y' + p(x)y = x^2$，其中 $p(x) = \begin{cases} 1, & x \leqslant 1, \\ \dfrac{1}{x}, & x > 1, \end{cases}$ 求在 $(-\infty, +\infty)$ 内的连续函数 $y = y(x)$，使其满足所给的微分方程，且满足条件 $y(0) = 2$.

8. 设 $y = \mathrm{e}^x$ 是微分方程 $xy' + p(x)y = x$ 的一个特解，求此微分方程满足初始条件 $y(\ln 2) = 0$ 的特解.

9. 已知 $f(x)$ 在 $(-\infty, +\infty)$ 内有定义，且对任意 x, y 满足

$$f(x + y) = \mathrm{e}^y f(x) + \mathrm{e}^x f(y),$$

又 $f'(0) = \mathrm{e}$，求 $f(x)$.

第4节　可用变量代换法求解的一阶微分方程

利用变量代换把一个微分方程化为变量可分离的方程，或化为已经知道其求解步骤的方程，这是解微分方程最常用的方法. 下面我们介绍几种简单的情形.

一、齐次方程

形式如

$$\frac{\mathrm{d}y}{\mathrm{d}x} = \varphi\left(\frac{y}{x}\right) \tag{1}$$

的微分方程,称为**齐次方程**,这里 $\varphi(u)$ 是 u 的连续函数.

在齐次方程(1)中,引进新的未知函数

$$u = \frac{y}{x}. \tag{2}$$

由(2)有

$$y = ux, \quad \frac{\mathrm{d}y}{\mathrm{d}x} = u + x\frac{\mathrm{d}u}{\mathrm{d}x},$$

代入方程(1),便得方程

$$u + x\frac{\mathrm{d}u}{\mathrm{d}x} = \varphi(u),$$

即

$$x\frac{\mathrm{d}u}{\mathrm{d}x} = \varphi(u) - u.$$

分离变量,得

$$\frac{\mathrm{d}u}{\varphi(u) - u} = \frac{\mathrm{d}x}{x}.$$

两边积分,得

$$\int \frac{\mathrm{d}u}{\varphi(u) - u} = \int \frac{\mathrm{d}x}{x}.$$

求出积分后,再以 $\frac{y}{x}$ 代替 u,便得所给齐次方程的通解.

例 1　解方程 $(xy - y^2)\mathrm{d}x - (x^2 - 2xy)\mathrm{d}y = 0$.

解　原方程可写成

$$\frac{\mathrm{d}y}{\mathrm{d}x} = \frac{xy - y^2}{x^2 - 2xy} = \frac{\dfrac{y}{x} - \left(\dfrac{y}{x}\right)^2}{1 - 2\dfrac{y}{x}},$$

因此是齐次方程.

令 $\dfrac{y}{x} = u$,则

$$y = ux, \quad \frac{\mathrm{d}y}{\mathrm{d}x} = u + x \frac{\mathrm{d}u}{\mathrm{d}x},$$

于是原方程变为

$$u + x \frac{\mathrm{d}u}{\mathrm{d}x} = \frac{u - u^2}{1 - 2u},$$

即

$$x \frac{\mathrm{d}u}{\mathrm{d}x} = \frac{u^2}{1 - 2u}.$$

分离变量,得

$$\left(\frac{1}{u^2} - \frac{2}{u} \right) \mathrm{d}u = \frac{\mathrm{d}x}{x}.$$

两边积分,得

$$-\frac{1}{u} - 2\ln|u| = \ln|x| - C,$$

即

$$\ln|xu^2| = C - \frac{1}{u}.$$

将 $u = \dfrac{y}{x}$ 代回便得原方程的通解为

$$\ln\left| \frac{y^2}{x} \right| = C - \frac{x}{y}.$$

例 2 解方程 $\dfrac{\mathrm{d}y}{\mathrm{d}x} = \dfrac{1}{\mathrm{e}^{-\frac{x}{y}} + \dfrac{x}{y}}$.

解 原方程改写成

$$\frac{\mathrm{d}x}{\mathrm{d}y} = \mathrm{e}^{-\frac{x}{y}} + \frac{x}{y}.$$

设 $\dfrac{x}{y} = u$, 则 $x = yu, \dfrac{\mathrm{d}x}{\mathrm{d}y} = u + y \dfrac{\mathrm{d}u}{\mathrm{d}y}$, 代入上式得

$$u + y \frac{\mathrm{d}u}{\mathrm{d}y} = \mathrm{e}^{-u} + u.$$

分离变量,得

$$\mathrm{e}^{u} \mathrm{d}u = \frac{1}{y} \mathrm{d}y.$$

两边积分,得

$$\mathrm{e}^{u} = \ln y + C.$$

将 $u = \dfrac{x}{y}$ 代回得原方程的通解为

$$e^{\frac{x}{y}} = \ln y + C.$$

二、可化为齐次的方程

形式如

$$\frac{\mathrm{d}y}{\mathrm{d}x} = f\left(\frac{ax + by + c}{a_1 x + b_1 y + c_1}\right) \tag{3}$$

的方程可以通过变换把它化为齐次方程.

下面分三种情形讨论:

情形 1　当 $c = c_1 = 0$ 时,这时方程(3)就是齐次的.

情形 2　当 $\dfrac{a}{a_1} = \dfrac{b}{b_1}$ 时,设此比值为 λ,则方程(3)可写成

$$\frac{\mathrm{d}y}{\mathrm{d}x} = f\left(\frac{\lambda(a_1 x + b_1 y) + c}{a_1 x + b_1 y + c_1}\right).$$

引入新变量 $u = a_1 x + b_1 y$,则

$$\frac{\mathrm{d}u}{\mathrm{d}x} = a_1 + b_1 \frac{\mathrm{d}y}{\mathrm{d}x} \text{ 或 } \frac{\mathrm{d}y}{\mathrm{d}x} = \frac{1}{b_1}\left(\frac{\mathrm{d}u}{\mathrm{d}x} - a_1\right).$$

于是方程(3)成为

$$\frac{1}{b_1}\left(\frac{\mathrm{d}u}{\mathrm{d}x} - a_1\right) = f\left(\frac{\lambda u + c}{u + c_1}\right),$$

这是可分离变量的方程.

情形 3　当 $\dfrac{a}{a_1} \neq \dfrac{b}{b_1}$,且 c, c_1 不全为零时,由于

$$\begin{cases} ax + by + c = 0, \\ a_1 x + b_1 y + c_1 = 0 \end{cases}$$

表示平面上两条相交的直线,设交点为 (α, β).

显然 $\alpha \neq 0$ 或 $\beta \neq 0$. 因为若 $\alpha = \beta = 0$,即交点为坐标原点,那么必有 $c = c_1 = 0$,而这正是情形 1. 从几何上知道,将所考虑的情形化为情形 1,只需进行坐标平移,将坐标原点移至 (α, β) 就行了.

令

$$\begin{cases} X = x - \alpha, \\ Y = y - \beta, \end{cases}$$

这样方程(3)便化为齐次方程

$$\frac{\mathrm{d}Y}{\mathrm{d}X} = f\!\left(\frac{aX + bY}{a_1 X + b_1 Y}\right).$$

求出这齐次方程的通解后,在通解中以 $x - \alpha$ 代 X,$y - \beta$ 代 Y,便可得方程(3)的通解.

例3 解方程 $\dfrac{\mathrm{d}y}{\mathrm{d}x} = \dfrac{x - y + 1}{x + y - 3}$.

解 解方程组

$$\begin{cases} x - y + 1 = 0, \\ x + y - 3 = 0, \end{cases}$$

得 $x = 1, y = 2$.

令 $x = X + 1, y = Y + 2$,则原方程成为

$$\frac{\mathrm{d}Y}{\mathrm{d}X} = \frac{X - Y}{X + Y} = \frac{1 - \dfrac{Y}{X}}{1 + \dfrac{Y}{X}},$$

这是齐次方程.

令 $\dfrac{Y}{X} = u$,则 $Y = uX, \dfrac{\mathrm{d}Y}{\mathrm{d}X} = u + X\dfrac{\mathrm{d}u}{\mathrm{d}X}$,于是方程变为

$$u + X\frac{\mathrm{d}u}{\mathrm{d}X} = \frac{1 - u}{1 + u} \text{ 或 } X\frac{\mathrm{d}u}{\mathrm{d}X} = \frac{1 - 2u - u^2}{1 + u}.$$

分离变量,得

$$\frac{1 + u}{1 - 2u - u^2}\mathrm{d}u = \frac{\mathrm{d}X}{X}.$$

两边积分,得

$$-\frac{1}{2}\ln|1 - 2u - u^2| = \ln|X| - \ln|C|, \text{ 即 } X^2(1 - 2u - u^2) = C.$$

以 $u = \dfrac{Y}{X}$ 代回,得

$$X^2 - 2XY - Y^2 = C.$$

以 $X = x - 1, Y = y - 2$ 代入上式并化简,得

$$x^2 - 2xy - y^2 + 2x + 6y = C_1,$$

其中 $C_1 = C + 5$.

三、伯努利方程

形如

$$\frac{\mathrm{d}y}{\mathrm{d}x} + P(x)y = Q(x)y^n \quad (n \neq 0, 1) \tag{4}$$

的方程,称为**伯努利(Bernoulli)方程**.

当 $n = 0$ 或 $n = 1$ 时,这是线性微分方程.当 $n \neq 0$ 或 $n \neq 1$ 时,这方程不是线性的,但是通过变量的代换,便可把它化为线性的.事实上,以 y^n 除方程(4)两边,得

$$y^{-n}\frac{\mathrm{d}y}{\mathrm{d}x} + P(x)y^{1-n} = Q(x) \tag{5}$$

注意到,上式左端第一项与 $\frac{\mathrm{d}(y^{1-n})}{\mathrm{d}x}$ 只差一个常数因子 $(1-n)$,因此引入新的因变量

$$z = y^{1-n}, \tag{6}$$

那么

$$\frac{\mathrm{d}z}{\mathrm{d}x} = (1-n)y^{-n}\frac{\mathrm{d}y}{\mathrm{d}x}. \tag{7}$$

将(6)(7)代入(5),得到

$$\frac{\mathrm{d}z}{\mathrm{d}x} + (1-n)P(x)z = (1-n)Q(x).$$

这是线性方程,求出这方程的通解后,以 y^{1-n} 代 z 便得到伯努利方程的通解.

例 4　求方程 $\frac{\mathrm{d}y}{\mathrm{d}x} - xy = -\mathrm{e}^{-x^2}y^3$ 的通解.

解　以 y^3 除方程两端,得

$$y^{-3}\frac{\mathrm{d}y}{\mathrm{d}x} - xy^{-2} = -\mathrm{e}^{-x^2}, \quad 即 \quad -\frac{1}{2}\frac{\mathrm{d}(y^{-2})}{\mathrm{d}x} - xy^{-2} = -\mathrm{e}^{-x^2}.$$

令 $z = y^{-2}$,则上述方程成为

$$\frac{\mathrm{d}z}{\mathrm{d}x} + 2xz = 2\mathrm{e}^{-x^2}.$$

这是一个线性方程,它的通解为

$$z = \mathrm{e}^{-\int 2x\mathrm{d}x}\left(\int 2\mathrm{e}^{-x^2}\mathrm{e}^{\int 2x\mathrm{d}x}\mathrm{d}x + C\right) = \mathrm{e}^{-x^2}(2x + C).$$

以 y^{-2} 代 z,得所求方程的通解为

$$y^2 = \mathrm{e}^{x^2}(2x + C)^{-1}.$$

习题 10.4

1. 求下列微分方程的通解:

(1) $y^2 + x^2\frac{\mathrm{d}y}{\mathrm{d}x} = xy\frac{\mathrm{d}y}{\mathrm{d}x}$;

(2) $\dfrac{\mathrm{d}y}{\mathrm{d}x} - \dfrac{y}{x} = \dfrac{1}{\ln(x^2 + y^2) - 2\ln x}$;

(3) $\left(1 + 2\mathrm{e}^{\frac{x}{y}}\right)\mathrm{d}x + 2\mathrm{e}^{\frac{x}{y}}\left(1 - \dfrac{x}{y}\right)\mathrm{d}y = 0$;

(4) $\left(2x\sin\dfrac{y}{x} + 3y\cos\dfrac{y}{x}\right)\mathrm{d}x - 3x\cos\dfrac{y}{x}\mathrm{d}y = 0$;

(5) $(x^3 + y^3)\mathrm{d}x - 3xy^2\mathrm{d}y = 0$;

(6) $x^2 y' + y(x - y) = 0$;

(7) $\dfrac{\mathrm{d}y}{\mathrm{d}x} = -\dfrac{2x + y - 4}{x + y - 1}$;

(8) $(x + y)\mathrm{d}x + (3x + 3y - 4)\mathrm{d}y = 0$;

(9) $\dfrac{\mathrm{d}y}{\mathrm{d}x} + \dfrac{y}{x} = a(\ln x)y^2$;

(10) $y' - y = -2xy^{-1}$;

(11) $\dfrac{\mathrm{d}y}{\mathrm{d}x} = \dfrac{4}{x}y + x\sqrt{y}\ (y > 0, x \neq 0)$.

2.求下列微分方程满足所给初始条件的特解:

(1) $(y^2 - 3x^2)\mathrm{d}y + 2xy\mathrm{d}x = 0, y\big|_{x=0} = 1$;

(2) $\dfrac{\mathrm{d}y}{\mathrm{d}x} = \dfrac{xy}{x^2 - y^2}, y(0) = 1$;

(3) $\dfrac{\mathrm{d}y}{\mathrm{d}x} = \dfrac{2x^3 y}{x^4 + y^2}, y(1) = 1$.

3.观察下列方程,通过引入新变量,使之转化为我们熟悉的某些特殊类型的方程,并求解:

(1) $x\dfrac{\mathrm{d}y}{\mathrm{d}x} + x + \sin(x + y) = 0$;

(2) $\dfrac{\mathrm{d}y}{\mathrm{d}x} = \dfrac{1}{x - y}$;

(3) $x\dfrac{\mathrm{d}y}{\mathrm{d}x} - y = x^2 + y^2$;

(4) $xy' + y = y(\ln x + \ln y)$;

(5) $y' = y^2 + 2(\sin x - 1)y + \sin^2 x - 2\sin x - \cos x + 1$;

(6) $y'\cos y = (1 + \cos x\sin y)\sin y$.

第5节　二阶常系数线性微分方程

这一节我们讨论在实际问题中应用得较多的**二阶线性微分方程**,它的一般形式是

$$\frac{\mathrm{d}^2 y}{\mathrm{d}x^2} + P(x)\frac{\mathrm{d}y}{\mathrm{d}x} + Q(x)y = f(x). \tag{1}$$

当方程右端 $f(x) \equiv 0$ 时,方程叫作**齐次**的;当 $f(x) \not\equiv 0$ 时,方程叫作**非齐次**的.

一、线性微分方程的解的结构

先讨论二阶齐次线性方程

$$y'' + P(x)y' + Q(x)y = 0. \tag{2}$$

定理 1　如果函数 $y_1(x)$ 与 $y_2(x)$ 是方程(2)的两个解,那么

$$y = C_1 y_1(x) + C_2 y_2(x) \tag{3}$$

也是(2)的解,其中 C_1, C_2 是任意常数.

证　将(3)式代入(2)式左端,得

$$\left[C_1 y_1'' + C_2 y_2''\right] + P(x)\left[C_1 y_1' + C_2 y_2'\right] + Q(x)\left[C_1 y_1 + C_2 y_2\right]$$
$$= C_1\left[y_1'' + P(x)y_1' + Q(x)y_1\right] + C_2\left[y_2'' + P(x)y_2' + Q(x)y_2\right].$$

由于 y_1 与 y_2 是方程(2)的解,上式右端括号中的表达式都恒等于零,因而整个式子恒等于零,所以(3)式是方程(2)的解.

解(3)从形式上来看含有 C_1 与 C_2 两个任意常数,但它不一定是方程(2)的通解.例如 $y_1(x)$ 是(2)的一个解,则 $y_2(x) = 2y_1(x)$ 也是(2)的解.这时(3)式成为 $y = C_1 y_1(x) + 2C_2 y_1(x) = Cy_1(x)$,其中 $C = C_1 + 2C_2$,这显然不是(2)的通解.那么在什么情况下(3)式才是方程(2)的通解呢? 要解决这个问题,我们先解释一下两个函数线性相关与线性无关的概念.

设 $y_1(x)$、$y_2(x)$ 是定义在区间 I 上两个函数,如果它们的比是常数,那么就称它们**线性相关**;否则就称**线性无关**.

这样,我们有如下关于二阶齐次线性微分方程(2)的通解结构的定理.

定理 2　如果 $y_1(x)$ 与 $y_2(x)$ 是方程(2)的两个线性无关的特解,那么

$$y = C_1 y_1(x) + C_2 y_2(x) \ (C_1, C_2 \text{ 是任意常数})$$

就是方程(2)的通解.

例如,方程 $(x-1)y'' - xy' + y = 0$ 是二阶齐次方程 $\left[\text{这里 } P(x) = -\frac{x}{x-1}, Q(x) = \frac{1}{x-1}\right]$. 容易验证 $y_1 = x, y_2 = \mathrm{e}^x$ 是所给方程的两个解,且 $\frac{y_2}{y_1} = \frac{\mathrm{e}^x}{x} \not\equiv$ 常数,即它们是线性无关的.因此方程的通解是

$$y = C_1 x + C_2 \mathrm{e}^x.$$

下面我们讨论二阶非齐次线性方程(1)解的结构.

称方程(2)为非齐次方程(1)对应的齐次方程.

在第 3 节中我们已经看到,一阶非齐次线性微分方程的通解由两部分构成:一部分是对应的齐次方程的通解;另一部分是非齐次方程本身的一个特解.实际上,不仅一阶非齐次线性微分方程的通解具有这样的结构,而且二阶非齐次线性微分方程的通解也具有同样的结构.

定理 3　设 $y^*(x)$ 是二阶非齐次线性方程

$$y'' + P(x)y' + Q(x)y = f(x). \tag{1}$$

的一个特解,$Y(x)$ 是与(1)对应的齐次方程(2)的通解,那么

$$y = Y(x) + y^*(x) \tag{4}$$

是二阶非齐次线性微分方程(1)的通解.

证　把(4)式代入方程(1)的左端,得

$$(Y'' + y^{*''}) + P(x)(Y' + y^{*'}) + Q(x)(Y + y^*)$$

$$= [Y'' + P(x)Y' + Q(x)Y] + [y^{*''} + P(x)y^{*'} + Q(x)y^*],$$

由于 Y 是方程(2)的解,y^* 是方程(1)的解,可知第一个括号的表达式恒等于零,第二个恒等于 $f(x)$.这样 $y = Y(x) + y^*(x)$ 使(1)两端恒等,即(4)式是方程(1)的解.

由于对应的齐次方程(2)的通解 $Y = C_1 y_1 + C_2 y_2$ 中含有两个独立任意常数,所以 $y = Y(x) + y^*(x)$ 也含有两个独立任意常数,从而它就是二阶非齐次线性方程(1)的通解.

例如 $(x-1)y'' - xy' + y = (x-1)^2$ 是二阶非齐次线性微分方程,已知 $Y = C_1 x + C_2 e^x$ 是对应的齐次方程 $(x-1)y'' - xy' + y = 0$ 的通解;又容易验证 $y^* = -(x^2 + x + 1)$ 是所给方程的一个特解.因此

$$y = C_1 x + C_2 e^x - (x^2 + x + 1)$$

是所给方程的通解.

非齐次线性微分方程(1)的特解有时可用下述定理帮助求出.

定理 4　设非齐次线性方程(1)的右端 $f(x)$ 是两个函数之和,即

$$y'' + P(x)y' + Q(x)y = f_1(x) + f_2(x). \tag{5}$$

而 $y_1^*(x)$ 与 $y_2^*(x)$ 分别是方程

$$y'' + P(x)y' + Q(x)y = f_1(x)$$

与

$$y'' + P(x)y' + Q(x)y = f_2(x)$$

的特解,那么 $y_1^*(x) + y_2^*(x)$ 就是原方程(5)的特解.

证　将 $y = y_1^*(x) + y_2^*(x)$ 代入方程(5)的左端,得

$$(y_1^* + y_2^*)'' + P(x)(y_1^* + y_2^*)' + Q(x)(y_1^* + y_2^*)$$

$$= [y_1^{*''} + P(x)y_1^{*'} + Q(x)y_1^*] + [y_2^{*''} + P(x)y_2^{*'} + Q(x)y_2^*]$$

$$= f_1(x) + f_2(x).$$

因此 $y_1^*(x) + y_2^*(x)$ 是方程(5)的一个特解.

这一定理通常称为线性微分方程的解的**叠加原理**.

以上我们讨论了二阶线性微分方程的通解在结构上的特征,需要指出的是,在一般情况下,由于方程(1)中的 $P(x),Q(x)$ 及 $f(x)$ 的多样性与复杂性,故没有什么通用的公式可以用来表达 y_1,y_2 及 y^*. 然而,如果方程(1)中的 $P(x)$ 与 $Q(x)$ 都是常数的话,那么事情就变得简单许多. 在下二目,我们分别讨论二阶常系数齐次线性微分方程与非齐次线性微分方程的通解的解法.

二、二阶常系数齐次线性微分方程

在方程(2)中,如果 y' 及 y 的系数 $P(x)$ 和 $Q(x)$ 都是常数,及方程(2)成为

$$y'' + py' + qy = 0,　\qquad (6)$$

其中 p,q 是常数,则称(6)为**二阶常系数齐次线性微分方程**.

常系数齐次线性方程是完全能解出的第一个一般类型的微分方程,它的解法首先是由欧拉在 1743 年建立的. 除了它的历史意义外,这种方程出现在大量的应用问题中. 所以对它的研究有实际的重要性,而且我们还能用显式公式给出所有的解.

由上一目的讨论可知,只要求出方程(6)的两个线性无关解 y_1 与 y_2,那么 $y = C_1 y_1 + C_2 y_2$ 就是方程(6)的通解.

当 r 为常数时,指数函数 $y = e^{rx}$ 及其各阶导数只相差一个常数因子. 由于指数函数的这个特点,我们用 $y = e^{rx}$ 来尝试,看能否选取适当的常数 r,使 $y = e^{rx}$ 满足方程(6).

将 $y = e^{rx}$ 求导,得到

$$y' = re^{rx},　\qquad y'' = r^2 e^{rx}.$$

把 y,y' 与 y'' 代入方程(6),得到

$$(r^2 + pr + q)e^{rx} = 0,$$

由于 $e^{rx} \neq 0$,所以

$$r^2 + pr + q = 0.　\qquad (7)$$

由此可见,只要 r 满足代数方程(7),函数 $y = e^{rx}$ 就是微分方程(6)的解. 我们称代数方程(7)为微分方程(6)的**特征方程**.

特征方程(7)是一个二次代数方程,其中 r^2,r 的系数及常数项恰好依次是微分方程(6)中 y'',y' 及 y 的系数.

特征方程(7)的两个根 r_1、r_2 可以用公式

$$r_{1,2} = \frac{-p \pm \sqrt{p^2 - 4q}}{2}$$

求出. 它们有三种不同情形,相应地,微分方程(6)的通解也有三种不同的情形,现分别讨

论如下：

（1）当 $p^2 - 4q > 0$ 时，r_1, r_2 是两个不相等的实根：

$$r_1 = \frac{-p + \sqrt{p^2 - 4q}}{2}, \quad r_2 = \frac{-p - \sqrt{p^2 - 4q}}{2}.$$

由上面的讨论知道，$y_1 = e^{r_1 x}, y_2 = e^{r_2 x}$ 是微分方程(6)的两个解，并且 $\frac{y_2}{y_1} = \frac{e^{r_2 x}}{e^{r_1 x}} = e^{(r_2 - r_1)x}$ 不是常数，因此微分方程(6)的通解为

$$y = C_1 e^{r_1 x} + C_2 e^{r_2 x}.$$

（2）当 $p^2 - 4q = 0$ 时，r_1, r_2 是两个相等的实根：

$$r_1 = r_2 = -\frac{p}{2}.$$

这时，只得到微分方程(6)的一个解

$$y_1 = e^{r_1 x}.$$

为了得出微分方程(6)的通解，还需求出另一个解 y_2，并且要求 $\frac{y_2}{y_1}$ 不是常数. 为此设 $\frac{y_2}{y_1} = u(x)$，即 $y_2 = u(x)e^{r_1 x}$，其中 $u(x)$ 为待定函数.

将 y_2 求导，得

$$y_2' = e^{r_1 x}(u' + r_1 u),$$
$$y_2'' = e^{r_1 x}(u'' + 2r_1 u' + r_1^2 u).$$

把 y_2, y_2', y_2'' 代入方程(6)，得到

$$e^{r_1 x}[(u'' + 2r_1 u' + r_1^2 u) + p(u' + r_1 u) + qu] = 0,$$

即

$$u'' + (2r_1 + p)u' + (r_1^2 + pr_1 + q)u = 0.$$

由于 r_1 是特征方程(7)的二重根，因此 $r_1^2 + pr_1 + q = 0$，且 $2r_1 + p = 0$，于是得

$$u'' = 0.$$

因为只要得到一个不为常数的解，所以不妨选取 $u = x$，由此得到微分方程(6)的另一个解

$$y_2 = xe^{r_1 x}.$$

从而微分方程(6)的通解为

$$y = C_1 e^{r_1 x} + C_2 xe^{r_1 x} = (C_1 + C_2 x)e^{r_1 x}.$$

（3）当 $p^2 - 4q < 0$ 时，r_1, r_2 是一对共轭复根：

$$r_1 = \alpha + i\beta, \quad r_2 = \alpha - i\beta,$$

其中 $\alpha = -\dfrac{p}{2}, \beta = \dfrac{\sqrt{4q - p^2}}{2}$.

这时 $y_1 = e^{(\alpha + i\beta)x}$, $y_2 = e^{(\alpha - i\beta)x}$ 是微分方程(6)的两个解,但它们是复值形式. 为了得出实值函数形式的解,先利用欧拉公式 $e^{i\theta} = \cos\theta + i\sin\theta$ 把 y_1, y_2 改写为

$$y_1 = e^{\alpha x} \cdot e^{i\beta x} = e^{\alpha x}(\cos\beta x + i\sin\beta x),$$

$$y_2 = e^{\alpha x} \cdot e^{-i\beta x} = e^{\alpha x}(\cos\beta x - i\sin\beta x).$$

由于复值函数 y_1 和 y_2 之间成共轭关系,因此,取它们的和除以 2 就得到它们的实部;取它们的差除以 $2i$ 就得到它们的虚部. 由于方程(6)的解符合叠加原理,所以实值函数

$$\bar{y}_1 = \frac{1}{2}(y_1 + y_2) = e^{\alpha x}\cos\beta x,$$

$$\bar{y}_2 = \frac{1}{2i}(y_1 - y_2) = e^{\alpha x}\sin\beta x$$

还是微分方程(6)的解,且 $\dfrac{\bar{y}_2}{\bar{y}_1} = \dfrac{e^{\alpha x}\sin\beta x}{e^{\alpha x}\cos\beta x} = \tan\beta x$ 不是常数,所以微分方程(6)的通解为

$$y = e^{\alpha x}(C_1\cos\beta x + C_2\sin\beta x).$$

综上所述,求二阶常系数齐次线性微分方程

$$y'' + py' + qy = 0, \tag{6}$$

的通解的步骤如下:

第一步:写出微分方程(6)的特征方程

$$r^2 + pr + q = 0. \tag{7}$$

第二步:求出特征方程(7)的两个根 r_1, r_2.

第三步:根据特征方程(7)的两个根的不同情形,按照下列表格写出微分方程(6)的通解:

特征方程 $r^2 + pr + q = 0$	齐次方程 $y'' + py' + qy = 0$ 的通解
两相异的实根 $r_1 \neq r_2$	$y = C_1 e^{r_1 x} + C_2 e^{r_2 x}$
两相等的实根 $r_1 = r_2$	$y = (C_1 + C_2 x)e^{r_1 x}$
一对共轭复根 $r_{1,2} = \alpha \pm i\beta$	$y = e^{\alpha x}(C_1\cos\beta x + C_2\sin\beta x)$

例 1 求微分方程 $y'' - 2y' - 3y = 0$ 的通解.

解 所给微分方程的特征方程为

$$r^2 - 2r - 3 = 0,$$

其根 $r_1 = -1, r_2 = 3$ 是两个不相等的实根,因此所求通解为

$$y = C_1 e^{-x} + C_2 e^{3x}.$$

例 2 求方程 $\dfrac{\mathrm{d}^2 y}{\mathrm{d}x^2} + 2\dfrac{\mathrm{d}y}{\mathrm{d}x} + y = 0$ 满足初始条件 $y\mid_{x=0} = 4, y'\mid_{x=0} = -2$ 的特解.

解 所给微分方程的特征方程为

$$r^2 + 2r + 1 = 0,$$

其根 $r_1 = r_2 = -1$ 是两个相等的实根, 因此所求微分方程的通解为

$$y = (C_1 + C_2 x)\mathrm{e}^{-x}.$$

将条件 $y\mid_{x=0} = 4$ 代入通解, 得 $C_1 = 4$, 从而

$$y = (4 + C_2 x)\mathrm{e}^{-x}.$$

将上式对 x 求导, 得

$$y' = (C_2 - 4 - C_2 x)\mathrm{e}^{-x}.$$

再把条件 $y'\mid_{x=0} = -2$ 代入上式, 得 $C_2 = 2$. 于是所求特解为

$$y = (4 + 2x)\mathrm{e}^{-x}.$$

例 3 求微分方程 $y'' - 2y' + 5y = 0$ 的通解.

解 所给微分方程的特征方程为

$$r^2 - 2r + 5 = 0,$$

其根 $r_{1,2} = 1 \pm 2\mathrm{i}$ 为一对共轭复根, 因此所求通解为

$$y = \mathrm{e}^x(C_1 \cos 2x + C_2 \sin 2x).$$

三、二阶常系数非齐次线性微分方程

二阶常系数非齐次线性微分方程的一般形式是

$$y'' + py' + qy = f(x), \tag{8}$$

其中 p, q 是常数.

由定理 3 可知, 求二阶常系数非齐次线性微分方程的通解, 归结为求对应的齐次方程

$$y'' + py' + qy = 0 \tag{6}$$

的通解和非齐次方程(8)本身的一个特解. 由于二阶常系数齐次线性微分方程的通解的求法已在第二目得到解决, 这里只需讨论二阶常系数非齐次线性微分方程的一个特解 y^* 的方法.

下面介绍当方程(8)中的 $f(x)$ 取两种常见形式时求 y^* 的方法, 这种方法的特点是先确定解的形式, 再把形式解代入方程定出解中包含的常数的值, 称为**待定系数法**.

类型 1 $f(x) = \mathrm{e}^{\lambda x}P_m(x)$, 其中 λ 是常数, $P_m(x)$ 为 x 的一个 m 次多项式.

此时, (8)式右端 $f(x)$ 是多项式 $P_m(x)$ 与指数函数 $\mathrm{e}^{\lambda x}$ 的乘积, 而多项式与指数函数乘积的导数仍然是多项式与指数函数的乘积, 因此我们推测 $y^* = Q(x)\mathrm{e}^{\lambda x}$ (其中 $Q(x)$

是某个多项式)可能是方程(8)的特解. 为此,将

$$y^* = Q(x)e^{\lambda x},$$
$$y^{*\prime} = e^{\lambda x}[\lambda Q(x) + Q'(x)],$$
$$y^{*\prime\prime} = e^{\lambda x}[\lambda^2 Q(x) + 2\lambda Q'(x) + Q''(x)],$$

代入方程(8)并消去 $e^{\lambda x}$,得

$$Q''(x) + (2\lambda + p)Q'(x) + (\lambda^2 + p\lambda + q)Q(x) = P_m(x). \tag{9}$$

如果 λ 不是(6)的特征方程 $r^2 + pr + q = 0$ 的根,即 $\lambda^2 + p\lambda + q \neq 0$,由于 $P_m(x)$ 是一个 m 次多项式,要使(9)的两端恒等,$Q(x)$ 必须是一个 m 次多项式,设

$$Q(x) = b_0 x^m + b_1 x^{m-1} + \cdots + b_{m-1}x + b_m,$$

代入方程(8),比较等式两端 x 同次幂的系数,就得到以 $b_0, b_1, \cdots, b_m$ 作为未知数的 $m + 1$ 个方程的联立方程组,从而可以定出这些 $b_i(i = 0, 1, \cdots, m)$,并得到所求的特解

$$y^* = Q(x)e^{\lambda x}.$$

如果 λ 是特征方程 $r^2 + pr + q = 0$ 的单根,即 $\lambda^2 + p\lambda + q = 0$,但 $2\lambda + p \neq 0$,要使(9)的两端恒等,那么 $Q'(x)$ 必须是 m 次多项式. 此时可令

$$Q(x) = xQ_m(x),$$

并且可用同样的方法来确定 $Q_m(x)$ 的系数 $b_i(i = 0, 1, \cdots, m)$.

如果 λ 是特征方程 $r^2 + pr + q = 0$ 的重根,即 $\lambda^2 + p\lambda + q = 0$,且 $2\lambda + p = 0$,要使(9)的两端恒等,那么 $Q''(x)$ 必须是 m 次多项式. 此时可令

$$Q(x) = x^2 Q_m(x),$$

并用同样的方法来确定 $Q_m(x)$ 中的系数.

综上所述,我们有如下结论:

如果 $f(x) = P_m(x)e^{\lambda x}$,则二阶常系数非齐次线性微分方程(8)具有形如

$$y^* = x^k Q_m(x)e^{\lambda x} \tag{10}$$

的特解,其中 $Q_m(x)$ 是与 $P_m(x)$ 同次的多项式,而 k 按 λ 不是特征方程的根、是特征方程的单根或是特征方程的重根依次取 0、1 或 2.

例 4　求微分方程 $y'' - 2y' - 3y = 3x + 1$ 的一个特解.

解　这是二阶常系数非齐次线性方程,且 $f(x)$ 是 $P_m(x)e^{\lambda x}$ 型(其中 $P_m(x) = 3x + 1, \lambda = 0$).

所给方程对应的齐次方程 $y'' - 2y' - 3y = 0$ 的特征方程为

$$r^2 - 2r - 3 = 0.$$

由于 $\lambda = 0$ 不是特征方程的根,所以应设特解为

$$y^* = b_0 x + b_1.$$

把它代入所给方程,得

$$-3b_0x - 2b_0 - 3b_1 = 3x + 1,$$

比较两端 x 同次幂的系数,得

$$\begin{cases} -3b_0 = 3, \\ -2b_0 - 3b_1 = 1. \end{cases}$$

由此解得 $b_0 = -1, b_1 = \dfrac{1}{3}$. 于是求得一个特解为

$$y^* = -x + \frac{1}{3}.$$

例 5 求微分方程 $y'' - 3y' + 2y = x\mathrm{e}^{2x}$ 的通解.

解 所给方程也是二阶常系数非齐次线性方程,且 $f(x)$ 是 $P_m(x)\mathrm{e}^{\lambda x}$ 型(其中 $P_m(x) = x, \lambda = 2$).

与所给方程对应的齐次方程 $y'' - 3y' + 2y = 0$ 的特征方程为

$$r^2 - 3r + 2 = 0$$

有两个实根 $r_1 = 1, r_2 = 2$. 于是所给方程对应齐次方程的通解为

$$Y = C_1\mathrm{e}^x + C_2\mathrm{e}^{2x}.$$

由于 $\lambda = 2$ 是特征方程的单根,所以应设特解为

$$y^* = x(b_0x + b_1)\mathrm{e}^{2x}.$$

把它代入所给方程,得

$$2b_0x + 2b_0 + b_1 = x.$$

比较两端同次幂的系数,得

$$\begin{cases} 2b_0 = 1, \\ 2b_0 + b_1 = 0. \end{cases}$$

解得 $b_0 = \dfrac{1}{2}, b_1 = -1$. 因此求得一个特解为

$$y^* = x\left(\frac{1}{2}x - 1\right)\mathrm{e}^{2x}.$$

从而所求通解为

$$y = C_1\mathrm{e}^x + C_2\mathrm{e}^{2x} + \frac{1}{2}(x^2 - 2x)\mathrm{e}^{2x}.$$

类型 2 $f(x) = \mathrm{e}^{\lambda x}[P_l(x)\cos \omega x + P_n(x)\sin \omega x]$,其中 λ、ω 是常数,$P_l(x)$、$P_n(x)$ 分别是 x 的 l 次、n 次多项式.

应用欧拉公式可以将三角函数表示为复指数函数的形式,从而有

$$f(x) = \mathrm{e}^{\lambda x}[P_l(x)\cos \omega x + P_n(x)\sin \omega x]$$

$$= \mathrm{e}^{\lambda x} \left[P_l(x) \cdot \frac{\mathrm{e}^{i\omega x} + \mathrm{e}^{-i\omega x}}{2} + P_n(x) \cdot \frac{\mathrm{e}^{i\omega x} - \mathrm{e}^{-i\omega x}}{2i} \right]$$

$$= \left[\frac{P_l(x)}{2} + \frac{P_n(x)}{2i} \right] \mathrm{e}^{(\lambda + i\omega)x} + \left[\frac{P_l(x)}{2} - \frac{P_n(x)}{2i} \right] \mathrm{e}^{(\lambda - i\omega)x}$$

$$= P(x) \mathrm{e}^{(\lambda + i\omega)x} + \bar{P}(x) \mathrm{e}^{(\lambda - i\omega)x},$$

其中　　$P(x) = \dfrac{P_l(x)}{2} + \dfrac{P_n(x)}{2i} = \dfrac{P_l(x)}{2} - i\dfrac{P_n(x)}{2},$

　　　　$\bar{P}(x) = \dfrac{P_l(x)}{2} - \dfrac{P_n(x)}{2i} = \dfrac{P_l(x)}{2} + i\dfrac{P_n(x)}{2}$

是互为共轭的 m 次复系数多项式(即它们对应项的系数是共轭复数),而

$$m = \max\{l, n\}.$$

　　应用类型 1 中的结果,对于 $f(x)$ 中的第一项 $P(x)\mathrm{e}^{(\lambda + i\omega)x}$,可以求出一个 m 次复系数多项式 $Q_m(x)$,使得 $y_1^* = x^k Q_m(x) \mathrm{e}^{(\lambda + i\omega)x}$ 是方程

$$y'' + py' + qy = P(x)\mathrm{e}^{(\lambda + i\omega)x}$$

的特解,其中 k 按 $\lambda + i\omega$ 不是特征方程根或是特征方程的单根而依次取为 0 或 1. 由于 $f(x)$ 的第二项 $\bar{P}(x)\mathrm{e}^{(\lambda - i\omega)x}$ 与第一项 $P(x)\mathrm{e}^{(\lambda + i\omega)x}$ 成共轭,所以与 y_1^* 成共轭的函数 $y_2^* = x^k \bar{Q}_m(x)\mathrm{e}^{(\lambda - i\omega)x}$ 必然是方程

$$y'' + py' + qy = \bar{P}(x)\mathrm{e}^{(\lambda - i\omega)x}$$

的特解,这里 $\bar{Q}_m$ 表示与 Q_m 成共轭的 m 次多项式. 于是,根据定理 4,方程(8)具有形如

$$y^* = x^k Q_m(x)\mathrm{e}^{(\lambda + i\omega)x} + x^k \bar{Q}_m(x)\mathrm{e}^{(\lambda - i\omega)x}$$

的特解. 上式可以写成

$$y^* = x^k \mathrm{e}^{\lambda x} \left[Q_m(x)\mathrm{e}^{i\omega x} + \bar{Q}_m(x)\mathrm{e}^{-i\omega x} \right]$$

$$= x^k \mathrm{e}^{\lambda x} \left[Q_m(x)(\cos \omega x + i\sin \omega x) + \bar{Q}_m(x)(\cos \omega x - i\sin \omega x) \right].$$

　　由于括号内的两项相互共轭,相加后无虚部,故可以写成实函数的形式:

$$y^* = x^k \mathrm{e}^{\lambda x} \left[R_m^{(1)}(x)\cos \omega x + R_m^{(2)}(x)\sin \omega x \right].$$

　　综上所述,我们有如下结论:

　　如果 $f(x) = \mathrm{e}^{\lambda x} [P_l(x)\cos \omega x + P_n(x)\sin \omega x]$,则二阶常系数非齐次线性微分方程(8)的特解可设为

$$y^* = x^k \mathrm{e}^{\lambda x} \left[R_m^{(1)}(x)\cos \omega x + R_m^{(2)}(x)\sin \omega x \right], \tag{11}$$

其中 $R_m^{(1)}(x), R_m^{(2)}(x)$ 是 m 次多项式,$m = \max\{l, n\}$,而 k 按 $\lambda + i\omega$(或 $\lambda - i\omega$)不是特征根或是特征方程的单根取 0 或 1.

　　例 6　求微分方程 $y'' - y = \mathrm{e}^x \cos 2x$ 的一个特解.

　　解　所给方程是二阶常系数非齐次线性方程,且 $f(x)$ 属 $\mathrm{e}^{\lambda x}[P_l(x)\cos \omega x + P_n(x)\sin$

ωx]型(其中 $\lambda = 1, \omega = 2, P_l(x) = 1, P_n(x) = 0$).

特征方程为 $r^2 - 1 = 0$,由于 $\lambda + i\omega = 1 + 2i$ 不是特征方程的根,所以应设特解为

$$y^* = e^x(a\cos 2x + b\sin 2x).$$

求导得

$$y^{*\prime} = e^x[(a + 2b)\cos 2x + (-2a + b)\sin 2x],$$

$$y^{*\prime\prime} = e^x[(-3a + 4b)\cos 2x + (-4a - 3b)\sin 2x].$$

代入所给方程,得

$$4e^x[(-a + b)\cos 2x - (a + b)\sin 2x] = e^x\cos 2x,$$

比较两端同类项的系数,得

$$\begin{cases} -a + b = \dfrac{1}{4}, \\ a + b = 0. \end{cases}$$

由此解得 $a = -\dfrac{1}{8}, b = \dfrac{1}{8}$. 于是求得一个特解为

$$y^* = \frac{1}{8}e^x(\sin 2x - \cos 2x).$$

例 7 求微分方程 $y'' - y = 4x\sin x$ 的通解.

解 所给方程是二阶常系数非齐次线性方程,且 $f(x)$ 属 $e^{\lambda x}[P_l(x)\cos \omega x + P_n(x)\sin \omega x]$ 型(这里 $\lambda = 0, \omega = 1, P_l(x) = 4x, P_n(x) = 0$).

与所给方程对应的齐次方程 $y'' - y = 0$ 的特征方程为

$$r^2 - 1 = 0$$

有两个实根 $r_1 = -1, r_2 = 1$. 于是所给方程对应齐次方程的通解为

$$Y = C_1 e^{-x} + C_2 e^x.$$

由于 $\lambda + i\omega = i$ 不是特征根,所以应设特解为

$$y^* = x^0 e^{0 \cdot x}[(ax + b)\cos x + (cx + d)\sin x] = (ax + b)\cos x + (cx + d)\sin x.$$

代入所给方程,得

$$(-2ax - 2b + 2c)\cos x + (-2cx - 2a - 2d)\sin x = 4x\sin x.$$

比较两端同类项的系数,有

$$\begin{cases} -2a = 0, \\ -2b + 2c = 0, \\ -2c = 4, \\ -2a - 2d = 0. \end{cases}$$

解得 $a = 0, b = -2, c = -2, d = 0$. 于是所给方程的一个特解为

$$y^* = -2\cos x - 2x\sin x.$$

从而所求的通解为

$$y = C_1 \mathrm{e}^{-x} + C_2 \mathrm{e}^x - 2(\cos x + x\sin x).$$

习题 10.5

1. 验证 $y_1 = \mathrm{e}^{x^2}$ 及 $y_2 = x\mathrm{e}^{x^2}$ 都是方程 $y'' - 4xy' + (4x^2 - 2)y = 0$ 的解, 并写出该方程的通解.

2. 验证 $y = \dfrac{1}{x}(C_1 \mathrm{e}^x + C_2 \mathrm{e}^{-x}) + \dfrac{\mathrm{e}^x}{2}$ (C_1, C_2 是任意常数) 是方程 $xy'' + 2y' - xy = \mathrm{e}^x$ 的通解.

3. 已知 $y_1 = 3, y_2 = 3 + x^2, y_3 = 3 + \mathrm{e}^x$ 是二阶线性非齐次方程的解, 求方程通解及方程.

4. 求 $u_1(x) = \mathrm{e}^{2x}, u_2(x) = x\mathrm{e}^{2x}$ 所满足的二阶常系数线性齐次微分方程.

5. 求下列各微分方程的通解:

(1) $y'' - 3y' + 2y = x\mathrm{e}^x$;

(2) $2y'' + y' - y = 2\mathrm{e}^x$;

(3) $y'' + y = x^3$;

(4) $y'' - y' - 2y = 3x$;

(5) $y'' - 2y' - 3y = \mathrm{e}^{-x}$;

(6) $y'' - 2y' - ky = \mathrm{e}^x (k \geqslant -1)$;

(7) $y'' + 4y' + 4y = \cos 2x$;

(8) $y'' + y = x\cos 2x$;

(9) $y'' - 2y' + 5y = \mathrm{e}^x \sin 2x$;

(10) $y'' - 3y' + 2y = 3x - 2\mathrm{e}^x$;

(11) $y'' - 2y' = 2\cos^2 x$;

(12) $y'' + 16y = \sin(4x + \alpha)$, 其中 α 是常数.

6. 求下列各微分方程满足已给初始条件的特解:

(1) $y'' - 3y' + 2y = 2\mathrm{e}^{3x}, y(0) = 0, y'(0) = 0$;

(2) $y'' - y = 4x\mathrm{e}^x, y(0) = 0, y'(0) = 1$;

(3) $y'' - 2y' + y = x\mathrm{e}^x - \mathrm{e}^x, y(1) = 1, y'(1) = 0$;

(4) $y'' + 4y' + 3y = \mathrm{e}^{-x} + 1, y(0) = 1, y'(0) = 1$;

(5) $y'' + 2y' + 2y = \mathrm{e}^{-x} \sin x, y(0) = 0, y'(0) = 1$.

7. 设函数 $\varphi(x)$ 连续, 且满足 $\varphi(x) = \mathrm{e}^x - \displaystyle\int_0^x (x - t)\varphi(t)\mathrm{d}t$, 试求 $\varphi(x)$.

8. 利用变换 $y = u(e^x)$ 将方程 $y'' - (2e^x + 1)y' + e^{2x}y = e^{3x}$ 化简,并求出原方程的通解.

第6节　差分方程初步

这一节介绍差分及一阶线性常系数差分方程的解.

一、差分的概念

定义1　设函数 $y_t = y(t)$ 的定义域为非负整数集 $\mathbf{N}$,称
$$\Delta y_t = y_{t+1} - y_t, t = 0, 1, 2, \cdots$$
为函数 y_t 在时刻 t 的**一阶差分**.

根据定义,容易得到差分的四则运算法则:

(1) $\Delta(y_t \pm z_t) = \Delta y_t \pm \Delta z_t$;

(2) $\Delta(y_t \cdot z_t) = y_{t+1} \cdot \Delta z_t + z_t \cdot \Delta y_t$;

(3) $\Delta\left(\dfrac{y_t}{z_t}\right) = \dfrac{z_t \cdot \Delta y_t - y_t \cdot \Delta z_t}{z_t \cdot z_{t+1}}$.

证　(1) $\Delta(y_t \pm z_t) = (y_{t+1} \pm z_{t+1}) - (y_t \pm z_t) = (y_{t+1} - y_t) \pm (z_{t+1} - z_t)$
$$= \Delta y_t \pm \Delta z_t.$$

(2) $\Delta(y_t \cdot z_t) = y_{t+1} \cdot z_{t+1} - y_t \cdot z_t = y_{t+1} \cdot z_{t+1} - y_{t+1} \cdot z_t + y_{t+1} \cdot z_t - y_t \cdot z_t$
$$= y_{t+1} \cdot (z_{t+1} - z_t) + z_t \cdot (y_{t+1} - y_t) = y_{t+1} \cdot \Delta z_t + z_t \cdot \Delta y_t.$$

显然有 $\Delta(Cy_t) = C\Delta y_t$,这说明常数因子可以直接提到差分符号外面.

(3) $\Delta\left(\dfrac{y_t}{z_t}\right) = \dfrac{y_{t+1}}{z_{t+1}} - \dfrac{y_t}{z_t} = \dfrac{z_t \cdot y_{t+1} - y_t \cdot z_{t+1}}{z_t \cdot z_{t+1}}$

$$= \frac{z_t \cdot y_{t+1} - z_t \cdot y_t + z_t \cdot y_t - y_t \cdot z_{t+1}}{z_t \cdot z_{t+1}}$$

$$= \frac{z_t \cdot (y_{t+1} - y_t) - y_t \cdot (z_{t+1} - z_t)}{z_t \cdot z_{t+1}} = \frac{z_t \cdot \Delta y_t - y_t \cdot \Delta z_t}{z_t \cdot z_{t+1}}.$$

下面引进高阶差分的概念.

定义2　函数 $y_t = y(t)$ 一阶差分的差分称为函数 y_t 的**二阶差分**,记为 $\Delta^2 y_t$,即
$\Delta^2 y_t = \Delta(\Delta y_t) = \Delta y_{t+1} - \Delta y_t = (y_{t+2} - y_{t+1}) - (y_{t+1} - y_t) = y_{t+2} - 2y_{t+1} + y_t.$
同样,二阶差分的差分称为**三阶差分**,记为 $\Delta^3 y_t$,即
$$\Delta^3 y_t = \Delta(\Delta^2 y_t) = \Delta(y_{t+2} - 2y_{t+1} + y_t) = y_{t+3} - 3y_{t+2} + 3y_{t+1} - y_t.$$
依次类推,函数 y_t 的 n 阶差分为
$$\Delta^n y_t = \Delta(\Delta^{n-1} y_t) = \Delta^{n-1} y_{t+1} - \Delta^{n-1} y_t = \sum_{k=0}^{n} (-1)^k \frac{n!}{k!(n-k)!} y_{t+n-k}.$$

例 1　设 $y_t = \mathrm{e}^{2t}$，求 $\Delta y_t, \Delta^2 y_t$.

解　$\Delta y_t = y_{t+1} - y_t = \mathrm{e}^{2(t+1)} - \mathrm{e}^{2t} = \mathrm{e}^{2t} \cdot (\mathrm{e}^2 - 1)$,

$\Delta^2 y_t = \Delta(\Delta y_t) = (\mathrm{e}^2 - 1)\Delta(\mathrm{e}^{2t}) = (\mathrm{e}^2 - 1) \cdot (\mathrm{e}^{2(t+1)} - \mathrm{e}^{2t}) = \mathrm{e}^{2t} \cdot (\mathrm{e}^2 - 1)^2$.

例 2　已知 $y_t = 3t^2 - 4t + 2$，求 $\Delta y_t, \Delta^2 y_t, \Delta^3 y_t$.

解　$\Delta y_t = 3\Delta(t^2) - 4\Delta(t) + \Delta(2) = 3(2t+1) - 4 + 0 = 6t - 1$,

$\Delta^2 y_t = \Delta(6t - 1) = \Delta(6t) - \Delta(1) = 6$,

$\Delta^3 y_t = \Delta(6) = 0$.

一般地，对于 k 次多项式，它的 k 阶差分为常数，而 $k+1$ 阶以上的差分均为零.

二、差分方程的概念

定义 3　含有自变量 t 和两个或两个以上函数 $y_t, y_{t+1}, \cdots$ 的函数方程，称为（常）**差分方程**，它的一般形式为

$$F(t, y_t, y_{t+1}, y_{t+n}) = 0, \tag{1}$$

这里 F 为已知函数，且 y_t 和 y_{t+1} 必定要出现.

定义 4　差分方程(1)中未知函数下标的最大差，称为**差分方程的阶**.

例如方程 $y_{t+3} - 4y_{t+1} + 3y_t - 2 = 0$ 中未知函数最大下标与最小下标的差是 $(t+3) - t = 3$，故是三阶差分方程. 又如方程 $\Delta^3 y_t + \Delta^2 y_t - \Delta y_t - y_t = 0$，虽然它含有三阶差分 $\Delta^3 y_t$，但实际上是一阶差分方程. 这是因为将 $\Delta y_t = y_{t+1} - y_t$, $\Delta^2 y_t = y_{t+2} - 2y_{t+1} + y_t$, $\Delta^3 y_t = y_{t+3} - 3y_{t+2} + 3y_{t+1} - y_t$ 代入后方程可化简为 $y_{t+3} - 2y_{t+2} = 0$，或再作变量变换 $t+2 = x$ 化为 $y_{x+1} - 2y_x = 0$.

定义 5　若函数 $y_t = \varphi(t)$ 代入方程(1)，使之对一切的 t 均成为恒等式，则称 $y_t = \varphi(t)$ 为差分方程(1)的**解**.

含有 n 个独立的任意常数 $C_1, C_2, \cdots, C_n$ 的解

$$y_t = \varphi(t, C_1, C_2, \cdots, C_n),$$

称为 n 阶差分方程(1)的**通解**.

确定通解中任意常数的条件称为**初始条件**. 不含任意常数的解称为差分方程的**特解**.

三、一阶常系数线性差分方程

一阶常系数线性差分方程的一般形式为

$$y_{t+1} - py_t = f(t), \tag{2}$$

其中 f 为已知函数，p 为非零常数.

当 $f(t) = 0$ 时,方程(2)变为

$$y_{t+1} - py_t = 0, \qquad\qquad (3)$$

我们称(2)为**一阶常系数非齐次线性差分方程**,称(3)为其对应的**一阶常系数齐次线性差分方程**.

1. 一阶常系数线性差分方程的解的结构

一阶常系数线性差分方程的解具有与一阶常系数线性微分方程的解同样的结构:

定理 1 若 y_t 为齐次差分方程(3)的解,则 Cy_t 为齐次差分方程(3)的通解.

定理 2 若 Y_t 为齐次差分方程(3)的通解,y_t^* 是非齐次差分方程(2)的一个特解,则 $Y_t + y_t^*$ 为非齐次差分方程(2)的通解.

定理 3 若 y_t 与 $\tilde{y}_t$ 分别是非齐次差分方程 $y_{t+1} - py_t = f_1(t)$ 和 $y_{t+1} - py_t = f_2(t)$ 的解,则 $y_t + \tilde{y}_t$ 是差分方程 $y_{t+1} - py_t = f_1(t) + f_2(t)$ 的解.

2. 一阶常系数齐次线性差分方程的求解

对于一阶常系数齐次线性差分方程 $y_{t+1} - py_t = 0$,一般有两种解法.

(1)迭代法

将方程(3)写成 $y_{t+1} = py_t$,逐次迭代得

$$y_1 = py_0, y_2 = py_1 = p^2 y_0, \cdots, y_t = p^t y_0.$$

由定理 1 知,$Y_t = Cp^t$(C 为任意常数)是齐次差分方程(3)的通解.

(2)特征根法

将方程(3)写成 $\Delta y_t + (1 - p)y_t = 0$,可以猜测 y_t 的形式为某个指数函数. 于是设 $y_t = r^t (r \neq 0)$,代入方程得 $r^{t+1} - pr^t = 0$,即 $r - p = 0$,得 $r = p$. 称 $r - p = 0$ 为齐次差分方程(3)的**特征方程**,称 $r = p$ 为**特征根**,于是 $y_t = p^t$ 是齐次差分方程(3)的一个解,因而

$$Y_t = Cp^t (C \text{ 为任意常数})$$

是齐次差分方程(3)的通解.

例 3 求差分方程 $y_{t+1} + 5y_t = 0$ 的通解.

解 由于 $p = -5$,所以原齐次差分方程的通解为 $Y_t = C(-5)^t$(C 为任意常数).

例 4 求差分方程 $2y_t - y_{t-1} = 0$ 满足初始条件 $y_0 = 3$ 的特解.

解 原差分方程改写为 $2y_{t+1} - y_t = 0$,其特征方程为 $2r - 1 = 0$,特征根为 $r = \dfrac{1}{2}$.

于是原方程的通解为 $Y_t = C(\dfrac{1}{2})^t$.

由 $y_0 = 3$ 可得 $C = 3$. 因此所求的特解为 $\bar{Y}_t = 3(\dfrac{1}{2})^t$.

3. 一阶常系数线性非齐次差分方程的求解

由定理 2 可知,非齐次差分方程(2)的通解由该方程的一个特解与相应的齐次差分方程(3)的通解之和构成. 由于一阶线性齐次差分方程(3)的通解的求解已得到解决,所以这里只需讨论求一阶线性非齐次差分方程(2)的一个特解 y_t^* 的方法.

当方程(2)右端函数 $f(t)$ 取某些特定形式的时候,我们可以凭经验推测相应特解所具有的形式,再利用待定系数法就可以确定这些特解.

下面分别介绍 $f(t)$ 取三种不同形式时特解 y_t^* 的求法.

类型 1　$f(t) = P_m(t)$,$P_m(t)$ 为 t 的 m 次多项式.

此时,方程(2)为 $y_{t+1} - p y_t = P_m(t)$,改写为 $\Delta y_t + (1-p) y_{t+1} = P_m(t)$. 设 y_t^* 是它的特解,代入得

$$\Delta y_t^* + (1-p) y_{t+1}^* = P_m(t). \tag{4}$$

因为(4)式右端 $P_m(t)$ 是多项式,因此 y_t^* 应该也是多项式(由于当 y_t^* 是 m 次多项式时,Δy_t^* 是 $m-1$ 次多项式).

如果 1 不是特征根,即 $1-p \neq 0$ 时,那么 y_t^* 是一个 m 次多项式. 于是令

$$y_t^* = Q_m(t) = B_0 t^m + B_1 t^{m-1} + \cdots + B_{m-1} t + B_m,$$

代入方程(4),比较等式两端 t 同次幂的系数,就得到以 $B_0, B_1, \cdots B_m$ 作为未知量的 $m+1$ 个方程的联立方程组. 从而可以定出这些 $B_i(i = 0, 1, 2, \cdots, n)$,并得到所求的特解 $y_t^* = Q_m(t)$.

如果 1 是特征根,即 $1-p = 0$ 时,那么 y_t^* 是一个 $m+1$ 次多项式. 于是令

$$y_t^* = t Q_m(t) = t(B_0 t^m + B_1 t^{m-1} + \cdots + B_{m-1} t + B_m),$$

并且可用同样的方法来确定 $Q_m(t)$ 系数 $B_i(i = 0, 1, 2, \cdots, n)$.

综上所述,有如下结论:

如果 $f(t) = P_m(t)$,则一阶线性非齐次差分方程(2)的特解可设为

$$y_t^* = t^k Q_m(t),$$

其中 $Q_m(t)$ 是 t 的 m 次多项式,当 1 不是特征根,即 $p \neq 1$ 时,取 $k = 0$;当 1 是特征根,即 $p = 1$ 时,取 $k = 1$.

例 5　求差分方程 $3y_{t+1} + 6y_t - 2t = 0$ 的通解.

解　将原差分方程化为标准形式 $y_{t+1} + 2y_t = \dfrac{2}{3} t$,对应齐次差分方程为 $y_{t+1} + 2y_t = 0$,其特征方程为 $r + 2 = 0$,特征根为 $r = -2$,所以对应齐次差分方程的通解为 $Y_t = C(-2)^t$.

由于 $p = -2 \neq 1$,设原非齐次差分方程的特解 $y_t^* = B_0 t + B_1$. 代入原差分方程得

$$B_0(t+1) + B_1 + 2B_0 t + 2B_1 = \frac{2}{3}t, \text{ 即 } 3B_0 t + (B_0 + 3B_1) = \frac{2}{3}t.$$

比较系数知 $B_0 = \frac{2}{9}, B_1 = -\frac{2}{27}.$

因此原差分方程的通解为

$$y_t^* = Y_t + y_t^* = C(-2)^t + \frac{2}{9}t - \frac{2}{27}.$$

例 6　求差分方程 $y_{t+1} - y_t = 2t$ 的通解.

解　相应的齐次差分方程为 $y_{t+1} - y_t = 0$, 特征方程为 $r - 1 = 0$, 特征根为 $r = 1$, 则齐次差分方程的通解为 $Y_t = C.$

由于 $p = 1$, 所以令特解 $y_t^* = t(B_0 + B_1 t)$. 代入原差分方程得

$$[B_0(t+1) + B_1(t+1)^2] - (B_0 t + B_1 t^2) = 2t,$$
$$2B_1 t + (B_0 + B_1) = 2t.$$

比较同类项系数, 应有 $2B_1 = 2, B_1 = 1; B_0 + B_1 = 0, B_0 = -B_1 = -1$, 所以

$$y_t^* = t^2 - t.$$

因此原差分方程的通解为

$$y_t = Y_t + y_t^* = C + t^2 - t.$$

例 7　在多数市场中, 供应商都必须在了解产品的未来价格之前做出供给决策. 如果供应商将当前的流行价格视为他们的产品将来抵达市场时的售价, 并依此做出供给决策, 那么价格的波动将是不可避免的.

市场需求函数由下式给出:

$$D_t = a - bP_t,$$

其中 D_t 为 t 时期的需求量, P_t 是 t 时期的市场主导价格.

假定供给决策是在产品上市的前一期做出的. 供应商预期下一期的市场价格等于当前的市场价格, 那么 t 时期的供应量由下式给出:

$$S_t = -c + dP_{t-1}.$$

假定每一期价格都会调整到市场出清水平, 那么每一期的供给和需求都相等, 这意味着

$$a - bP_t = -c + dP_{t-1}.$$

整理得

$$P_t + \frac{d}{b}P_{t-1} = \frac{a+c}{b}.$$

上式说明, 价格的时间路径服从一个一阶线性非齐次差分方程. 容易求得它的通解为

$$P_t = C\left(-\frac{d}{b}\right)^t + \frac{a+c}{b+d}.$$

如果初始价格为 P_0，代入通解得 $C = P_0 - \frac{a+c}{b+d}$，则

$$P_t = \left(P_0 - \frac{a+c}{b+d}\right)\left(-\frac{d}{b}\right)^t + \frac{a+c}{b+d}.$$

这就是商品价格的波动规律.

类型 2　$f(t) = d^t P_m(t)$，$P_m(t)$ 为 t 的 m 次多项式，$d > 0, d \neq 1$.

此时，方程（2）为 $y_{t+1} - py_t = d^t P_m(t)$. 作变换 $y_t = d^t z_t$，代入方程得

$$d^{t+1} z_{t+1} - pd^t z_t = d^t P_m(t),$$

消去 d^t 即得

$$dz_{t+1} - pz_t = P_m(t).$$

对此方程可按类型 1 求解.

综上所述，我们有如下结论：

如果 $f(t) = d^t P_m(t)$，则一阶线性非齐次差分方程（2）的特解可设为

$$y_t^* = t^k d^t Q_m(t),$$

其中 $Q_m(t)$ 为 t 的 m 次待定多项式，当 1 不是特征根，即 $d \neq p$ 时，取 $k = 0$；当 1 是特征根，即 $d = p$ 时，取 $k = 1$.

例 8　求差分方程 $y_{t+1} - 4y_t = 12 \cdot 4^t$ 的通解.

解　原方程对应差分方程为 $y_{t+1} - 4y_t = 0$，其特征方程为 $r - 4 = 0$，特征根为 $r = 4$，所以对应齐次差分方程的通解为 $Y_t = C4^t$.

由于 $d = 4 = p$，所以原方程待定特解的形式为 $y_t^* = Bt4^t$，代入原方程得

$$B(t+1)4^{t+1} - 4Bt4^t = 12 \cdot 4^t,$$

所以 $B = 3$.

因此原方程通解为

$$y_t = Y_t + y_t^* = (C + 3t)4^t.$$

例 9　差分方程 $y_{t+1} - 4y_t = t2^t$ 的通解.

解　相应的齐次差分方程 $y_{t+1} - 4y_t = 0$ 的通解为 $Y_t = C4^t$.

由于 $d = 2 \neq 4 = p$，故设原非齐次差分方程的特解为 $y_t^* = (at + b)2^t$，代入原方程得

$$[a(t+1) + b]2^{t+1} - 4(at + b)2^t = t2^t,\ \text{即} -2at + 2a - 2b = t.$$

比较同类项系数，应有 $-2a = 1, a = -\frac{1}{2}; 2a - 2b = 0, b = a = -\frac{1}{2}$.

因此，原方程的通解为

$$y_t^* = Y_t + y_t^* = C4^t - \frac{1}{2}(t+1)2^t.$$

类型 3 $f(t) = b_1\cos \omega t + b_2\sin \omega t$,其中 b_1, b_2, ω 均为常数,b_1, b_2 不同时为零,$\omega > 0$. 此时,方程(2)为 $y_{t+1} - py_t = b_1\cos \omega t + b_2\sin \omega t$. 猜测它的特解为

$$y_t^* = B_1\cos \omega t + B_2\sin \omega t.$$

代入方程并整理得

$$\begin{cases}(\cos \omega - p)B_1 + \sin \omega B_2 = b_1, \\ -\sin \omega B_1 + (\cos \omega - p)B_2 = b_2.\end{cases} \tag{5}$$

当 $D = (\cos \omega - p)^2 + \sin^2\omega \neq 0$ 时,方程组(5)有唯一解

$$\begin{cases}B_1 = \frac{1}{D}[b_1(\cos \omega - p) - b_2\sin \omega], \\ B_2 = \frac{1}{D}[b_2(\cos \omega - p) + b_1\sin \omega].\end{cases}$$

当 $D = (\cos \omega - p)^2 + \sin^2\omega = 0$ 时,方程组(5)无解或有无穷多解. 上述方法失效. 这时猜测它的特解为 $y_t^* = t(B_1\cos \omega t + B_2\sin \omega t)$,代入得

$[(\cos \omega - p)B_1 + B_2\sin \omega]t\cos \omega t + (B_1\cos \omega + B_2\sin \omega)\cos \omega t + [(\cos \omega - p)B_2 + B_1\sin \omega]t\sin \omega t + (B_2\cos \omega + B_1\sin \omega)\sin \omega t = b_1\cos \omega t + b_2\sin \omega t.$

由 $D = (\cos \omega - p)^2 + \sin^2\omega = 0$ 知 $\cos \omega - p = 0, \sin \omega = 0$,即 $\cos \omega = \pm 1, \sin \omega = 0$. 由此解得

$$\begin{cases}B_1 = b_1, \\ B_2 = b_2,\end{cases} \text{或} \begin{cases}B_1 = -b_1, \\ B_2 = -b_2.\end{cases}$$

综上所述,我们有如下结论:

如果 $f(t) = b_1\cos \omega t + b_2\sin \omega t$,则一阶线性非齐次差分方程(2)具有形如

$$y_t^* = t^k(B_1\cos \omega t + B_2\sin \omega t)$$

的特解,其中 b_1, b_2 是待定常数. 当 $D = (\cos \omega - p)^2 + \sin^2\omega \neq 0$ 时,取 $k = 0$;当 $D = (\cos \omega - p)^2 + \sin^2\omega = 0$ 时,取 $k = 1$.

例 10 求差分方程 $y_{t+1} - y_t = 4\sin \frac{\pi}{2}t$ 的通解.

解 原方程对应齐次方程的通解为 $Y_t = C \cdot 1^t = C$.

由于 $\left(\cos \frac{\pi}{2} - 1\right)^2 + \sin^2\frac{\pi}{2} = (0-1)^2 + 1^2 = 2 \neq 0$,故设原非齐次方程的特解为

$$y_t^* = B_1\cos \frac{\pi}{2}t + B_2\sin \frac{\pi}{2}t.$$

代入原方程得

$$B_1\cos\frac{\pi}{2}(t+1)+B_2\sin\frac{\pi}{2}(t+1)-B_1\cos\frac{\pi}{2}t-B_2\sin\frac{\pi}{2}t=4\sin\frac{\pi}{2}t,$$

整理得

$$(-B_1-B_2)\sin\frac{\pi}{2}t+(B_2-B_1)\cos\frac{\pi}{2}t=4\sin\frac{\pi}{2}t.$$

比较同类项系数得 $-B_1-B_2=4$，$B_2-B_1=0$. 解得 $B_1=B_2=-2$.

因此原方程的通解为

$$y_t=Y_t+y_t^*=C-2\cos\frac{\pi}{2}t-2\sin\frac{\pi}{2}t.$$

习题 10.6

1. 求下列函数的一阶、二阶差分：

(1) $y_t=8t^3+2t-1$；　　　　　　(2) $y_t=\ln(2t-1)$.

2. 证明：(1) $\Delta(y_t\cdot z_t)=y_t\cdot\Delta z_t+z_{t+1}\cdot\Delta y_t$；

(2) $\Delta\left(\dfrac{y_x}{z_x}\right)=\dfrac{z_{t+1}\cdot\Delta y_t-y_{t+1}\cdot\Delta z_t}{z_t\cdot z_{t+1}}$.

3. 将函数 $y_t=f(t)$ 在不同时期的值 y_{t+n} 表示成 y_t 及其各阶差分的线性组合.

4. 求下列差分方程的通解：

(1) $y_{t+1}-y_t=5$；　　　　　　(2) $y_{t+1}-2y_t=3t^2$.

(3) $y_{t+1}-2y_t=t2^t$；

(4) $y_{t+1}-\alpha y_t=e^{\beta t}$，$\alpha,\beta$ 为常数，$\alpha\neq0$；

(5) $y_{t+1}+2y_t=t^2+4^t$；

(6) $y_{t+1}-5y_t=\cos\dfrac{\pi}{2}t$.

5. 求下列差分方程满足所给初始条件的特解：

(1) $y_{t+1}+5y_t=5$，$y_0=3$；　　　　　(2) $y_{t+1}-y_t=t+1$，$y_0=1$.

6. 设 y_t 是 t 期国民收入，C_t 为 t 期消费，I_t 为 t 期投资，它们之间有如下关系

$$\begin{cases}C_t=\alpha y_t+a,\\ I_t=\beta y_t+b,\\ y_t-y_{t-1}=\theta(y_{t-1}-C_{t-1}-I_{t-1}),\end{cases}$$

其中 α,β,a,b 和 θ 均为常数，且 $0<\alpha<1,0<\beta<1,0<\theta<1,0<\alpha+\beta<1,a\geqslant0$，$b\geqslant0$. 若基期的国民收入为 y_0 已知，试求出 y_t 与 t 的函数关系.

7. 已知某人欠债 25 000 元，月利率为 1%，计划在 12 个月内采用每月等额付款的方式还清债务，问他每月应付多少钱？

复习题十

一、单项选择题

1. 若连续函数 $f(x)$ 满足关系式

$$f(x) = \int_0^{2x} f\left(\frac{t}{2}\right) dt + \ln 2,$$

则 $f(x)$ 等于(   ).

(A) $e^x \ln 2$ (B) $e^{2x} \ln 2$

(C) $e^x + \ln 2$ (D) $e^{2x} + \ln 2$

2. 已知函数 $y = f(x)$ 在任意点 x 处的增量 $\Delta y = \dfrac{y \Delta x}{1 + x} + o(\Delta x) \, (\Delta x \to 0)$, $y(0) = 1$,

则 $y(1) = ($ $)$.

(A) -1 (B) 0 (C) 1 (D) 2

3. 设线性无关的函数 y_1, y_2, y_3 都是二阶非齐次线性方程

$$y'' + p(x) y' + q(x) y = f(x)$$

的解, C_1, C_2 是任意常数, 则该非齐次方程的通解是(   ).

(A) $C_1 y_1 + C_2 y_2 + y_3$ (B) $C_1 y_1 + C_2 y_2 - (C_1 + C_2) y_3$

(C) $C_1 y_1 + C_2 y_2 - (1 - C_1 - C_2) y_3$ (D) $C_1 y_1 + C_2 y_2 + (1 - C_1 - C_2) y_3$

4. 微分方程 $y'' - y = e^x + 1$ 的一个特解应具有形式 (式中 a, b 为常数)(   ).

(A) $ae^x + b$ (B) $axe^x + b$

(C) $ae^x + bx$ (D) $axe^x + bx$

5. 设 $y = y(x)$ 是二阶常系数微分方程 $y'' + py' + qy = e^{3x}$ 满足初始条件 $y(0) = y'(0) = 0$ 的特解, 则当 $x \to 0$ 时, 函数 $\dfrac{\ln(1 + x^2)}{y(x)}$ 的极限(   ).

(A) 不存在   (B) 等于 1

(C) 等于 2   (D) 等于 3

二、填空题

1. $xy''' + 2x^2 y'^2 + x^3 y = x^4 + 1$ 是_____阶微分方程.

2. 设 $y = y(x)$, 如果 $\int y \, dx \cdot \int \dfrac{1}{y} \, dx = -1$, $y(0) = 1$, 且当 $x \to +\infty$ 时, $y \to 0$, 则 $y = $_____.

3. 设某商品的需求函数为 $Q(p)$, 需求弹性为 $\dfrac{p}{p - 20}$, 其中 p 为价格, 且 $Q(10) = $

50 ，则 $Q(p)$ = _____.

4. 设 $u(t)$ 使得 $\dfrac{\mathrm{d}u(t)}{\mathrm{d}t} = u(t) + \displaystyle\int_0^1 u(s)\mathrm{d}s, u(0) = 1$. 则 $u(t)$ = _____.

5. 设函数 $y = f(x)$ 具有二阶导数，且 $f'(x) = f(\frac{\pi}{2} - x)$ ，则该函数满足微分方程为 _____.

6. 设二阶非齐次线性微分方程 $y'' + P(x)y' + Q(x)y = f(x)$ 的三个特解 $y_1 = x, y_2 = \mathrm{e}^x, y_2 = \mathrm{e}^{2x}$ ，则此方程满足条件 $y(0) = 1, y'(0) = 3$ 的特解是 _____.

7. 设 $y_t = t^2$ 是 $y_{t+1} + py_t = b_1 t + b_2$ 的解，则 p = _____，b_1 = _____，b_2 = _____.

8. 某公司每年的工资总额在比上一年增加 20% 的基础上再追加 2 百万元. 若以 W_t 表示第 t 年的工资总额（单位：百万元），则 W_t 满足的差分方程是 _____.

9. 差分方程 $y_{t+1} - y_t = t2^t$ 的通解为 _____.

10. 差分方程 $2y_{t+1} + 10y_t - 5t = 0$ 的通解为 _____.

三、解答题

1. 求下列微分方程的通解：

(1) $3\mathrm{e}^x \tan y \mathrm{d}x + (1 - \mathrm{e}^x)\sec^2 y \mathrm{d}y = 0$；

(2) $xy' + 2y = 3x$；

(3) $\left(x\dfrac{\mathrm{d}y}{\mathrm{d}x} - y\right)\arctan\dfrac{y}{x} = x$；

(4) $\dfrac{\mathrm{d}y}{\mathrm{d}x} = \dfrac{1}{kx - y^2}$（$k$ 是常数）；

(5) $y' = \dfrac{1}{2x - y^2}$；

(6) $\dfrac{\mathrm{d}y}{\mathrm{d}x} = \dfrac{y}{2x} + \dfrac{1}{2y}\tan\dfrac{y^2}{x}$；

(7) $y'' + y = \mathrm{e}^x + \cos x$；

(8) $y'' + 4y = x\sin^2 x$.

2. 求下列微分方程满足所给初始条件的特解：

(1) $y'\sin x = y\ln y, y\big|_{x=\frac{\pi}{2}} = \mathrm{e}$；

(2) $(\mathrm{e}^y + \mathrm{e}^{-y} + 2)\mathrm{d}x - (x + 2)^2\mathrm{d}y = 0, y(0) = 0$；

(3) $y' - \dfrac{y}{x\ln x} = \ln x, y\big|_{x=\mathrm{e}} = \mathrm{e}$；

(4) $y^3\mathrm{d}x + 2(x^2 - xy^2)\mathrm{d}y = 0, y(1) = 1$；

(5) $xy' - y = \sqrt{x^2 + y^2}, y(1) = 0$;

(6) $(1-x)y' + y = x, y|_{x=0} = 2$;

(7) $y'' - y' = (x+1)e^x, y(0) = 2, y'(0) = 1$;

(8) $y'' + 4y = f(x), y(0) = 0, y'(0) = 1$, 其中 $f(x) = \begin{cases} \sin x, & 0 < x \leqslant \dfrac{\pi}{2}, \\ 1, & x > \dfrac{\pi}{2}. \end{cases}$

3. 设函数 $f(x), g(x)$ 满足条件 $f'(x) = g(x), g'(x) = f(x), f(0) = 0, g(x) \neq 0$. 又 $F(x) = \dfrac{f(x)}{g(x)}$, 试建立 $F(x)$ 所满足的微分方程, 并求 $F(x)$.

4. 设函数 $f(x)$ 在 $(0, +\infty)$ 内连续, $f(1) = \dfrac{5}{2}$, 且对所有 $x, t \in (0, +\infty)$ 满足条件

$$\int_1^{xt} f(u) \mathrm{d}u = t \int_1^x f(u) \mathrm{d}u + x \int_1^t f(u) \mathrm{d}u,$$

求 $f(x)$ 的表达式.

5. 设 $y(x)$ 是初值问题

$$\begin{cases} y' = x^2 + y^2, \\ y(0) = 0 \end{cases}$$

的解. 试研究函数 $y(x)$ 的增减性和凹凸性, 并求 $\lim\limits_{x \to 0} \dfrac{y(x)}{x^3}$.

6. 求微分方程 $xy' + ay = 1 + x^2$ 满足初始条件 $y(1) = 1$ 的解 $y(x, a)$, 其中 a 为参数, 并证明 $\lim\limits_{a \to 0} y(x, a)$ 是方程 $xy' = 1 + x^2$ 的解.

7. 设某农作物长高到 0.1 米后, 高度的增长速率与现有高度 y 及 $(1-y)$ 之积成正比例 (比例系数 $k > 0$), 求此农作物生长高度的变化规律 (高度以米为单位).

8. 设质量为 m 的物质在某种介质中受重力 G 的作用自由下坠, 其间它还受到介质的浮力 B 与阻力 R 的作用. 已知阻力 R 与下坠的速度 v 成正比, 比例系数为 λ, 即 $R = \lambda v$. 试求该落体的速度与位移的关系.

9. 求通过点 $(1, 1)$ 的曲线方程 $y = f(x)$ $(f(x) > 0)$, 使此曲线在 $[1, x]$ 上所形成的曲边梯形面积的值等于曲线终点的横坐标 x 与纵坐标 y 之比的 2 倍减去 2, 其中 $x \geqslant 1$.

10. 设函数 $y = y(x)$ 是微分方程 $x\mathrm{d}y + (x - 2y)\mathrm{d}x = 0$ 满足条件 $y(1) = 2$ 的解, 求曲线 $y = y(x)$ 与 x 轴所围图形的面积 S.

11. 设连续函数 $\varphi(x)$ 满足 $\varphi(x)\cos x + 2\int_0^x \varphi(t)\sin t\mathrm{d}t = x + 1$, 求 $\varphi(x)$.

12. 设 $f(t)$ 连续, 且 $f(t) = \iint\limits_D x\left[1 + \dfrac{f(\sqrt{x^2 + y^2})}{x^2 + y^2}\right]\mathrm{d}x\mathrm{d}y$, 其中 $D: x^2 + y^2 \leqslant t^2, x \geqslant 0$.

$y \geq 0 (t > 0)$，求 $f(x)$.

13.求满足 $x = \int_0^x f(t) \mathrm{d}t + \int_0^x t f(t - x) \mathrm{d}t$ 的可微函数 $f(x)$.

14.利用变换 $t = \tan x$ 把微分方程

$$\cos^4 x \cdot \frac{\mathrm{d}^2 y}{\mathrm{d}x^2} + 2\cos^2 x (1 - \sin x \cos x) \frac{\mathrm{d}y}{\mathrm{d}x} + y = \tan x$$

化成 y 关于 t 的微分方程,并求原方程的通解.

15.设函数 $y = y(x)$ 在 $(-\infty, +\infty)$ 内具有二阶导数,且 $y' \neq 0$，$x = x(y)$ 是 $y = y(x)$ 的反函数.

(1)试将 $x = x(y)$ 所满足的微分方程 $\frac{\mathrm{d}^2 x}{\mathrm{d}y^2} + (y + \sin x) \left(\frac{\mathrm{d}x}{\mathrm{d}y} \right)^3 = 0$ 变换为 $y = y(x)$ 满足的微分方程.

(2)求变换后的微分方程满足初始条件 $y(0) = 0, y'(0) = \frac{3}{2}$ 的特解.

习题答案与提示

第6章

习题 6.1(第5页)

1. $5a + 11b - 7c$.

2. 略.

3. $\pm\left(\dfrac{6}{11}, \dfrac{7}{11}, \dfrac{-6}{11}\right)$.

4. A 点在第四卦限, B 点在第五卦限, C 点在第八卦限, D 点在第三卦限.

5. 点 M 到 x 轴, y 轴, z 轴的距离分别为 $\sqrt{34}$, $\sqrt{41}$, 5.

6. $|\overrightarrow{M_1M_2}| = 2$; $\cos\alpha = \dfrac{-1}{2}$, $\cos\beta = \dfrac{-\sqrt{2}}{2}$, $\cos\gamma = \dfrac{1}{2}$; $\alpha = \dfrac{2\pi}{3}$, $\beta = \dfrac{3\pi}{4}$, $\gamma = \dfrac{\pi}{3}$.

7. 三点是在一直线上.

8. $(18, 17, -17)$.

9. 不是.

10. 不是.

习题 6.2(第11页)

1. (1) $3, 5i + j + 7k$; (2) $-18, 10i + 2j + 14k$; (3) $\dfrac{3}{2\sqrt{21}}$.

2. $-\dfrac{3}{2}$.

3. $\mathrm{Prj}_b a = 2$.

4. $\lambda = 2\mu$.

5. 2.

6. (1) $(-2, -4, -8)$; (2) $(2, 1, -1)$; (3) 0.

7. (1) $\pm\left(\dfrac{15}{25},\dfrac{12}{25},\dfrac{16}{25}\right)$; (2) $\dfrac{25}{2}$.

8. $2x + y - 3z - 4 = 0$

9. 略.

10. 略.

习题 6.3(第 20 页)

1. $14x + 9y - z - 15 = 0$.

2. $2x - y - z = 0$.

3. $3x - 7y + 5z - 4 = 0$.

4. $2x + 9y - 6z - 121 = 0$.

5. 与 xOy, yOz, zOx 面的夹角余弦分别是 $\dfrac{1}{3}, \dfrac{2}{3}, \dfrac{2}{3}$.

6. $(1, -1, 3)$.

7. (1) $x + 3y = 0$; (2) $9y - z - 2 = 0$; (3) $y + 5 = 0$; (4) $x + y - 3z - 4 = 0$.

8. 1.

9. $\dfrac{x - 0}{-2} = \dfrac{y - \dfrac{3}{2}}{1} = \dfrac{z - \dfrac{5}{2}}{3}, \begin{cases} x = -2t, \\ y = \dfrac{3}{2} + t, \\ z = \dfrac{5}{2} + 3t. \end{cases}$

10. $x - y + z = 0$.

11. $\dfrac{x - 0}{-2} = \dfrac{y - 2}{3} = \dfrac{z - 4}{1}$.

12. $8x - 9y - 22z - 59 = 0$.

13. (1) 平行; (2) 垂直; (3) 直线在平面上.

14. $\left(-\dfrac{5}{3}, \dfrac{2}{3}, \dfrac{2}{3}\right)$.

15. $\dfrac{3\sqrt{2}}{2}$.

16. $\begin{cases} 17x + 31y - 37z - 117 = 0, \\ 4x - y + z = 1. \end{cases}$

习题 6.4(第 31 页)

1. $(x + 5)^2 + (y + 5)^2 + (z + 5)^2 = 25$.

2. $y^2 + z^2 = 5x$.

3. $x^2 + y^2 + z^2 = 9$.

4. $4x^2 + 4z^2 - 9y^2 = 36$.

5. $x^2 + y^2 = 2z + 2$.

6. 略.

7. （1）xOy 面上的椭圆 $\dfrac{x^2}{4} + \dfrac{y^2}{9} = 1$ 绕 x 轴旋转一周；

   （2）xOy 面上双曲线 $x^2 - \dfrac{y^2}{4} = 1$ 绕 y 轴旋转一周；

   （3）xOy 面上双曲线 $x^2 - y^2 = 1$ 绕 x 轴旋转一周；

   （4）xOz 面上的直线 $z = x + a$ 绕 z 轴旋转一周.

注 本题各小题均有多个答案,以上给出的均是其中一个答案.

8. 略.

9. 略.

10. 略.

11. $\begin{cases} y^2 + z^2 - 4z = 0, \\ y^2 + 4x = 0. \end{cases}$

12. $\begin{cases} 2x^2 - 2x + y^2 = 8, \\ z = 0. \end{cases}$

13. （1）$\begin{cases} x = \dfrac{3}{\sqrt{2}}\cos t, \\ y = \dfrac{3}{\sqrt{2}}\cos t, \quad (0 \leqslant t \leqslant 2\pi); \\ z = 3\sin t \end{cases}$ （2）$\begin{cases} x = 1 + \sqrt{3}\cos t, \\ y = \sqrt{3}\sin t, \quad (0 \leqslant t \leqslant 2\pi). \\ z = 0 \end{cases}$

14. $x^2 + y^2 \leqslant ax; x^2 + z^2 \leqslant a^2, x \geqslant 0, z \geqslant 0$.

15. $x^2 + y^2 \leqslant 4, x^2 \leqslant z \leqslant 4, y^2 \leqslant z \leqslant 4$.

复习题六（第 32 页）

一、单项选择题

1. C.   2. C.   3. A.   4. B.

二、填空题

1. 4, −1.   2. 1.   3. $(2,2,2)$.   4. $\dfrac{\pi}{6}$.

5. 4.   6. 共面.   7. 3.   8. 36.

9. $(0,2,0)$.

10. $\sqrt{30}$.

11. $2x + 2y - 3z = 0$.

12. $x - 3y - z + 4 = 0$.

13. $x - y + z = 0$.

14. $x - 3y + z + 2 = 0$.

15. $\dfrac{x+1}{1} = \dfrac{y-2}{-2} = \dfrac{z-3}{1}$.

三、解答题

1. $\arccos \dfrac{2}{\sqrt{7}}$.

2. $\dfrac{\pi}{3}$.

3. $(14,10,2)$.

4. $\boldsymbol{c} = 5\boldsymbol{a} + \boldsymbol{b}$.

5. $x + \sqrt{26}y + 3z = 3$ 或 $x - \sqrt{26}y + 3z = 3$.

6. $\left(0,0,\dfrac{1}{5}\right)$.

7. $x + 2y + 1 = 0$.

8. $(1,2,2)$，$\arcsin \dfrac{5}{6}$.

9. $\begin{cases} 3x + 2y - z - 5 = 0, \\ x - 2y - z + 3 = 0. \end{cases}$

10. $2x - z - 5 = 0$.

11. $\dfrac{x+1}{16} = \dfrac{y}{19} = \dfrac{z-4}{28}$.

12. $\dfrac{\sqrt{3}}{3}$.

13. $x^2 + y^2 - z^2 = 1$.

14. $\begin{cases} x = 2y, \\ z = -\dfrac{1}{2}(y-1), \end{cases}$ $4x^2 - 17y^2 + 4z^2 + 2y - 1 = 0$.

15. $\begin{cases} x^2 + y^2 - x - y = 0, \\ z = 0; \end{cases}$ $\begin{cases} 2x^2 + 2xz + z^2 - 4x - 3z + 2 = 0, \\ y = 0; \end{cases}$

$\begin{cases} 2y^2 + 2yz + z^2 - 4y - 3z + 2 = 0, \\ x = 0. \end{cases}$

16. $\begin{cases} (x-1)^2 + y^2 \leqslant 1, \\ z = 0; \end{cases}$ $\begin{cases} x \leqslant z \leqslant \sqrt{2x}, \\ y = 0; \end{cases}$ $\begin{cases} \left(\dfrac{z^2}{2} - 1\right)^2 + y^2 \leqslant 1, z \geqslant 0, \\ x = 0. \end{cases}$

17. 略.

第 7 章

习题 7.1(第 43 页)

1. (1) $\{(x,y) \mid y > -x, y < x\}$;

   (2) $\{(x,y) \mid -3 \leqslant x \leqslant 3, -2 \leqslant y \leqslant 2\}$;

   (3) $\{(x,y) \mid y^2 < x, 2 \leqslant x^2 + y^2 \leqslant 4\}$;

   (4) $\{(x,y) \mid y < x, xy > 0\}$.

2. $t^2 f(x,y)$.

3. $x + y + (xy)^2 - xy - 1$.

4. 不一定.

5. (1) e^2;   (2) 4;   (3) 2;   (4) e;   (5) 0;   (6) 0.

6. 略.

7. $\{(x,y) \mid x = 0 \text{ 或 } y = 0\}$.

习题 7.2(第 48 页)

1. (1) $\dfrac{\partial z}{\partial x} = 3x^2 - 3y, \dfrac{\partial z}{\partial y} = 3y^2 - 3x$;

   (2) $\dfrac{\partial z}{\partial x} = \dfrac{x}{x^2 + y^2}, \dfrac{\partial z}{\partial y} = \dfrac{y}{x^2 + y^2}$;

   (3) $\dfrac{\partial z}{\partial x} = \dfrac{-|x| y}{x^2 \sqrt{x^2 - y^2}}, \dfrac{\partial z}{\partial y} = \dfrac{|x|}{x \sqrt{x^2 - y^2}}$;

   (4) $\dfrac{\partial z}{\partial x} = yx^{y-1} - \sqrt{\dfrac{y}{x}}, \dfrac{\partial z}{\partial y} = x^y \ln x - \sqrt{\dfrac{x}{y}}$;

   (5) $\dfrac{\partial z}{\partial x} = \dfrac{y}{x^2 + y^2}, \dfrac{\partial z}{\partial y} = \dfrac{-x}{x^2 + y^2}$;

   (6) $\dfrac{\partial z}{\partial x} = \dfrac{1}{\sqrt{x^2 + y^2}}, \dfrac{\partial z}{\partial y} = \dfrac{y}{x^2 + y^2 + x \sqrt{x^2 + y^2}}$;

$(7)\dfrac{\partial z}{\partial x} = y^2(1+xy)^{y-1}, \dfrac{\partial z}{\partial y} = (1+xy)^y\left[\ln(1+xy) + \dfrac{xy}{1+xy}\right];$

$(8)\dfrac{\partial u}{\partial x} = \dfrac{y}{z}x^{\left(\frac{y}{z}-1\right)}, \dfrac{\partial u}{\partial y} = \dfrac{1}{z}x^{\frac{y}{z}}\cdot\ln x, \dfrac{\partial u}{\partial z} = -\dfrac{y}{z^2}x^{\frac{y}{z}}\cdot\ln x.$

2. $f_x(2,1) = 4.$

3. $f_x(0,0) = 0, f_y(0,0) = 1.$

4. $\dfrac{\partial f(x,y)}{\partial x} = y.$

5. 略.

6. 0.

7. $(1)\dfrac{\partial^2 z}{\partial x^2} = 12x^2 - 8y^2, \dfrac{\partial^2 z}{\partial y^2} = 12y^2 - 8x^2, \dfrac{\partial^2 z}{\partial x\partial y} = \dfrac{\partial^2 z}{\partial y\partial x} = -16xy;$

$(2)\dfrac{\partial^2 z}{\partial x^2} = \dfrac{x+2y}{(x+y)^2}, \dfrac{\partial^2 z}{\partial y^2} = -\dfrac{x}{(x+y)^2}, \dfrac{\partial^2 z}{\partial x\partial y} = \dfrac{\partial^2 z}{\partial y\partial x} = \dfrac{y}{(x+y)^2};$

$(3)\dfrac{\partial^2 z}{\partial x^2} = y^x\ln^2 y, \dfrac{\partial^2 z}{\partial y^2} = x(x-1)y^{x-2}, \dfrac{\partial^2 z}{\partial x\partial y} = \dfrac{\partial^2 z}{\partial y\partial x} = y^{x-1}(x\ln y + 1).$

8. $\pi^2 e^{-2}.$

9. $-2e^{-(xy)^2}.$

10. 略.

习题 7.3(第 53 页)

1. $(1)\dfrac{1}{2x+3y}(2\mathrm{d}x + 3\mathrm{d}y);$

$(2)\ln y\cdot y^{\sin x}\cdot\cos x\mathrm{d}x + \sin x\cdot y^{\sin x-1}\mathrm{d}y;$

$(3)\dfrac{e^{\sqrt{x^2+y^2}}}{\sqrt{x^2+y^2}}(x\mathrm{d}x + y\mathrm{d}y);$

$(4)\dfrac{-y\mathrm{d}x + x\mathrm{d}y}{x^2+y^2};$

$(5)-\dfrac{x}{(x^2+y^2)^{3/2}}(y\mathrm{d}x - x\mathrm{d}y);$

$(6)(y+z)\mathrm{d}x + (x+z)\mathrm{d}y + (x+y)\mathrm{d}z.$

2. $\dfrac{1}{3}\mathrm{d}x + \dfrac{2}{3}\mathrm{d}y.$

3. 略.

4. $a = 1, b = -1.$

5. $0.25e$.

6. $-0.002(米)$.

7. 2.95.

习题7.4（第59页）

1. (1) $\dfrac{t-2}{e^t}$;　(2) $\dfrac{6\sqrt{t}-1}{2\sqrt{t-t(3t-\sqrt{t})^2}}$;　(3) $\sin xe^{ax}$.

2. (1) $\dfrac{\partial z}{\partial x} = \dfrac{2x\ln(3x-2y)}{y^2} + \dfrac{3x^2}{(3x-2y)y^2}$,

   $\dfrac{\partial z}{\partial y} = -\dfrac{2x^2\ln(3x-2y)}{y^3} - \dfrac{2x^2}{y^2(3x-2y)}$;

   (2) $\dfrac{\partial z}{\partial s} = \dfrac{-t}{s^2+t^2}, \dfrac{\partial z}{\partial s} = \dfrac{s}{s^2+t^2}$;

   (3) $\dfrac{\partial z}{\partial x} = 2(3x^2+y^2)^{2x+2}\left[3x(2x+3)+(3x^2+y^2)\ln(3x^2+y^2)\right]$,

   $\dfrac{\partial z}{\partial y} = 2y(2x+3)(3x^2+y^2)^{2x+2}$;

3. (1) $\dfrac{\partial z}{\partial x} = 2xyf_1 - \dfrac{y}{x^2}e^{\frac{y}{x}}f_2, \dfrac{\partial z}{\partial y} = x^2f_1 + \dfrac{1}{x}e^{\frac{y}{x}}f_2$;

   (2) $\dfrac{\partial z}{\partial x} = 2xf_1 + ye^{xy}f_2, \dfrac{\partial z}{\partial y} = -2yf_1 + xe^{xy}f_2$;

   (3) $\dfrac{\partial u}{\partial x} = \dfrac{1}{y}f_1, \dfrac{\partial u}{\partial y} = \dfrac{1}{z}f_2 - \dfrac{x}{y^2}f_1, \dfrac{\partial u}{\partial z} = -\dfrac{y}{z^2}f_2$;

   (4) $\dfrac{\partial u}{\partial x} = f_1 + yf_2 + yzf_3, \dfrac{\partial u}{\partial y} = xf_2 + xzf_3, \dfrac{\partial u}{\partial z} = xyf_3$.

4. $2z$.

5. $\dfrac{\partial z}{\partial x} = f_x - \dfrac{1}{x^2y}f_u, \dfrac{\partial^2 z}{\partial x\partial y} = -\dfrac{1}{xy^2}f_{xu} + \dfrac{1}{x^3y^3}f_{uu} + \dfrac{1}{x^2y^2}f_u$.

6. $\dfrac{\partial^2 z}{\partial x^2} = 2f' + 4x^2f'', \dfrac{\partial^2 z}{\partial x\partial y} = 4xyf'', \dfrac{\partial^2 z}{\partial y^2} = 2f' + 4y^2f''$;

7. $\dfrac{\partial^2 z}{\partial x^2} = 4f_{11} + 4y\cos xf_{12} + y^2\cos^2 xf_{22} - y\sin xf_2$,

   $\dfrac{\partial^2 z}{\partial x\partial y} = -2f_{11} + (2\sin x - y\cos x)f_{12} + y\sin x\cos xf_{22} + \cos xf_2$,

   $\dfrac{\partial^2 z}{\partial y^2} = f_{11} - 2\sin xf_{12} + \sin^2 xf_{22}$.

8. $\dfrac{\partial^2 u}{\partial y^2} = \dfrac{2x}{y^3}f_2 + \dfrac{x^2}{y^4}f_{22}, \dfrac{\partial^2 u}{\partial x \partial y} = -\dfrac{1}{y^2}f_2 - \dfrac{x}{y^2}f_{21} - \dfrac{x}{y^3}f_{22}.$

9. $\dfrac{\partial^2 z}{\partial x \partial y} = \mathrm{e}^y(x\mathrm{e}^y f_{uu} + x f_{xu} + f_{uy}) + f_{xy} + \mathrm{e}^y f_u.$

10. 略.

习题 7.5(第 66 页)

1. $\dfrac{\mathrm{e}^y \sin x - \mathrm{e}^x \sin y}{\mathrm{e}^x \cos y + \mathrm{e}^y \cos x}.$

2. $\dfrac{x + y}{x - y}.$

3. $\dfrac{\partial z}{\partial x} = -\dfrac{\mathrm{e}^x z + yz}{\mathrm{e}^x + xy + z}, \dfrac{\partial z}{\partial y} = -\dfrac{xz}{\mathrm{e}^x + xy + z}.$

4. $\dfrac{\partial z}{\partial x} = \dfrac{f_1 + yzf_2}{1 - f_1 - xyf_2}, \dfrac{\partial z}{\partial y} = \dfrac{f_1 + xzf_2}{1 - f_1 - xyf_2}.$

5. $\dfrac{(1 + \mathrm{e}^z)^2 - xy\mathrm{e}^z}{(1 + \mathrm{e}^z)^3}.$

6. $\dfrac{2}{\mathrm{e}}.$

7. $\left[f_x + \dfrac{1 + y}{\mathrm{e}^z(1 + z)}f_z\right]\mathrm{d}x + \left[f_y + \dfrac{2 + x}{\mathrm{e}^z(1 + z)}f_z\right]\mathrm{d}y.$

8. $\dfrac{f_1 + yf_2 + xf_2 g_1}{f_1 - xf_2 g_2}.$

9. 略.

10. 略.

11. (1) $\dfrac{\partial r}{\partial x} = \cos\theta, \dfrac{\partial \theta}{\partial x} = -\dfrac{\sin\theta}{r}, \dfrac{\partial r}{\partial y} = \sin\theta, \dfrac{\partial \theta}{\partial y} = \dfrac{\cos\theta}{r};$

    (2) $\dfrac{\partial u}{\partial x} = \dfrac{x + 3v^3}{xy - 9v^2 v^2}, \dfrac{\partial v}{\partial x} = -\dfrac{3v^2 + yv}{xy - 9v^2 v^2};$

       $\dfrac{\partial u}{\partial y} = -\dfrac{3v^2 + xu}{xy - 9v^2 v^2}, \dfrac{\partial v}{\partial y} = \dfrac{y + 3u^3}{xy - 9v^2 v^2}$

习题 7.6(第 70 页)

1. 切线方程: $\dfrac{x - \dfrac{1}{2}}{1} = \dfrac{y - 2}{-4} = \dfrac{z - 1}{8}$, 法平面方程: $2x - 8y + 16z - 1 = 0.$

2. 切线方程: $\dfrac{x-1}{1} = \dfrac{y+1}{-2} = \dfrac{z-1}{3}$ 和 $\dfrac{3x-1}{3} = \dfrac{9y+1}{-6} = \dfrac{27z-1}{9}$.

3. $(-3,-1,3)$, 法线方程为 $\dfrac{x+3}{1} = \dfrac{y+1}{3} = \dfrac{z-3}{1}$.

4. 切线方程: $\dfrac{x-1}{16} = \dfrac{y-1}{9} = \dfrac{z-1}{-1}$, 法平面方程: $16x + 9y - z - 24 = 0$.

5. 切平面方程: $x + 2y - 4 = 0$, 法线方程: $\begin{cases} \dfrac{x-2}{1} = \dfrac{y-1}{2}, \\ z = 0. \end{cases}$

6. 余弦值: $\dfrac{3}{\sqrt{22}}$.

7. 切平面方程: $9x + y - z - 27 = 0$ 和 $9x + 17y - 17z + 27 = 0$.

8. 略.

习题 7.7(第 75 页)

1. $\dfrac{\sqrt{2}}{3}$.

2. $\dfrac{\sqrt{2(a^2 + b^2)}}{ab}$.

3. $\dfrac{3e + 1}{\sqrt{6}}$.

4. $\dfrac{1}{2}$.

5. $\dfrac{1}{3}$.

6. $\dfrac{6\sqrt{14}}{7}$.

7. $\mathbf{grad}f(0,0,0) = 3i - 2j - 6k, \mathbf{grad}f(1,1,1) = 6i + 3j$.

8. 增加最快的方向为 $\mathbf{n} = (2,-4,1)$, 方向导数为 $\sqrt{21}$;

减少最快的方向为 $-\mathbf{n} = (-2,4,-1)$, 方向导数为 $-\sqrt{21}$.

习题 7.8(第 82 页)

1. (1) 极大值 $f(2,-2) = 8$;   (2) 极小值 $f(\dfrac{1}{2},-1) = -\dfrac{e}{2}$;

(3)极小值 $f(\pm 1,0) = -1$;　　　　(4)极小值 $f(\pm 1, \pm 1) = -2$.

2. 最大值为 $f(2,1) = 4$,最小值为 $f(4,2) = -64$.

3. 极大值为 $z\left(\dfrac{1}{2},\dfrac{1}{2}\right) = \dfrac{1}{4}$.

4. 最小值为 $f\left(\dfrac{\sqrt{3}}{2}, -\dfrac{1}{2}\right) = 1 - \dfrac{\sqrt{3}}{2}$,最大值为 $f\left(-\dfrac{\sqrt{3}}{2}, -\dfrac{1}{2}\right) = 1 + \dfrac{\sqrt{3}}{2}$.

5. 边长为 $\dfrac{2}{3}p$ 的正三角形时面积最大,最大面积为 $\dfrac{\sqrt{3}}{9}p^2$.

6. 当 P 到长为 a,b,c 的边的距离分别为 $x = \dfrac{2S}{3a}, y = \dfrac{2S}{3b}, z = \dfrac{2S}{3c}$ 时,三条垂线的乘积达

到最大.

7. $V_{\max} = \dfrac{8}{3\sqrt{3}}abc$.

8. $\left(\dfrac{1}{2}, \dfrac{1}{2}, \sqrt{2}\right)$.

9. 最大值为 $\sqrt{9 + 5\sqrt{3}}$,最小值为 $\sqrt{9 - 5\sqrt{3}}$.

复习题七(第 83 页)

一、单项选择题

1. D.　　　　2. C.　　　　3. A.　　　　4. A.

5. C.

二、填空题

1. $2z$.

2. $2(x - 2y) - \mathrm{e}^{-x} + \mathrm{e}^{2y-x}$.

3. 1.

4. $\dfrac{\pi^2}{\mathrm{e}^2}$.

5. $\mathrm{e}^{\sin(xy)}\cos(xy)(y\mathrm{d}x + x\mathrm{d}y)$.

6. $\mathrm{d}x - \sqrt{2}\mathrm{d}y$.

7. $yf'' + \varphi' + y\varphi''$.

8. $\dfrac{x-1}{1} = \dfrac{y+2}{-4} = \dfrac{z-2}{6}$.

9. $\dfrac{1}{\sqrt{5}}(0, \sqrt{2}, \sqrt{3})$.

10. $\dfrac{2}{9}\boldsymbol{i} + \dfrac{4}{9}\boldsymbol{j} - \dfrac{4}{9}\boldsymbol{k}$.

三、解答题

1. 51.

2. 0.

3. $\dfrac{\partial f}{\partial x} - \dfrac{y}{x}\dfrac{\partial f}{\partial y} + \left[1 - \dfrac{e^x(x-z)}{\sin(x-z)}\right]\dfrac{\partial f}{\partial z}.$

4. $-2f_{11}(0,0) - 2\pi f_2(0,0) - \pi f_{12}(0,0).$

5. $-34.$

6. $\dfrac{\partial z}{\partial x} = e^{-u}(v\cos v - u\sin v),\dfrac{\partial z}{\partial y} = e^{-u}(u\cos v + u\sin v).$

7. 略.

8. 略.

9. $2x + 2y - z - 3 = 0.$

10. $x + 4y + 6z = 21$ 和 $x + 2z = 7.$

11. $a = -5, b = -2.$

12. $\dfrac{11}{7}.$

13. 极大值 $z(21,20) = 282.$

14. 当 $2a^2 - b^2 > 0$ 且 $a < 0$ 时,有唯一极小值;当 $2a^2 - b^2 > 0$ 且 $a > 0$ 时,有唯一极大值.

15. 最大值为 $\dfrac{9}{4}$,最小值为 $-\dfrac{1}{4}.$

16. $\left(\dfrac{8}{5},\dfrac{3}{5}\right).$

17. (1) $2x + 2y + z + 4 = 0$ 和 $2x + 2y + z - 4 = 0$;(2)最短距离为 $\dfrac{1}{3}.$

18. (1) $g(x_0,y_0) = \sqrt{5x_0^2 + 5y_0^2 - 8x_0y_0}$;(2) $(5,-5)$ 或 $(-5,5)$ 可作为攀登的起点.

第 8 章

习题 8.1(第 90 页)

1. $m = \iint\limits_D \mu(x,y)\mathrm{d}\sigma.$

2. $\dfrac{1}{6}.$

3. $\iint\limits_D (x+y)^3\mathrm{d}\sigma \leqslant \iint\limits_D (x+y)^2\mathrm{d}\sigma.$

4. $0 \leqslant \iint\limits_{D} \sin^2 x \sin^2 y \mathrm{d}\sigma \leqslant \pi^2.$

习题 8.2(第 100 页)

1. (1) $\int_0^2 \mathrm{d}x \int_0^{4-2x} f(x,y)\mathrm{d}y$ 或 $\int_0^4 \mathrm{d}y \int_0^{2-\frac{1}{2}y} f(x,y)\mathrm{d}x$;

   (2) $\int_0^2 \mathrm{d}x \int_x^{2x} f(x,y)\mathrm{d}y$ 或 $\int_0^2 \mathrm{d}y \int_{\frac{y}{2}}^{y} f(x,y)\mathrm{d}x + \int_2^4 \mathrm{d}y \int_{\frac{y}{2}}^{1} f(x,y)\mathrm{d}x$.

   (3) $\int_{-r}^r \mathrm{d}x \int_0^{\sqrt{r^2-x^2}} f(x,y)\mathrm{d}y$ 或 $\int_0^r \mathrm{d}y \int_{-\sqrt{r^2-y^2}}^{\sqrt{r^2-y^2}} f(x,y)\mathrm{d}x$.

2. (1) $\dfrac{13}{6}$;   (2) $2\ln2 - \dfrac{3}{4}$;   (3) $\dfrac{64}{15}$;   (4) $\mathrm{e} - \mathrm{e}^{-1}$;

   (5) $\dfrac{1}{2}\left(1 - \dfrac{1}{\mathrm{e}}\right)$;   (6) $\dfrac{1}{2}$;   (7) $1 - \sin1$.

3. 略.

4. (1) $\int_0^1 \mathrm{d}y \int_{\mathrm{e}^y}^{\mathrm{e}} f(x,y)\mathrm{d}x$;

   (2) $\int_0^1 \mathrm{d}x \int_{1-x}^1 f(x,y)\mathrm{d}y + \int_1^2 \mathrm{d}x \int_{\sqrt{x-1}}^1 f(x,y)\mathrm{d}y$;

   (3) $\int_0^1 \mathrm{d}y \int_{2-y}^{1+\sqrt{1-y^2}} f(x,y)\mathrm{d}x$;

   (4) $\int_0^2 \mathrm{d}y \int_{\sqrt{2y}}^{\sqrt{8-y^2}} f(x,y)\mathrm{d}x$.

5. (1) $\dfrac{\pi}{4}(2\ln2 - 1)$; (2) $-6\pi^2$; (3) $-a^2$; (4) $\dfrac{\pi}{6} - \dfrac{2}{9}$.

6. (1) $\int_0^{\frac{\pi}{2}} \mathrm{d}\theta \int_0^{2a\cos\theta} r^2 \cdot r\mathrm{d}r, \dfrac{3}{4}\pi a^4$;

   (2) $\int_0^{\frac{\pi}{4}} \mathrm{d}\theta \int_0^{\sec\theta\tan\theta} \dfrac{1}{r} \cdot r\mathrm{d}r, \sqrt{2} - 1$;

   (3) $\int_0^{\frac{\pi}{2}} \mathrm{d}\theta \int_0^a r^2 \cdot r\mathrm{d}r, \dfrac{\pi}{8}a^4$;

   (4) $\int_0^{\frac{\pi}{4}} \mathrm{d}\theta \int_0^{a\sec\theta} r \cdot r\mathrm{d}r, \dfrac{a^3}{6}\left[\sqrt{2} + \ln(\sqrt{2} + 1)\right]$.

7. 略.

8. 略.

习题 8.3(第 107 页)

1.（1） $I = \int_0^1 dx \int_0^{1-x} dy \int_0^{xy} f(x,y,z)\,dz$;

（2） $I = \int_{-1}^1 dx \int_{-\sqrt{1-x^2}}^{\sqrt{1-x^2}} dy \int_{x^2+y^2}^1 f(x,y,z)\,dz$;

（3） $I = \int_{-1}^1 dx \int_{-\sqrt{1-x^2}}^{\sqrt{1-x^2}} dy \int_{x^2+2y^2}^{2-x^2} f(x,y,z)\,dz$.

2. $\dfrac{1}{364}$.

3. $\dfrac{1}{2}\left(\ln 2 - \dfrac{5}{8}\right)$.

4. 0.

5.（1） $\dfrac{7}{12}\pi$;（2） $\dfrac{16}{3}\pi$.

6.（1） $\dfrac{4}{5}\pi$;（2） $\dfrac{7}{6}\pi a^4$.

习题 8.4(第 113 页)

1. $\sqrt{2}\,\pi$.

2. $16R^2$.

3. $4\pi a^2$.

4. $\left(\dfrac{35}{48}, \dfrac{35}{54}\right)$.

5. $\left(0, \dfrac{7}{3}\right)$.

6. $\left(0, 0, \dfrac{3}{8}a\right)$.

7. $I_y = \dfrac{1}{4}\pi a^3 b$.

8. $I_z = \dfrac{112}{45}\mu a^6$.

9. $I_z = \dfrac{1}{2}\pi h a^4$.

习题 **8.5**（第 **128** 页）

1. (1) $\dfrac{5\sqrt{5}-1}{12}$;　　(2) $\dfrac{\sqrt{2}}{2}+\dfrac{5\sqrt{5}-1}{12}$;

(3) $\dfrac{32}{3}a^2$;　　　　(4) $\dfrac{2}{3}\pi\sqrt{a^2+k^2}(3a^2+4\pi^2k^2)$.

2. (1) $-\dfrac{4}{3}a^3$; (2) 0.

3. (1) 1; (2) 1; (3) 1.

4. (1) $\ln 2+\dfrac{3}{10}$; (2) $\dfrac{4}{3}$; (3) 0; (4) $\dfrac{1}{3}k^3\pi^3-a^2\pi$; (5) $-\dfrac{87}{4}$.

5. $\dfrac{k}{2}(a^2-b^2)$.

6. $y=\sin x\ (0\leqslant x\leqslant\pi)$.

7. (1) πab; (2) $\dfrac{3}{8}\pi a^2$.

8. (1) 0; (2) $\dfrac{5\pi}{4}+5$.

9. $\left(\dfrac{\pi}{2}+2\right)a^2b-\dfrac{\pi}{2}a^3$.

10. $\dfrac{\pi^2}{4}$.

11. $\dfrac{1}{2}$.

12. $\arctan\dfrac{y}{x}$.

13. $3x^2+6x+6xy-2y^3+18y=C$.

习题 **8.6**（第 **143** 页）

1. $I_x=\displaystyle\iint\limits_{\Sigma}(y^2+z^2)\mu(x,y,z)\,\mathrm{d}S$.

2. (1) πa^3; (2) $\dfrac{2+\sqrt{3}}{6}$; (3) $\dfrac{64}{15}\sqrt{2}a^4$; (4) $2\pi\arctan\dfrac{H}{R}$.

3. (1) $\dfrac{2}{15}$; (2) $\dfrac{3}{2}\pi$; (3) 8π.

4. (1) $\dfrac{32}{5}\pi$; (2) $-\dfrac{9\pi}{2}$; (3) $-\dfrac{1}{10}\pi h^5$; (4) $2\pi R^3$.

5. (1) $-\sqrt{3}\pi a^2$; (2) $-2\pi a(a+b)$; (3) -20π ; (4) 9π.

复习题八（第 144 页）

一、单项选择题

1. D.   2. D.   3. B.   4. A.

5. A.   6. D.   7. C.   * 8. A.

* 9. C.

二、填空题

1. $\displaystyle\int_0^1 \mathrm{d}x \int_0^{x^2} f(x,y)\,\mathrm{d}y + \int_1^{\sqrt{2}} \mathrm{d}x \int_0^{\sqrt{2-x^2}} f(x,y)\,\mathrm{d}y.$ 2. $\displaystyle\int_0^{\frac{1}{2}} \mathrm{d}x \int_{x^2}^x f(x,y)\,\mathrm{d}y.$

3. $\displaystyle\int_1^2 \mathrm{d}x \int_0^{1-x} f(x,y)\,\mathrm{d}y.$ 4. $\dfrac{1}{2}(1-\mathrm{e}^{-4}).$

5. $\dfrac{\pi}{8}(\mathrm{e}-1).$ 6. $\dfrac{\pi}{4}R^4\left(\dfrac{1}{a^2}+\dfrac{1}{b^2}\right).$

* 7. $-18\pi.$ * 8. $\pi.$

* 9. $12a.$ * 10. $36\pi.$

三、解答题

1. 略.

2. $-\dfrac{1}{3}(2\mathrm{e}^{-1}-1).$

3. $\dfrac{1}{24}.$

4. $\dfrac{11}{15}.$

5. $\pi\left(\dfrac{\pi}{2}-1\right).$

6. $\dfrac{4}{3}\pi-\dfrac{16}{9}.$

7. $\dfrac{2}{3}.$

8. 2.

9. $f(x,y) = \sqrt{1-x^2-y^2} - \dfrac{4}{3\pi}\left(\dfrac{\pi}{2}-\dfrac{2}{3}\right).$

10. $\dfrac{\pi^2}{16} - \dfrac{1}{2}$.

11. 0.

12. $\dfrac{250}{3}\pi$.

13. $\dfrac{\pi h^4}{4}$.

14. 4π.

15. $\dfrac{64}{9}a$.

16. $\dfrac{32}{3}\pi$.

17. 100 小时.

18. $\left(-\dfrac{R}{4}, 0, 0\right)$.

*19. $(2 + 4\sqrt{3})\pi$.

*20. $\dfrac{\pi}{8\sqrt{2}}$.

*21. $Q(x, y) = x^2 + 2y - 1$.

*22. (1) 略 ; (2) $I = \dfrac{c}{d} - \dfrac{a}{b}$.

*23. -24.

*24. 16.

*25. $\dfrac{3}{2}\pi$.

*26. 质心 $\left(0, 0, \dfrac{3}{8}a\right)$, $I_z = \dfrac{16}{15}\pi k a^6$.

*27. $\dfrac{\pi}{2}$.

*28. 34π.

*29. $\dfrac{\pi^2 R}{2}$.

第9章

习题9.1(第155页)

1. (1) $\dfrac{1}{2} + \dfrac{1 \cdot 3}{2 \cdot 4} + \dfrac{1 \cdot 3 \cdot 5}{2 \cdot 4 \cdot 6} + \dfrac{1 \cdot 3 \cdot 5 \cdot 7}{2 \cdot 4 \cdot 6 \cdot 8} + \dfrac{1 \cdot 3 \cdot 5 \cdot 7 \cdot 9}{2 \cdot 4 \cdot 6 \cdot 8 \cdot 10} + \cdots$;

   (2) $\dfrac{1}{5} - \dfrac{1}{5^2} + \dfrac{1}{5^3} - \dfrac{1}{5^4} + \dfrac{1}{5^5} - \cdots$;

   (3) $\dfrac{1!}{1} + \dfrac{2!}{2^2} + \dfrac{3!}{3^3} + \dfrac{4!}{4^4} + \dfrac{5!}{5^5} + \cdots$.

2. $u_1 = 1, u_n = -\dfrac{2}{n(n+1)} (n > 2)$.

3. (1) 发散;(2)收敛.

4. (1) 收敛;(2)发散;(3)发散;(4)发散;(5)收敛.

5. 略.

6. (1) 收敛;(2)发散;(3)收敛;(4)发散.

习题9.2(第168页)

1. (1) 发散;(2)发散;(3)收敛;(4)收敛;(5)收敛;
   (6) $a > 1$ 时收敛,$0 < a \leqslant 1$ 时发散.

2. (1) 发散;(2)收敛;(3)收敛;(4)收敛;(5)收敛;(6)收敛.

3. (1) 收敛;(2)收敛;(3) $0 < a < 1$ 时发散,$a \geqslant 1$ 时发散.

4. (1) 收敛;(2)发散;(3)发散;(4)收敛.

5. (1) 条件收敛;(2)条件收敛;(3)绝对收敛;(4)条件收敛;
   (5) 发散;(6)绝对收敛.

6. 略.

7. 略.

8. 略.

习题9.3(第178页)

1. (1) 取正整数 $N \geqslant \dfrac{|x|}{\varepsilon}$; (2)略.

2.(1) $s(x) = \begin{cases} 1 + x^2, & x \neq 0, \\ 0, & x = 0; \end{cases}$

(2)当 $x \neq 0$ 时取正整数 $N = \left[\dfrac{\ln \dfrac{1}{\varepsilon}}{\ln(1 + x^2)} \right] + 1$, 当 $x = 0$ 时取 $N = 1$;

(3)在在 $[0,1]$ 上不一致收敛,在 $\left[\dfrac{1}{2}, 1 \right]$ 上一致收敛.

3.(1)一致收敛; (2)不一致收敛; (3)不一致收敛.

4.略.

5.略.

习题 9.4(第 186 页)

1. $[0,6)$.

2.(1) $(-1,1)$;   (2) $(-\infty, +\infty)$;   (3) $[-1,1]$;

  (4) $[-3,3)$;   (5) $[-1,1]$;   (6) $(-\sqrt{2}, \sqrt{2})$;

  (7) $(-2,0]$.

3.(1) $\dfrac{3x^4 - 2x^5}{(1 - x)^2}$, $-1 < x < 1$;

  (2) $\dfrac{2x}{(1 - x)^3}$, $-1 < x < 1$;

  (3) $\dfrac{1}{2} \ln \dfrac{1 + x}{1 - x}$, $-1 < x < 1$;

  (4) $\dfrac{1}{4} \ln \dfrac{1 + x}{1 - x} + \dfrac{1}{2} \arctan x - x$, $-1 < x < 1$.

习题 9.5(第 193 页)

1.(1) $\dfrac{e^x - e^{-x}}{2} = \displaystyle\sum_{n=1}^{\infty} \dfrac{1}{(2n - 1)!} x^{2n-1}$, $-\infty < -x < +\infty$;

  (2) $a^x = \displaystyle\sum_{n=0}^{\infty} \dfrac{(\ln a)^n}{n!} x^n$, $-\infty < -x < +\infty$;

  (3) $\ln(a + x) = \ln a + \displaystyle\sum_{n=1}^{\infty} \dfrac{(-1)^{n-1}}{na^n} x^n$, $-a < x \leqslant a$;

  (4) $[(1 + x)\ln(1 + x)] = x + \displaystyle\sum_{n=2}^{\infty} \dfrac{(-1)^n}{(n - 1)n} x^n$, $-1 < x \leqslant 1$.

2. $\ln \dfrac{x}{x+1} = -\ln 2 + \sum\limits_{n=1}^{\infty} \dfrac{(-1)^{n-1}}{n}\left(1 - \dfrac{1}{2^n}\right)(x-1)^n, 0 < x \leqslant 2.$

3. $\dfrac{1}{x} = -\sum\limits_{n=0}^{\infty} \dfrac{(x+2)^n}{2^{n+1}}, \ -4 < x < 0.$

4. $\dfrac{2x+1}{x^2+x-2} = \sum\limits_{n=0}^{\infty}(-1)^n\left(\dfrac{1}{2^{n+1}} + \dfrac{1}{5^{n+1}}\right)(x-3)^n, 1 < x < 5.$

*习题 9.6(第 201 页)

1. $f(x) = 1 + \dfrac{\pi}{4} + \sum\limits_{n=1}^{\infty}\left\{\dfrac{(-1)^n - 1}{\pi n^2}\cos nx + \left[\dfrac{(-1)^n(2-\pi)}{\pi n} - \dfrac{2}{n}\right]\sin nx\right\} \ (x \neq k\pi).$

2. $f(x) = \dfrac{\mathrm{e}^{\pi} - 1}{2\pi} + \dfrac{1}{\pi}\sum\limits_{n=1}^{\infty}\left[\dfrac{(-1)^n \mathrm{e}^{\pi} - 1}{n^2 + 1}\cos nx + \dfrac{(-1)^{n+1}\mathrm{e}^{\pi} + 1}{n^2 + 1}n\sin nx\right] \ (x \neq k\pi).$

3. $u(t) = \dfrac{4E}{\pi}\left(\dfrac{1}{2} - \sum\limits_{n=1}^{\infty}\dfrac{1}{4n^2 - 1}\cos nt\right) \ (-\pi \leqslant t \leqslant \pi).$

4. $f(x) = \dfrac{\pi}{2} - \dfrac{4}{\pi}\sum\limits_{n=1}^{\infty}\dfrac{1}{(2n-1)^2}\cos(2n-1)x \ (-\infty < x < +\infty).$

5. $f(x) = \dfrac{1}{\pi}\left[\sin x + 2\sum\limits_{n=2}^{\infty}\dfrac{1}{n^2 - 1}\left(n - \sin\dfrac{n\pi}{2}\right)\sin nx\right] \ (0 < x \leqslant \pi),$

$\quad f(x) = \dfrac{1}{\pi} + \dfrac{1}{2}\cos x + \dfrac{2}{\pi}\sum\limits_{k=1}^{\infty}\dfrac{(-1)^{k-1}}{4k^2 - 1}\cos 2kx \ (0 \leqslant x \leqslant \pi).$

复习题九(第 202 页)

一、单项选择题

1. C. 2. D. 3. D. 4. C.

5. C. 6. C. 7. A. 8. B.

*9. B. *10. C.

二、填空题

1. 必要，充分. 2. 充分必要. 3. 收敛，发散. 4. $\dfrac{2}{2-\ln 3}$. 5. 收敛. 6. $\dfrac{5}{2}$.

7. $\dfrac{2}{3}$. 8. $[-1,1)$. 9. $(-2,4)$. *10. $\dfrac{3}{2}$. *11. $\dfrac{1}{2}\pi^2$. *12. $\dfrac{2}{3}\pi$.

三、解答题

1. (1) 发散； (2) 收敛； (3) 收敛； (4) 发散； (5) 收敛；

(6) $a < 1$ 时收敛，$a > 1$ 时发散，$a = 1$ 时，$s > 1$ 收敛，$s \leqslant 1$ 发散.

2. 略.

3. 不一定.

4. 略.

5. 略.

6. 略.

7. (1)绝对收敛；　(2)发散.

8. 略.

9. $-\dfrac{4}{3} \leqslant x < -\dfrac{2}{3}$.

10. (1) $s(x) = -\dfrac{1}{2}x\ln(1 - x^2),\ -1 < x < 1$;

(2) $s(x) = e^{\frac{x^4}{4}} - 1,\ -\infty < x < +\infty$;

(3) $s(x) = \begin{cases} -\dfrac{2 + x}{1 + x} + \dfrac{2}{x}\ln(1 + x), & -1 < x < 0 \text{ 或 } 0 < x < 1, \\ \qquad\qquad 0, & x = 0; \end{cases}$

(4) $s(x) = \dfrac{(x - 1)^3}{3 - (x - 1)^3} - \ln[1 - (x - 1)^3], 0 \leqslant x < 2$.

11. (1) $\dfrac{9}{4}$;　(2) 2e；　(3) $\dfrac{1}{2} - \dfrac{3}{8}\ln 3$；　(4) $-\dfrac{8}{27}$.

12. (1) $\ln(1 + x - 2x^2) = \sum\limits_{n=1}^{\infty} \dfrac{(-1)^{n-1}2^n - 1}{n}x^n,\ -\dfrac{1}{2} < x \leqslant \dfrac{1}{2}$;

(2) $\dfrac{1}{(2 - x)^2} = \sum\limits_{n=1}^{\infty} \dfrac{n}{2^{n+1}}x^{n-1},\ -2 < x < 2$;

(3) $\arctan\dfrac{2x}{1 - x^2} = 2\sum\limits_{n=0}^{\infty} \dfrac{(-1)^n}{2n + 1}x^{2n+1},\ -1 < x < 1$.

13. $f^{(99)}(0) = \dfrac{99!}{47!}, f^{(100)}(0) = 0$.

14. $f^{(n)}(0) = \dfrac{(-1)^{n-1}n!}{n - 2}$.

15. $\int_0^{\frac{1}{2}} e^{-x^2}dx \approx 0.4615$.

*16. $f(x) = -\dfrac{8}{\pi^2}\sum\limits_{k=1}^{\infty} \dfrac{1}{(2k - 1)^2}\cos\dfrac{(2k - 1)\pi x}{2}, x \in [0,2]$.

第10章

习题 10.1(第 209 页)

1.(1)一阶非线性; (2)一阶非线性; (3)二阶线性;
 (4)二级非线性; (5)三阶非线性; (6)四阶线性.

2. 略.

3.(1) $xy + (1 - x^2)y' = 0$; (2) $2xy'' + (y')^2 = 0$.

4.(1) $y' = x^2$; (2) $yy' + 2x = 0$.

习题 10.2(第 215 页)

1.(1) $y = \dfrac{C}{x} + 3$; (2) $\arctan y = x - \dfrac{1}{2}x^2 + C$;

 (3) $y = Cx^{-3}e^{-\frac{1}{x}}$; (4) $x - \arctan x = \ln|y| - \dfrac{1}{2}y^2 + C$;

 (5) $y = e^{C\tan x}$; (6) $(e^y - 1)(e^x + 1) = C$.

2.(1) $y = \ln(e^{2x} + 1) - \ln 2$; (2) $(2y - 1)e^{2y} = \dfrac{4}{3}\ln|x| + e^2 - \dfrac{4\ln 2}{3}$.

 (3) $y = 2e^{\sqrt{1-x^2}-1}$; (4) $\ln(y^2 + 1) = \arcsin x + \ln 2$;

 (5) $e^x + 1 = 2\sqrt{2}\cos y$.

3. 物体在 t 时刻的温度 $T(t) = (T_0 - T^*)e^{-kt} + T^*$,其中 T_0 是开始时的温度, T^* 是环境温度.

4. 约 2 小时零 3 分钟.

5. $y^2 = \dfrac{9}{2}x$.

习题 10.3(第 219 页)

1.(1) $y = \dfrac{1}{3}x^4 + Cx$; (2) $y = (x + 1)^2\left[\dfrac{2}{3}(x + 1)^{\frac{3}{2}} + C\right]$;

 (3) $y = \dfrac{\sin x + C}{x^2 - 1}$; (4) $y = \dfrac{x + C}{\cos x}$;

 (5) $y = \dfrac{1}{2}x^2 + Ce^{x^2}$; (6) $y = Ce^{-\arctan y} + \arctan y - 1$;

$(7)\ x = \dfrac{y^2}{2} + Cy^3$;

$(8)\ x = \dfrac{1}{\ln y}\left(\dfrac{1}{2}\ln^2 y + C\right)$.

2. $(1)\ y = \dfrac{2}{3}(4 - e^{-3x})$;

$(2)\ y = \dfrac{1 - 5e^{\cos x}}{\sin x}$;

$(3)\ y = e^{x^2} + e^{\frac{1}{2}x^2}$;

$(4)\ y = \dfrac{1}{2} - \dfrac{1}{x} + \dfrac{1}{2x^2}$.

3. 略.

4. $y = \begin{cases} x(-4\ln x + C), & x > 0, \\ 0, & x = 0. \end{cases}$

5. $f(t) = 4(\cos t - 1) + e^{1 - \cos t}$.

6. $f(x) = 2 + Cx$.

7. $y = \begin{cases} x^2 - 2x + 2, & x \leqslant 1, \\ \dfrac{1}{4}x^3 + \dfrac{3}{4x}, & x > 1. \end{cases}$

8. $y = e^x - e^{x + e^{-x} - \frac{1}{2}}$.

9. $f(x) = xe^{x+1}$.

习题 10.4(第 225 页)

1. $(1)\ \ln|y| = \dfrac{y}{x} + C$;

$(2)\ \dfrac{y}{x}\left[\ln(x^2 + y^2) - 2\ln x - 2\right] + 2\arctan \dfrac{y}{x} - \ln x = C$;

$(3)\ x + 2ye^{\frac{x}{y}} = C$;

$(4)\ \sin^3 \dfrac{y}{x} = Cx^2$;

$(5)\ x^3 - 2y^3 = Cx$;

$(6)\ y = \dfrac{2x}{1 - Cx^2}$;

$(7)\ 2x^2 + 2xy + y^2 - 8x - 2y = C$;

$(8)\ x + 3y + 2\ln|x + y - 2| = C$;

$(9)\ yx\left(C - \dfrac{a}{2}\ln^2 x\right) = 1$;

$(10)\ y^2 = Ce^{2x} + 2x + 1$;

$(11)\ y^2 = x^4\left(\dfrac{1}{2}\ln x + C\right)^2$.

2. (1) $y^3 = y^2 - x^2$;　(2) $y = e^{-\frac{x^2}{2y^2}}$;　(3) $x^4 = y^2(2\ln y + 1)$.

3. (1) $x[\csc(x + y) - \cot(x + y)] = C$;

(2) $\ln|x + y + 1| - y = C$;

(3) $\arctan\frac{y}{x} = x + C$ 或 $y = x\tan(x + C)$;

(4) $xy = e^{Cx}$;

(5) $y = 1 - \sin x - \dfrac{1}{x + C}$;

(6) $\dfrac{2}{\sin y} + \cos x + \sin x = Ce^{-x}$.

习题 10.5(第 237 页)

1. 略.

2. 略.

3. $y = C_1 x^2 + C_2 e^x + 3$; $(2x - x^2)y'' + (x^2 - 2)y' + 2(1 - x)y = 6(1 - x)$.

4. $y'' - 4y' + 4y = 0$.

5. (1) $y = C_1 e^x + C_2 e^{2x} - \dfrac{1}{2}x^2 e^x - xe^x$;

(2) $y = C_1 e^{\frac{1}{2}x} + C_2 e^{-x} + e^x$;

(3) $y = C_1\cos x + C_2\sin x + x^3 - 6x$;

(4) $y = C_1 e^{-x} + C_2 e^{2x} - \dfrac{3}{2}x + \dfrac{3}{4}$;

(5) $y = C_1 e^{3x} + C_2 e^{-x} - \dfrac{1}{4}xe^{-x}$;

(6) $y = (C_1 + C_2 x)e^x + \dfrac{1}{2}x^2 e^x$;

(7) $y = (C_1 + C_2 x)e^{-2x} + \dfrac{1}{8}\sin 2x$;

(8) $y = C_1\cos x + C_2\sin x - \dfrac{1}{3}x\cos 2x + \dfrac{4}{9}\sin 2x$;

(9) $y = e^x(C_1\cos 2x + C_2\sin 2x) - \dfrac{1}{4}xe^x\cos 2x$;

(10) $y = C_1 e^x + C_2 e^{2x} + \dfrac{3}{2}x + \dfrac{9}{4} + 2xe^x$;

(11) $y = C_1 + C_2\mathrm{e}^{2x} - \dfrac{1}{2}x - \dfrac{1}{8}\cos 2x - \dfrac{1}{8}\sin 2x$;

(12) $y = C_1\cos 4x + C_2\sin 4x - \dfrac{1}{8}x\cos(4x + \alpha)$.

6. (1) $y = \mathrm{e}^x - 2\mathrm{e}^{2x} + \mathrm{e}^{3x}$;

(2) $y = (x^2 - x + 1)\mathrm{e}^x - \mathrm{e}^{-x}$;

(3) $y = \left[\dfrac{2}{\mathrm{e}} - \dfrac{1}{6} + \left(\dfrac{1}{2} - \dfrac{1}{\mathrm{e}}\right)x\right]\mathrm{e}^x + \dfrac{1}{6}x^2(x - 3)\mathrm{e}^x$;

(4) $y = \dfrac{5}{4}\mathrm{e}^{-x} - \dfrac{7}{12}\mathrm{e}^{-3x} + \dfrac{1}{2}x\mathrm{e}^{-x} + \dfrac{1}{3}$;

(5) $y = \dfrac{3}{2}\mathrm{e}^{-x}\sin x - \dfrac{1}{2}x\mathrm{e}^{-x}\cos x$.

7. $\varphi(x) = \dfrac{1}{2}(\cos x + \sin x + \mathrm{e}^x)$.

8. $u''(t) - 2u'(t) + u(t) = t; y = (C_1 + C_2\mathrm{e}^x)\mathrm{e}^{\mathrm{e}^x} + \mathrm{e}^x + 2$.

习题 10.6（第 245 页）

1. (1) $\Delta y_t = 24t^2 + 24t + 10, \Delta^2 y_t = 48t + 48$;

(2) $\Delta y_t = \ln(2t + 1) - \ln(2t - 1), \Delta^2 y_t = \ln\dfrac{4t^2 + 4t - 3}{4t^2 + 4t + 1}$.

2. 略.

3. $y_{t+n} = \displaystyle\sum_{k=0}^{n} C_n^k \Delta^k y_t$.

4. (1) $y_t = C + 5t$;

(2) $y_t = C \cdot 2^t - 3t^2 - 6t - 9$;

(3) $y_t = C2^t + \dfrac{t}{4}(t - 1)2^t$;

(4) $y_t = \begin{cases} C\alpha^t + \dfrac{1}{\mathrm{e}^\beta - \alpha}\mathrm{e}^{\beta t}, & \mathrm{e}^\beta \neq \alpha, \\ (C + t\mathrm{e}^{-\beta})\mathrm{e}^{\beta t}, & \mathrm{e}^\beta = \alpha; \end{cases}$

(5) $y_t = C(-2)^t + \dfrac{1}{3}t^2 - \dfrac{2}{9}t - \dfrac{1}{27} + \dfrac{1}{6}4^t$;

(6) $y_t = C \cdot 5^t - \dfrac{5}{26}\cos\dfrac{\pi}{2}t + \dfrac{1}{26}\sin\dfrac{\pi}{2}t$.

5. (1) $\bar{y}_t = \dfrac{13}{6}(-5)^t + \dfrac{5}{6}$; (2) $\bar{y}_t = 1 + \dfrac{1}{2}t^2 + \dfrac{1}{2}t$.

6. $y_t = \left(y_0 - \dfrac{a+b}{1-\alpha-\beta}\right)\left[1 + \theta(1-\alpha-\beta)\right]^t + \dfrac{a+b}{1-\alpha-\beta}.$

7. 每月应付款约 2221.22 元.

复习题十(第 246 页)

一、单项选择题

1. B.　　　　2. D.　　　　3. D.　　　　4. B.　　　　5. C.

二、填空题

1. 3.　　　　　　　　　　　2. e^{-x}.

3. $100 - 5p$.　　　　　　　4. $\dfrac{2e^t - e + 1}{3 - e}$.

5. $f''(x) + f(x) = 0$.　　　6. $y = 2e^{2x} - e^x$.

7. $p = -1, b_1 = 2, b_2 = 1$.　　8. $W_t = 1.2W_{t-1} + 2$.

9. $y_t = C + (t-2)2^t$.　　　10. $y_t = C(-5)^t + \dfrac{5}{12}\left(t - \dfrac{1}{6}\right)$.

三、解答题

1. (1) $\tan y = C(e^x - 1)^3$;

　(2) $y = \dfrac{C}{x^2} + x$;

　(3) $C\sqrt{x^2 + y^2} = e^{\frac{y}{x}\arctan\frac{y}{x}}$;

　(4) $x = \begin{cases} -\dfrac{1}{3}y^3 + C, & k = 0, \\ Ce^{ky} + \dfrac{1}{k}y^2 + \dfrac{2}{k^2}y + \dfrac{2}{k^2}, & k \neq 0; \end{cases}$

　(5) $x = Ce^{2y} + \dfrac{1}{2}y^2 + \dfrac{1}{2}y + \dfrac{1}{4}$;

　(6) $\sin\dfrac{y^2}{x} = Cx$;

　(7) $y = C_1\cos x + C_2\sin x + \dfrac{1}{2}e^x + \dfrac{1}{2}x\sin x$;

　(8) $y = C_1\cos 2x + C_2\sin 2x + \dfrac{1}{8}x - \dfrac{1}{32}x\cos 2x - \dfrac{1}{16}x^2\sin 2x$.

2. (1) $y = e^{\csc x - \cot x}$;

　(2) $y = \ln(x+1)$;

　(3) $y = x\ln x$;

(4) $y^2 = x(2\ln |y| + 1)$;

(5) $y = \dfrac{x^2 - 1}{2}$;

(6) $\dfrac{y - 1}{x - 1} = -\ln |x - 1| - 1$;

(7) $y = 1 + e^x + \dfrac{1}{2}x^2 e^x$;

(8) $y = \begin{cases} -\dfrac{1}{6}\sin 2x + \dfrac{1}{3}\sin x, & 0 < x \leqslant \dfrac{\pi}{2}, \\ -\dfrac{1}{12}\cos 2x - \dfrac{1}{6}\sin 2x + \dfrac{1}{4}, & x > \dfrac{\pi}{2}. \end{cases}$

3. $\dfrac{\mathrm{d}F}{\mathrm{d}x} = 1 - F^2$; $F = \dfrac{e^{2x} - 1}{e^{2x} + 1}$.

4. $f(x) = \dfrac{5}{2}(1 + \ln x)$.

5. $y(x)$ 单调增加；在 $(0, +\infty)$ 是凹的；$\lim\limits_{x \to 0} \dfrac{y(x)}{x^3} = \dfrac{1}{3}$.

6. $y(x, a) = \dfrac{a^2 - 2}{a(a + 2)}x^{-a} + \dfrac{x^2}{a + 2} + \dfrac{1}{a}$.

7. $y = \dfrac{e^{kt}}{e^{kt} + 9}$.

8. $-\dfrac{v}{\lambda} - \dfrac{G - B}{\lambda^2}\ln\left(\dfrac{G - B - \lambda v}{G - B}\right) = \dfrac{x}{m}$.

9. $y = \dfrac{\sqrt{2}x}{\sqrt{1 + x^2}}$.

10. $\dfrac{1}{6}$.

11. $\varphi(x) = \sin x + \cos x$.

12. $f(x) = -x^2 - 2x - 2 + 2e^x$.

13. $f(x) = \cos x - \sin x$.

14. $\dfrac{\mathrm{d}^2 y}{\mathrm{d}t^2} + 2\dfrac{\mathrm{d}y}{\mathrm{d}t} + y = t$; $y = (C_1 + C_2 \tan x)e^{-\tan x} + \tan x - 2$.

15. (1) $y'' - y = \sin x$;　(2) $y = e^x - e^{-x} - \dfrac{1}{2}\sin x$.